DICTIONNAIRE
CHIMIQUE ET TECHNOLOGIQUE
DES SCIENCES
BIOLOGIQUES

anglais / français

CHEMICAL AND TECHNOLOGICAL
DICTIONARY
OF BIOLOGICAL
SCIENCES

Jacques DUPAYRAT

Docteur Ing. Chimiste

2ᵉ édition

LONDRES   NEW YORK

PARIS

11, rue Lavoisier
F 75384 Paris Cedex 08

Chez le même éditeur :

Lexique technique de l'eau
Français/anglais, Anglais/français
Degrémont, 1995

Vocabulaire de l'environnement
Français/English/Deutsch
Tahirou Diao, Xavier Isaac, Martin Klotz, 1996

Dictionnaire des techniques et technologies modernes
Français/anglais, French/english, 1993
Anglais/français, English/french, 1993
J.R. Forbes

Nouveau dictionnaire des huiles végétales
Eugène Ucciani, 1995

DANGER
LE
PHOTOCOPILLAGE
TUE LE LIVRE

© **TECHNIQUE & DOCUMENTATION, 1996**
ISBN : 2-7430-0101-1
(ISBN : 2-85206-453-7, 1ʳᵉ édition, 1ᵉʳ tirage)
(ISBN : 2-85206-830-3, 1ʳᵉ édition, 2ᵉ tirage)

PRÉFACE DE LA PREMIÈRE ÉDITION

PREFACE TO THE FIRST EDITION

Le but de ce dictionnaire est avant tout de rassembler dans un même ouvrage le maximum de concepts relatifs à la recherche et au développement dans les différents domaines de la chimie des « Sciences de la Vie », c'est-à-dire : pharmacie, pharmacologie, biochimie, toxicologie, génétique, biotechnologie.

Il va sans dire que le lexique s'étend aux techniques analytiques et industrielles mises en jeu dans les domaines considérés. Il recouvre aussi un certain nombre de termes plus particulièrement liés aux cosmétiques et aux produits agricoles et vétérinaires.

En ce qui concerne la présentation de l'ouvrage, l'ordre des mots est strictement alphabétique, ce qui signifie un retour à la ligne systématique pour chaque nouveau concept (à la manière du WEBSTER's Dictionary par exemple), ainsi :

Electronics

Electron pair

Ceci facilite grandement la lecture tout en évitant la disposition des mots-clés en rubriques.

This dictionary has been more particularly elaborated with the aim of gathering in the same work the maximum of keywords relating to the research-and industrial chemistry applied to the « Life Sciences », that is in particular: pharmacy, pharmacology, biochemistry, toxicology, genetics, bioengineering, etc.

It is thus clear that the present manual also deals with analytical and industrial techniques, and, to a lesser extent, with cosmetics and agriculture (e.g.: pesticides) as well as veterinary medicine.

On a strictly formal point of view, the sequence of terms in this dictionary is fundamentally alphabetical, which implies a new line for every single-or multiple worded concept (according to the WEBSTER's Dictionary way), i.e.:

Electronics

Electron pair

Such a presentation brings with it a high standard of reading clarity.

Ce dictionnaire s'adresse à un large groupe d'utilisateurs, parmi lesquels il faut citer les chercheurs, ingénieurs, enseignants, traducteurs et étudiants.

Parmi les techniques couvertes, le présent ouvrage s'adresse en particulier aux techniques « de pointe » telles que la biotechnologie, le génie génétique, les manipulations génétiques... ce qui n'est peut-être – pour sacrifier à la terminologie actuelle – qu'un « plus » à son actif !

The present dictionary is meant for many different people. I would only mention: searchers, engineers, tearchers, translators as well as students.

The different areas included in this work cover some of the most outstanding scientific trends of Research and Development nowadays, and this may largely contribute to the interest of such a lexicon.

PRÉFACE DE LA DEUXIÈME ÉDITION

PREFACE TO THE SECOND EDITION

Dans cette seconde édition, entièrement refondue, de mon *Dictionnaire Chimique et Technologique des Sciences Biologiques*, j'ai considérablement augmenté le nombre de concepts, qui passe d'environ 6 500 à environ 11 800, soit un accroissement de plus de 80 % par rapport à la première édition. Outre un apport important de mots-clés proprement dits, j'ai inclus à la fois plus de termes pris dans leur contexte et plus de termes de langue courante utilisés dans un environnement scientifique ou technique.

De plus, la présente édition renferme de très nombreux acronymes chimiques, biochimiques ou techniques avec leurs significations, ce qui facilitera la lecture des documents dans lesquels ils apparaissent et évitera au lecteur de recourir à des dictionnaires d'acronymes.

Je rappelle que l'ordre des entrées, qu'elles soient constituées de mots-clés simples ou composés, est strictement alphabétique, selon le principe du dictionnaire Webster par exemple. C'est ainsi que l'on trouvera séquentiellement :

In this entirely reworked second edition of my Dictionnaire Chimique et Technologique des Sciences Biologiques, *the number of keywords has been considerably increased (from 6,500 terms originally to about 11,800 now, that is an increase of more than 80 %). Besides many new additions, more « keywords in context » have been entered in the present edition.*

Moreover, this second edition contains a great number of chemical, biochemical or technical acronyms together with their meanings. This will facilitate the reading of documents without the need for the reader to consult specialized dictionaries of acronyms.

It should be reminded here that the sequence of terms is typically alphabetical, according to the WEBSTER's Dictionary way, e.g.:

« Dry coating
Dryer
Dry gel
Dry ice
Drying cabinet »

(un groupement de mots, formé de mots séparés par des espaces ou par des tirets, étant donc assimilé à un mot entier unique).

J'ai également cru bon de signaler un certain nombres de termes de propriété industrielle ainsi que d'expressions apparaissant plus particulièrement dans les brevets.

Indépendamment de l'accroissement sensible de la substance qu'elle renferme, je souhaiterais que cette nouvelle édition soit considérée comme linguistiquement plus « vivante » et réponde mieux aux besoins des traducteurs, scientifiques en particulier, à qui j'ai voulu faciliter la tache en essayant de rendre avec le plus possible de justesse et d'élégance des tournures imprécises ou trompeuses ou encore des anglicismes. Cela dit, cette édition, complètement remaniée et sérieusement augmentée par rapport à la précédente, s'adresse également, comme la première, aux étudiants, aux chercheurs, aux biologistes et aux ingénieurs.

J'ai réalisé cet ouvrage en me basant sur les multiples notes rassemblées au cours de ma carrière de documentaliste et de traducteur scientifique et en ayant recours, lorsque cela était nécessaire, à un grand nombre de dictionnaires, encyclopédies ou manuels monolingues ou plurilingues, spécialisés ou non.

Comme dans tout lexique de ce type, le choix des concepts retenus est certes très subjectif, et ce dictionnaire n'échappe pas à la règle générale, d'autant plus que les domaines concernés sont multiples (chimie organique, biochimie, pharmacologie, biotechnologie, techniques analytiques, pharmacie galé-

« Dry coating
Dryer
Dry gel
Dry ice
Drying cabinet »

(which implies that a sequence constituted of words separated by blanks or hyphens is considered to be a unique word).

I thought it profitable to add a certain number of expressions referring to Industrial Property or found mainly in patents.

As in the case of the original one, the present dictionary is meant for students, searchers, biologists, engineers, but a particular effort has been made towards translators thanks to the said « keywords in context » concept mentioned above.

The elaboration of this work has been supported by my experience as an information scientist and scientific translator. To make that task easier, I consulted when necessary a huge mass of specialized or nonspecialized books, dictionaries or encyclopedias.

As in every lexicon of this type, the choice of terms is subjective, and particularly because the fields concerned are numerous (organic chemistry, biochemistry, pharmacology, genetic engineering, analytical techniques, pharmacy, veterinary medicine, cosmetics, etc.). That explains why this

nique, art vétérinaire, cosmétologie, etc.).

C'est pourquoi cet ouvrage ne saurait prétendre être exhaustif dans le cadre qui lui est assigné. J'ose néanmoins espérer que la matière qui y est contenue répond au mieux à ses objectifs.

Je terminerais en précisant que c'est avec le plus grand intérêt que j'accueillerai les remarques, critiques et suggestions qui pourront m'être faites.

work cannot pretend to be totally comprenhensive in its scope. I nevertheless hope that it will largely reach its targets and meet the requirements expected from it.

Finally, let me precise that I will be very grateful to all those wishing to make criticisms, remarks or suggestions.

Abréviations

adj. → adjectif
adv. → adverbe
f. → féminin
m. → masculin
nom. → nomenclature chimique
pl. → pluriel

A

A alanine (*code à une lettre*) ; adénine *f.* ; adénosine *f.*

AACA acide acylaminocéphalosporanique.

AAD alloxazine-adénine dinucléotide.

AAF acétylaminofluorène *m.*

AAIB alpha-aminoisobutyrique.

AAO aminoacide oxydase.

AAT alpha-1 antitrypsine *f.*

Abacus abaque *m.*

Abasin abasine *f.*

Abate (to ~) se calmer ; diminuer.

Abatement diminution *f.*

ABC adriamycine/BNCU/ cyclophosphamide.

Abelmoschus ambrette *f.*

Abequose abéquose *m.*

Aberration aberration *f.*, déviation *f.*

ABIBN azo-bis (isobutyronitrile).

Abietic acid acide abiétique.

Abietin abiétine *f.*

Abietinic acid = **Abietic acid.**

Ability aptitude *f.*, faculté *f.*, propriété *f.*

Abiuret négatif au biuret, qui ne réagit pas au biuret.

Ablastin ablastine *f.*

Abluent détergent *m.*, *adj.*

Abnormal anormal *adj*

Abnormality anomalie *f.*

ABO methotrexate/bléomycine/vincristine.

Abortient = **Abortifaciens.**

Abortifacient abortif *m.*

Abortion avortement *m.*

Abortive abortif *adj.*

Abradant abrasif *m.*

Abrade (to ~) éroder.

Abrasin oil huile de Tung.

Abrasion abrasion *f.*

Abrasive abrasif *m.*, *adj.*

Abrasive wear usure par abrasion, abrasion *f.*

Abrin toxalbumine *f.*

Abrine abrine *f.* (N-méthyl-L-tryptophane).

Aburamycin aburamycine f.

Abscisic acid acide abscissique.

Abscisin abscissine *f.*

Abscissa abscisse *f.*

Absent the group A moins le groupe A.

Absinthin absinthine *f.*

Absolute absolu *adj.*

Absolute alcohol alcool absolu.

Absolute temperature température absolue.

Absolute zero zéro absolu.

Absorb (to ~) absorber.

Absorbable material matériau résorbable.

Absorbance absorption f. (*spectroscopie*).

Absorbed state état absorbé.

Absorbefacient = Absorbifaciens.

Absorbency capacité d'absorption.

Absorbent absorbant *m., adj.*

Absorbent cotton coton hydrophile.

Absorbent gauze gaze hydrophile.

Absorber absorbeur *m.*

Absorbifaciens auxiliaire d'absorption *m., adj.*

Absorptiometer absorptiomètre *m.*

Absorption absorption f. ; résorption f.

Absorption-meter = absorptiometer.

Absorption spectrum spectre d'absorption.

Absorptive absorbant *adj.*

Absorptive power pouvoir absorbant.

Absorptivity pouvoir absorbant.

Abstract analyse f., résumé *m.*

Abundant abondant *adj.*

Aburamycin aburamycine f.

Abused abusivement utilisé (*médicament*).

ABV actynomycine D/bléomycine/ vincristine.

ABVD adriamycine/bléomycine/vinblasine/ dacarbazine.

AC adriamycine/cyclophosphamide.

ACA acide aminocéphalosporanique.

Acacetin acacétine f.

Acacia gomme arabique.

Acacic acid acide acacique.

Acarenoic acid acide acarénoïque.

Acaricidal acaricide *adj.*

Acaricide acaricide *m.*

Acarin acarine f.

Accelerate accéléré *adj.*

Accelerate (to ~) accélérer.

Accelerator accélérateur *m.* ; promoteur *m.*

Accelerator factor facteur accélérateur, facteur V.

Accelerin accélérine f., facteur VI (*coagulation sanguine*).

Accentuator intensificateur de coloration.

Acceptably pure de pureté acceptable.

Acceptor accepteur *m.*

Acceptor control contrôle par l'accepteur.

Accession number numéro d'accès à, numéro d'ordre (*d'une référence bibliographique*).

Accessory accessoire *adj.*

Accessory pigments pigments accessoires.

AcCoA acétylcoenzyme A.

Accompanying drawing (s) dessin(s) en annexe (*brevet*).

Accordingly diminished diminué en conséquence, diminué d'autant.

Account for (to ~) expliquer, interpréter.

Accretion accroissement *m.* ; dépôt *m.* ; agrégation f.

Accretive par addition, d'addition.

Accretive process processus d'addition.

Accumulator accumulateur *m.*

Accuracy justesse f. (*chromatographie*) ; précision f.

Accurate précis *adj.*

ACD anticoagulant/citrate/dextrose.

ACE alcool/chloroforme/éther ; enzyme de conversion de l'angiotensine

Aceconitic acid acide acéconitique.

Acenaphthene acénaphtène *m.*

Acenaphthylene acénaphtylène *m.* (dihydroacénaphtène).

Acerb aigre *adj.*

Aceric acid acide acérique (*acide malique impur*).

Acerinol acérinol *m.*

Acerocin acérocine *f.*

Acerogenic acid acide acérogénique.

Acerosin acérosine *f.*

Acerotin acérotine *f.*

Acetal acétal *m.*

Acetaldehyde acétaldéhyde *m.*

Acetamide acétamide *m.*

Acetanilide acétanilide *m.*

Acetate acétate *m.*

Acetate butyrate acétobutyrate *m.*

Acethemin acethémine *f.*

Acetic acétique *adj.*

Acetic acid acide acétique.

Acetic acid (glacial ~) acide acétique concentré *ou* cristallisable *ou* glacial.

Acetify (to ~) acétifier.

Acetin acétine *f.*

Acetoacetate acétylacétate *m.*

Acetoacetic acétylacétique *adj.*

Acetoacetic ester acétylacétate d'éthyle.

Acetoin acétoïne *f.*

Acetolysis acétolyse *f.*

Acetone acétone *f.*, diméthylcétone *f.*, propanone *f.*

Acetone alcohol hydroxypropanone *f.*, acétylcarbinol *m.*, hydroxyacétone *f.*

Acetone bodies = Ketone bodies.

Acetonitrile acétonitrile *m.*

Acetophenone acétophénone *f.*

Acetous acéteux *adj.*

Acetyl acétyl (*nom.*), acétyle *m.* (*groupe*).

Acetylate (to ~) acétyler.

Acetylator acétyleur *m.*

Acetylcholine acétylcholine *f.*

Acetylene acétylène *m.*

Acetylenic acétylénique *adj.*

Acetylide acétylure *m.*

Acetyl number indice d'acétyle.

Acetylsalicyl acid acide acétylsalicylique, aspirine *f.*

ACH = Adrenocortical hormone.

AchE acétylcholine estérase.

Achieve (to ~) effectuer, exécuter, réaliser, réussir à obtenir.

Achieved product produit obtenu, produit réalisé, produit résultant.

Achillin achilline *f.*

Achromatic achromatique *adj.*

Achromatin achromatine *f.*

Achromin = Achromatin.

Acicular aciculaire *adj.*, en forme d'aiguille.

Aciculate aciculé *adj.*

Aciculiform aciculiforme *adj.*, aciforme *adj.*

Acid acide *m.*

Acid addition salt sel d'addition d'acide.

Acid amide amide *m.*

Acid egg monte-jus *m.*

Acid equivalent weight poids d'équivalent acide.

Acid-fast acido-résistant *adj.*

Acid former générateur d'acide.

Acidic acide *adj.*

Acidiferous acidifère *adj.*

Acidifier acidifiant *m.*

Acidify (to ~) acidifier.

Acidimeter acidimètre *m.*, pèse-acide *m.*

Acidimetry acidimétrie *f.*

Acidity acidité *f.*

Acid number indice d'acide.

Acidolysis acidolyse *f.*

Acidomycin Acidomycine *f.*

Acidophilic acidophile *adj.*

Acidophilous = Acidophilic.

Acidophilus milk lait à acidophile.

Acidosis acidose *f.*

Acid promoted catalysé par un acide.

Acid-proof = Acid-fast.

Acid rain pluie acide.

Acid range domaine acide, domaine des pH acides.

Acid salt sel acide, hydrogénosel *m.* ; sel (d'addition) d'acide.

Acid-soluble soluble dans les acides.

Acid strength acidité *f.*

Acidulate (to ~) aciduler.

Acidulous acidulé *adj.*

Acid value indice d'acide.

Aciform aciforme *adj.*, aciculiforme *adj.*

ACM albumine/calcium/magnésium.

Acnistin acnistine *f.*

Aconic acid acide aconique.

Aconine aconine *f.*

Aconitane aconitane *m.*

Aconitic acid acide aconitique.

Aconitine aconitine *f.*

ACOPP adriamycine/cyclophosphamide/ vincristine/prednisone/procarbazine.

Acoradin acoradine *f.*

Acorn gland *m.*

Acorn sugar quercitol *m.*

Acovenose Acovénose *m.*

Acquired resistance résistance acquise.

Acrid âcre *adj.*

Acridacridine acridinoacridine *f.*

Acridan acridane *m.*

Acridine acridine *f.*

Acridine dye colorant acridine.

Acridine orange orange d'acridine *f.*

Acridine yellow jaune d'acridine *f.*

Acridol acridinol *m.*

Acridone acridinone *f.*

Acriflavine acriflavine *f.*

Acrifoline acrifoline *f.*

Acrolein acroleïne *f.*, aldéhyde acrylique, propénal *m.*

Acronylin acronyline *f.*

Acrosin acrosine *f.*

Acrylaldehyde propénal *m.*

Acrylic acrylique *adj.*

Acrylic acid acide acrylique, acide propénoïque.

Acrylonitrile acrylonitrile *m.*

Act (to ~) agir.

Actein actéine *f.*

Acteol actéol *m.*

ACTH = Adrenocorticotropin.

Actin actine *f.*

Actinic actinique *adj.*

Actinide actinide *m.*

Actinomycin actinomycine *f.*

Actinospectacin actinospectacine *f.*

Activated activé *adj.*

Activated carbon charbon actif, charbon activé.

Activation factor facteur XII, facteur Hageman.

Activator activateur *m.*

Active actif *adj.*

Active carbon charbon actif.

Active catch broche (*ou* dent *ou* taquet) d'entraînement.

Activity determination dosage d'activité (*enzymatique p. ex.*).

Activity pattern profil d'activité.

Actocortin actocortine *f.*

ACTP polypeptide adrénocorticotrope.

Actual réel *adj.*

Actuate (to ~) actionner, commander.

Actuator diffuseur *m.*, propulseur *m.*, dispositif de propulsion, dispositif de commande.

Acute aigu, aiguë *adj.*

Acuteness acuité *f.*, intensité *f.* ; finesse *f.*

Acute-phase proteins protéines inflammatoires.

Acyclic acyclique *adj.*

Acyl acyle *m.* (*groupe*).

Acylamino acid acide acylaminé.

Acylate (to ~) acyler.

Acyloin acyloïne *f.*

ADA adénosine désaminase.

Adamantoic acid acide adamantoïque.

Adaptation adaptation *f.*

Adaptative enzyme enzyme d'adaptation.

Adapter = Adaptor.

Adaptive adaptatif *adj.*

Adaptive enzyme = Adaptative enzyme.

Adaptor adaptateur *m.*, rallonge *f.*

Adaptor ring bague d'agrafage.

ADC albumine/dextrose/catalase.

Add (to ~) additionner, ajouter, introduire, verser.

-added additionné de (*cf.* **Water-added**).

Added ajouté *adj.*

Added hydrogen hydrogène ajouté (*hydrogène indiqué entre parenthèses*).

Added with (is ~) (est) additionné de, on lui ajoute.

Addend produit qui s'additionne.

Addict toxicomane *m.* ; créer l'accoutumance.

Addiction accoutumance *f.*

Addiction drug drogue *f.*, stupéfiant *m.*

Addictive toxicomanogène *adj.*

Additional en plus, supplémentaire *adj.*

Additional air air d'appoint, apport supplémentaire d'air.

Additional apparatus appareil auxiliaire.

Additional hour (for an ~) pendant encore une heure.

Additional hour (for each ~) par tranche d'une heure supplémentaire.

Additional patent brevet d'addition.

Additional product produit supplémentaire.

Addition compound composé d'addition.

Addition funnel entonnoir à robinet.

Additive additif *m.*, adjuvant *m.*

Additive system système adjuvant.

Add-on capacity capacité additive.

Adduct adduit *m.*, produit d'addition.

Adenine adénine *f.*

Adenohypophyseal hormone hormone antéhypophysaire.

Adenosine adénosine *f.*

Adenylate cyclase adénylcyclase, adénylate cyclase.

Adenylic adénylique *adj.*

Adermin vitamine B$_6$.

ADH hormone antidiurétique.

Adhesion strength force d'adhérence.

Adhesive adhésif *m.*, *adj.*

Adhesive bond lien adhésif.

Adhesive failure rupture d'adhérence.

Adhesively bound fixé par adhérence.

Adhesive strength = Adhesion strength.

Adhesive strip ruban adhésif, sparadrap *m.*

Adhesive tape = Adhesive strip.

Adiabatic adiabatique *adj.*

Adipic acid acide adipique.

Adipoin adipoïne *f.*

Adiposin = Lipotropic hormone.

Adjacent contigu *adj.*, tout contre.

Adjust (to ~) étalonner.

Adjustable réglable *adj.*

Adjusted retention time temps de rétention réduit.

Adjustment réglage *m.*

Adjuvanted comportant des adjuvants.

Adjuvant for builder additif pour adjuvant de détergence.

Administration administration *f.*, voie *f.* (*orale, parentérale, etc.*).

Administration pattern schéma d'administration (*d'un médicament*).

Administration route voie d'administration.

Admittedly certes *adv.*

Admix (to ~) ajouter, mélanger.

Admixture impureté *f.* ; incorporation *f.* ; mélange additionnel.

Admixture with (in ~) associé dans un mélange avec.

Ado adénosine *f.*

AdoMet S-adénosylméthionine.

ADP diphosphate d'adénosine.

Adrenal cortex hormone hormone corticosurrénale.

Adrenal cortical corticosurrénal *adj.*

Adrenaline adrénaline *f.*

Adrenaline release décharge d'adrénaline, libération d'adrénaline.

Adrenal steroid corticoïde *m.*, corticostéroïde *m.*

Adrenergic adrénergique *adj.*

Adrenergic blocker bloquant *m.* (*ex. béta-bloquant*).

Adrenergic blocking agent adrénolytique *m.*

Adrenoceptor récepteur adrénergique.

Adrenochrome adrénochrome *m.*

Adrenocortical hormone hormone corticosurrénale.

Adrenocorticotrop (h) in hormone adrénocorticotrope, adrénocorticotrop (h) ine *f.*

Adrenotoxin adrénotoxine *f.*

Adrenotropin adrénotrop (h) ine *f.*

Adriamycin adriamycine *f.*

Adsorb (to ~) adsorber.

Adsorbed (have been ~) (se sont) adsorbé(e)s.

6

Adsorbent adsorbant *m.*

Adsorption adsorption *f.*

Adsorption capacity capacité d'adsorption, pouvoir adsorbant.

Adsorption column colonne absorbante.

Adsorptive adsorbant *adj.*

Adsorptive separation séparation par adsorption.

Adstringent antidiarrhéique *m.*, astringent *m.*

Adulterant adultérant *m.*

Adulterated adultéré *adj.*, falsifié *adj.*

Advance développement *m.* (*recherche*), perfectionnement *m.*, progrès *m.*

Advanced avancé *adj.*, approfondi *adj.*

Advanced epoxy resin résine époxy développée, résine époxy à chaîne allongée.

Advanced organic chemistry chimie organique approfondie.

Advancement of the art progrès de la technique.

Advancement reaction réaction d'allongement (*ou* de développement) de chaîne.

Advential = Adventitious.

Adventitious adventice *adj.*, externe *adj.*

Adverse drug reaction effet secondaire d'un médicament.

Adverse effect effet adverse (*ou* fâcheux *ou* indésirable *ou* nuisible), effet secondaire.

Adverse event = Adverse effect.

Adverse experience = Adverse effect.

Adversely fâcheusement *adv.*, indésirablement *adv.*

Adversely affect (to ~) altérer, avoir un effet négatif sur, nuire à.

Adversely affected altéré *adj.*, détérioré *adj.*, endommagé *adj.*, fâcheusement affecté.

Adversely affected result résultat faussé.

Adverse reaction = Adverse drug reaction.

Adverse results résultats défavorables.

Advertising = Advertizing.

Advertizing publicité *f.*, réclame *f.*

Advertizing insert encart publicitaire.

AEA alcool/éther/acétone (*solution*).

Aerate (to ~) aérer.

Aeration aération *f.*, barbotage *m.* d'air.

Aerator aérateur *m.*

Aerobe aérobie *adj., m.*

Aerobian aérobie *adj.*

Aerobic conditions conditions aérobies.

Aerobie = Aerobian.

Aerogel aérogel *m.*

Aerogenic aérogène *adj.*

Aerosol aérosol *m.*

Aerosol bomb bombe à aérosol.

Aerosol container conditionnement à aérosol.

Aerosol pack = aerosol container.

Aerosol propellant (gaz) propulseur d'aérosol.

Aerosol spray aérosol *m.*

Aeruginosin aeruginosine *f.*

Aesculin aesculine, esculine *f.*

AET bromure d'aminoéthylisothiouronium.

Aetio étio (*nom.*)

Affect properties altérer les propriétés.

Affinity affinité *f.*

Affinity labeling marquage d'affinité (*enzymologie*).

Affordable abordable *adj.*

Aflatoxin aflatoxine *f.*

AFP alpha-foetoprotéine *f.*

After- arrière-, ultérieur *adj.*

After-effect effet ultérieur ; hystérésis, effet résiduel.

Afterglow incandescence résiduelle, luminescence persistante, luminescence résiduelle, phosphorescence *f.*

Afterglow plasma plasma différé.

After-odor arrière-odeur *f.*

After-potential potentiel consécutif.

After-running queues (de distillation).

After-sun preparation préparation antisolaire.

After-taste arrière-goût *m.*

Against contre, vis-à-vis.

Agar agar *m.*, agar-agar *m.*, gélose *f.*

Agar butt slant gélose en demi-pente.

Agar diffusion test technique de diffusion en gélose.

Agaricin agaricine *f.*

Agarin agarine *f.*

Agar medium milieu gélosé.

Agar slant gélose inclinée, pente de gélose.

Agar slope = Agar slant.

Agar streak culture striée sur gélose.

Ageing vieillissement *m.*

Ageing process processus de vieillissement.

Agent agent m.

Agglomerate aggloméré *m.*

Agglutinate agglutinat *m.*, produit agglutiné.

Agglutination assay essai (*ou* réaction) d'agglutination.

Agglutinator agglutinine *f.*

Agglutinin agglutinine *f.*

Agglutinogen agglutinogène *m.*

Agglutometer agglutinomètre *m.*

Aggregate agrégat *m.*

Aggregation agrégation *f.*

Aggregometer agrégomètre *m.*

Aging = Ageing.

Agitator agitateur *m.*

Agonist agoniste *m.*

Agricultural agricole *adj.*

Agricultural chemicals = Agrochemicals.

Agrochemicals produits agrochimiques.

AHA acide acétohydroxamique.

AHF facteur antihémophile.

AHG globuline antihémophile.

Aid auxiliaire *m.*

AIDS patient sidéen *m.*

Air air *m.*

Air (to ~) aérer.

Air bearing palier à coussin d'air.

Airborne aérogène *adj.* (*infection aérogène*) ; aéroporté *adj.*, transporté par l'air, en suspension dans l'air.

Airborne dust poussière volante.

Air conditioning climatisation *f.*

Air control traitement de l'air.

Air drying séchage à l'air.

Air exchange renouvellement d'air.

Air flow écoulement (*ou* circulation) d'air, passage de l'air.

Airing aération *f.*

Air inlet entrée d'air.

Air-jet mill microniseur à jet d'air.

Air leak prise d'air.

Air lock sas *m.*

Air peak pic de l'air (*chromatographie*).

Air pocket bulle d'air.

Air pollutant polluant atmosphérique.

Air pollution pollution atmosphérique.

Air pressure pression d'air, pression de l'air.

Air-pressure pressurisé *adj.*

Airproof à l'abri de l'air, étanche à l'air.

Air-proof = Airproof.

Air pump trompe à eau.

Air-tight = Airproof.

Air-tightly hermétiquement à l'air.

Air tightness étanchéité à l'air.

Ala alanine *f.*

Alanine alanine *f.*

Albamycin novobiocine *f.*

Albaspidin albaspidine *f.*

Albomycetin albomycétine *f.*

Albumen albumen *m.*

Albumin albumine *f.*

Albuminoid albuminoïde *m.*

Alcaline range domaine alcalin, domaine des pH alcalins.

Alcalise = Alkalize.

Alcamines aminoalcools *m., pl.*

Alcohol alcool *m.*

Alcoholate alcoolate *m.*

Alcohol core-wash compounds détergents à base d'alcool.

Alcohol dehydrogenase alcool déshydrogénase.

Alcoholic alcoolique *adj.*, alcoolisé *adj.*

Alcoholic beverage boisson alcoolisée.

Alcoholometer alcoomètre *m.*, pèse-alcool *m.*

Alcohol-soluble protein prolamine *f.*

Alcohol withdrawal sevrage alcoolique.

Alcoholysis alcoolyse *f.*

Aldehyde aldéhyde *m.*

Aldehydic aldéhydique *adj.*

Aldol aldol *m.*

Aldol condensation aldolisation *f.*

Aldolisation = Aldolization *f.*

Aldolization aldolisation *f.*

Aldose aldose *m.*

Aldosterone aldostérone *f.*

Aldosterone antagonist antialdostérone *m.*

Aldosterone inhibitor = Aldosterone antagonist.

Aldoxime aldoxime *f.*

Alepric acide aléprique (cyclopentène-2 nonanoïque).

Aleprolic acide aléprolique (cyclopentène-2 carboxylique-1).

Aleprylic acide aléprylique (cyclopentène-2 heptanoïque).

Alexic alexique *adj.* (*relatif au complément*).

Alexin complément *m.*, alexine *f.*

Alexipharmic antidote *m.*, *adj.*

Alexipyretic antipyrétique *adj.*

Alga algue *f.*

Algae algues *f., pl.*

Algarobin algarobine *f.*

Algefacient réfrigérant *adj.*

Algesic algique *adj.*, douloureux *adj.*

Algetic = Algesic.

Algicide algicide *m.*

Algin algine *f.*

Alginic alginique *adj.*

Alginin alginine *f.*

Alicyanate cyanate de potassium.

Alicyclic alicyclique *adj.*

Aliesterase carboxylestérase *f.*

Alignment chart abaque *m.*, nomogramme *m.*

Aliphatic aliphatique *adj.*

Aliquot aliquote *f.*, portion *f.*

Alizarin alizarine *f.*

Alizarinopurpurin oxyalizarine *f.*

Alk- alc-.

Alkali alcali *m.*

Alkali cellulose alcali-cellulose.

Alkali metal métal alcalin.

Alkalimetry alcalimétrie *f.*

Alkaline alcalin *adj.*

Alkaline earth metal (métal) alcalino-terreux *m.*

Alkaline phosphatase phosphatase alcaline.

Alkaline reaction réaction alcaline.

Alkalinity alcalinité *f.*

Alkalise = Alkalize.

Alkali-soluble soluble dans une base alcaline, soluble en milieu alcalin.

Alkalize (to ~) alcalifier, alcaliniser.

Alkaloid alcaloïde *m.*

Alkane alcane *m.*

Alkene alcène *m.*

Alkenyl alcényl (*nom.*), alcényle (*groupe*).

Alkenylation alcénylation *f.*

ALK-enzyme subtilisine *f.*

Alkoxide alcoolate *m.*

Alkoxylation alcoxylation *f.*

Alkyl alkyl (*nom.*), alcoyle *ou* alkyle (*groupe*).

Alkyl alcohol alcanol *m.*

Alkylate (to ~) alcoyler.

Alkylating agent agent alcoylant, agent alkylant.

Alkylation alcoylation *f.*, alkylation *f.*

Alkylene alcoylène *m.*

Alkyl halide halogénure d'alcoyle.

Alkylidene alcoylidène *m.*

Alkylolamine alcanolamine *f.*

Alkyne alcyne *m.*

Allantoic allantoïque *adj.*

Allantoin allantoïne *f.*

All-carbon ring carbocycle *m.*

Allene allène *m.*

Allergen allergène *m.*

Allergenic allergène *adj.*

Allergy tested soumis à des tests d'allergie.

Alliaceous alliacé *adj.*

Allocate (to ~) assigner, attribuer.

Allograft allogreffe *f.*

Allophanic acid acide allophanique.

All or none law loi du tout ou rien.

Allosteric allostère *adj.*

Allotropic allotropique *adj.*

Allotropism allotropie *f.*

Allotropy allotropie *f.*

Allowance ration *f.*

Allowance (daily ~) ration quotidienne.

Allowed to react amené à réagir, mis à réagir.

Allow to react (to ~) faire agir, faire réagir.

Alloxan alloxane *m.*

Alloxanthin alloxanthine *f.* (*dérivé du carotène*).

Alloxanthine alloxanthine *f.* (1H-pyrazolo [3,4-d] pyrimidinediol-4,6).

Alloxantin alloxantine *f.*, uroxine *f.*

Alloy alliage *m.*

Alloyed allié *adj.*

Allyl allyle *m.*, allyl (*nom.*)

Allylamine allylamine *f.*

Allylene allylène *m.* ; propyne *m.*

Allylic allylique *adj.*

Almond amande *f.*

Aloin aloïne *f.*

Alosin alosine *f.*

Alpha-blocker alpha-bloquant *m.*

Alpha-receptor récepteur alpha.

Alter (to ~) altérer, modifier.

Alternately en alternance, tour à tour ; inversement *adv.*

Alternating alterné *adj* ; alternatif *adj.*

Alternating bonds liaisons alternées.

Alternating current courant alternatif.

Alternating substituents substituants de remplacement, autres substituants.

Alternative alternative *f.*, solution de rechange.

Alternative drug médicament relais.

Alternatively selon une variante (*brevets*).

Alternative pathway autre voie (*ou* mécanisme), variante de mécanisme.

Altusin altusine *f.*

Alum alun *m.*

Alumina alumine *f.*

Aluminium = Aluminum.

Aluminum aluminium *m.*

Amalgam amalgame *m.*

Amalgamate (to ~) amalgamer.

Amanin amanine *f.*

Amanitin amanitine *f.*

Amaranth amarante *f.*

Amaroid amer *m.*

Amataine grandifoline *f.*

Amber ambre *m.*

Amber glass verre ambré.

Ambident mésomère *adj.*

Amboceptor ambocepteur *adj.*

Ambrein ambréine *f.*

Amebicide antiamibien *m.*

Amenable to accessible à.

Americium américium *m.*

Amiben acide amino-3 dichloro-2,5 benzoïque.

Amidation amidification *f.*

Amide amide *m* ; amidure *m.*

Amide (sodium ~) amidure de sodium.

Amidine amidine *f.*

Amido black noir amide *m.*

Amikacin amikacine *f.*

Amine amine.

Amino acid acide aminé, aminoacide.

Aminoacid = Amino acid.

Aminomycin aminomycine *f.*

Aminoplast aminoplaste *m.*

Aminopterin aminoptérine *f.*

Aminosugar glycosamine *f.*, sucre aminé.

11

Ammeter ampèremètre *m.*

Ammine ammine *f.*

Ammine complex complexe amminé.

Ammonia ammoniac *m.* (*gaz*), ammoniaque (*base en solution*) *f.*

Ammonia gas gaz ammoniac.

Ammoniated ammoniaqué *adj.*

Ammoniated water eau ammoniacale.

Ammonium ammonium *m.*

Ammonolysis ammoniolyse *f.*

Amorphous amorphe *adj.*

Amount quantité *f.* ; s'élever (à).

AMP monophosphate d'adénosine.

AMPA acide (aminométhyl)-2 phénylacétique.

Amphibolic amphibolique adj. (anabolique et catabolique)

Amphichroic amphichroïque *adj.*

Amphichromatic = Amphichroic.

Amphipathic amphipathique *adj.*

Amphiphilic amphiphile *adj.*

Amphoteric amphotère *adj.*

Amplifier amplificateur *m.*

Ampoule = Ampul.

AMPT alpha-méthyl-paratyrosine

Ampul ampoule *f.*

Ampule = Ampul.

Ampulla = Ampoule.

Ampul neck col d'une ampoule.

Amygdalin amygdaline *f.*

Amyl amyl (*nom.*), amyle *m.*, amylique *adj.*

Amylaceous amylacé *adj.*

Amyl alcohol alcool amylique, pentanol *m.*

Amylase amylase *f.*

Amylene amylène *m.*

Amylic amylique *adj.*

Amylocaine amylocaïne *f.*

Amylohydrolysis = Amylolysis.

Amyloid amyloïde *m., adj.*

Amylolysis amylolyse *f.*

Amylopectin amylopectine *f.*

Amyloxide amylate *m.*, pentylate *m.*

Amyrin amyrine *f.*

Anabolic anabolique *m., adj.*, anabolisant *m., adj.*

Anabolic agent anabolisant *m.*

Anabolically active actif comme anabolisant.

Anabolically effective stimulant l'anabolisme.

Anabolic response réponse anabolique.

Anabolic steroid stéroïde anabolisant.

Anaerobic anaérobie *adj.*

Anaesthetic anesthésiant *m., adj.*, anesthésique *m., adj.*

Analgesic analgésiant *m., adj.*, analgésique *m., adj.*, antalgique *m., adj.*

Analgetic = Analgesic.

Analog = Analogue.

Analogous analogue *adj.*

Analogue analogue *m.*

Analogue printer enregistreur analogique.

Analyser analyseur *m.*

Analysis analyse *f.*

Analyte substance à analyser, analyte *m.*

Analytical analytique *adj.*

Analytical assay dosage *m.*

Analytical chemist chimiste analyste.

Analytical determination dosage *m.*

Analytical grade qualité pour analyse.

Analytically pure pur pour analyses.

Analytical means dispositif analytique, d. d'analyse (*ou* de dosage).

Analytical sample échantillon pour analyse.

Analytical value résultat d'analyse, valeur analytique.

Analyz... = Analys...

Anaphoresis anaphorèse *f.*

Anaphylactic reaction product toxogénine *f.*

Anaphylatoxin anaphylatoxine *f.*

Anatoxin anatoxine *f.*

Anchimeric anchimère *adj.*

Anchorage-independent indépendant de l'ancrage (*anticorps*).

Anchoring ancrage *m.*, fixation *f.*

Ancillary auxiliaire *adj.*, dépendant *adj.*

Ancillary equipment équipement auxiliaire, matériel d'appoint.

Androgen androgène *m.*

Androgenic androgène *adj.*

Anemonin anémonine *f.*

Anesthetic anesthésiant *m., adj.*, anesthésique *m., adj.*

Anethole anéthol *m.*

Aneurine aneurine *f.*, thiamine *f.*

Angel dust phencyclidine *f.*

Angelic acid acide angélique.

Angelin angéline *f.*

Angiotensin angiotensine *f.*

Angiotonin = Angiotensin.

Angolensic acic acide angolensique.

Angolensin angolensine *f.*

Angular angulaire *adj.*

Anhydration anhydrisation *f.*

Anhydride anhydride *m.*

Anhydride acid chloride chlorure d'acide-anhydride (*cas, p. ex., d'un triacide*).

Anhydrous anhydre *adj.*

Anil = Schiff base.

Anilide anilide *m.*

Aniline aniline *f.*

Aniline red fuchsine *f.*, rouge d'aniline.

Animal animal *m., adj.*

Animal glue colle animale.

Animal husbandry élevage *m.*

Animal room animalerie *f.*

Animal starch glycogène *m.*

Anion anion *m.*

Anion exchange chromatography chromatographie sur résine échangeuse d'anions.

Anion exchange column colonne échangeuse d'anions.

Anion exchange resin résine échangeuse d'anions.

Anionic anionique *adj.*

Anionic exchange column = anion exchange column.

Anisaldehyde anisaldéhyde *m.*, aldéhyde anisique.

Anisatic acid acide anisatique.
Anisatin anisatine *f.*

Anisatinic acid acide anisatinique.

Anise anis *m.*

Aniseed oil = Anise oil.

Anise oil essence d'anis.

Anisic acid acide anisique.

Anisidine anisidine *f.*

Anisoin anisoïne *f.*

Anisole anisol *m.* (méthoxybenzène).

Anisomeric anisomère, non isomère *adj.*

Anisotropic anisotrope *adj.*

Anisotropy Anisotropie *f.*

Anneal hybrider (*plasmides*).

Annealation annellation *f.*, condensation *f.*, cyclisation *f.*, fusion *f.*

Annelation = Annealation.

Annular annulaire *adj.*

Annulation = Annelation.

Annulene Annulène *m.*

Anode compartment compartiment anodique.

Anodyne analgésique *m.*, antalgique *m.*, calmant *m.*, anodin *m.* (*vieux*).

Anomalous anomal *adj.*

Anomer anomère *m., adj.*

Anonaine anonaïne *f.*

Anorectic anorexigène *m., adj.*, anorexique *m., adj.*

Antacid antiacide *m., adj.*

Antagonist antagoniste *m.*

Antagonistic antagoniste *adj.*

Anteisoparaffins alcanes *m., pl.*

Anterior antérieur *adj.*

Anterior pituitary hormone = Adenohypophyseal hormone.

Anthelminthic = Anthelmintic.

Anthelmintic anthelminthique *m., adj.*, vermifuge *m., adj.*

Anthelone urogastrone *f.*

Anthocyanidin anthocyanidine *f.*

Anthocyanin anthocyanine *f.*

Anthracene anthracène *m.*

Anthramycin anthramycine *f.*

Anthranil anthranile *m.*

Anthranilic acid acide anthranilique.

Anthranol anthranol *m.*

Anthraquinone anthraquinone *f.*

Anthroic acid acide anthroïque, acide anthracènecarboxylique.

Anthrol anthracénol *m.*

Anthrone anthracénone *f.*, anthrone *f.*

Antiabsorptive antiabsorbant *adj.*

Antiachromotrichia factor acide pantothénique, vitamine B_5.

Antiacne antiacnéique *m.*

Antiacne agent antiacnéique *m.*

Antiacrodynia factor pyridoxine *f.*, vitamine B_6.

Antiadhesive antiadhésif *m., adj.*

Antiadsorptive antiadsorbant *adj.*

Antialopecia factor facteur antialopécique, inositol *m.*

Antianginal antiangineux *m.*, antiangoreux *m.*

Antianxiety agent anxiolytique *m.*

Antiarrhythmic antiarythmique *m., adj.*

Antiasthma agent antiasthmatique *m.*

Antiatherosclerotic antiathéroscléreux *m., adj.*

Antibacterial antibactérien *m., adj.*

Antibacterial spectrum spectre antibactérien.

Antibiotic antibiotique *m., adj.*

Antibiotic assay antibiogramme *m.*

Anti black-tongue factor acide nicotinique, vitamine PP.

Antiblocking antiadhérent *adj.*, antiadhésif *adj.*

Antibody anticorps *m.*

Antibody to anticorps contre, anticorps de *(un antigène)*.

Anti-bonding antiliant *adj.*

Anti-bonding orbital orbitale antiliante.

Anticaking antiagglomérant *adj.*, antiagglutinant *adj.*

Anticancer anticancéreux *adj.*

Anticancer drug anticancéreux *m.*

Anticer antigivre *m.*, dégivrant *m.*

Anticipated attendu *adj.* (*résultat, valeur, etc.*).

Anticlockwise en sens inverse des aiguilles d'une montre.

Anticlockwise movement mouvement inverse du sens des aiguilles d'une montre.

Anticlogging agent détourbant, *m.*

Anticoagulant anticoagulant *m.*

Anticoagulated blood sang rendu non coagulable, sang soumis à un traitement d'anticoagulation.

Anticoccidial coccidiostatique *m., adj.*

Anticodon anticodon *m.*

Anticoncipiens anticonceptionnel *m.*, contraceptif *m.*

Anticonvulsant anticonvulsivant *m., adj.*

Anticough drug antitussif *m.*

Antidandruff antipelliculaire *adj.*

Antidepressant antidépresseur *m.*

Antidepressive antidépressif *adj.*, antidépresseur *adj.*

Antidiarrhea agent antidiarrhéique *m.*

Antidiarrheal antidiarrhéique *adj.*

Antidiarrheic antidiarrhéique *adj.*

Antidiarrhetic antidiarrhéique *adj.*

Antidiarrhoea = Antidiarrhea.

Antidimming agent = Antifogging agent.

Antidiuretic hormone hormone antidiurétique, vasopressine *f.*

Antidrifting agent agent antiagglomérant.

Antiemetic antiémétique *m., adj.*, antinauséeux *m., adj.*

Antifibrillatory antifibrillant *m., adj.*

Antifoaming agent antimousse *m.*

Antifoggant = Antifogging agent.

Antifogging agent agent antivoile (*photographie*) ; agent antibuée.

Antifouling antisalissure *adj.*

Antifreeze antigel *m.*

Antifroth antimousse *m.*

Antifungal antifongique *m., adj.*, fongicide *m., adj.*

Antigen antigène *m.*

Antigen binding fragment fragment de liaison à l'antigène.

Antigen challenge attaque antigénique.

Antigen coupling couplage des antigènes.

Antigenic antigène *adj.*

Antigenic pattern motif antigénique.

Antigout agent antigoutteux *m.*

Antihalation antihalo *m.*

Antihemorrhagic factor facteur antihémorragique, vitamine K.

Antihistaminic antihistaminique *m., adj.*, antiallergique *m., adj.*

Antihypertensive antihypertenseur *m., adj.*

Antiinfective antiinfectieux *m., adj.*

Antiinflammatory antiinflammatoire *m., adj.*

Antileukemic antileucémique *m., adj.*

Antiliming anticalcaire *adj.*

Antilipemic antilipémiant, antilipidémiant *m.*, antilipémique *adj.*

Antimalarial antimalarique *m.*, *adj.*, antipaludique *m.*, *adj.*

Antimatter antimatière *f.*

Antimeric énantiomorphe *adj.*

Antimicrobial antimicrobien *adj.*, bactéricide *adj.*

Antimigraine agent antimigraineux *m.*

Antimiling agent détartrant *m.*

Antimisting agent = **Antifogging agent.**

Antimonate antimoniate *m.*

Antimonial antimonié *adj.*

Antimonic antimonique *adj.*

Antimonious = **Antimonial.**

Antimony antimoine *m.*

Antimycin antimycine *f.*

Antimycoplasmal antimycoplasmique *adj.*

Antimycotic antimycotique *adj.*

Antinauseant antinauséeux *m.*, *adj.*

Antineoplastic antinéoplasique *adj.*

Antineuritic factor facteur antinévritique, thiamine *f.*, vitamine B$_1$.

Antinociceptive analgésique *m.*, *adj.*

Antioncotic antioncotique *m.*, *adj.*, antitumoral *m.*, *adj.*

Antioxidant antioxydant *m.*

Antioxygen antioxygène *m.*, antioxydant *m.*

Antiparasitic antiparasitaire *m.*, *adj.*

Antiparkinson agent antiparkinsonien *m.*

Antipellagra antipellagreux *adj.*

Antipellagra factor acide nicotinique, vitamine antipellagreuse.

Antiperspirant antisudoral *m.*, *adj.*, anhidrotique *m.*, *adj.*

Antiphlogistic antiinflammatoire *m.*, *adj.*

Antiplatelet antiplaquettaire *adj.*

Antiproliferative antiproliférant *adj.*

Antiprotozoal antiprotozoaire *adj.*

Antipruritic antiprurigineux *m.*, *adj.*

Antiputrefactive antiputride *adj.*

Antipyretic antipyrétique *m.*, *adj.*, antithermique *m.*, *adj.*, fébrifuge *m.*, *adj.*

Antirachitic factor vitamine antirachitique, vitamine D.

Antirheumatic antirhumatismal *m.*, *adj.*

Antiseborrheic antiséborrhéique *m.*, *adj.*

Antiseborrhoeic = **Antiseborrheic.**

Antisecretory antisécrétoire *m.*, *adj.*

Antisense strand brin anti-sens.

Antiseptic antiseptique *m.*, *adj.*

Antiserum antisérum *m.*

Antisettling anticoalescent *adj.*

Antisickling antidrépanocytaire *m.*

Antiskimming antiémuisionnant *adj.*

Antismoking antitabagique *adj.*

Antispasmodic antispasmodique *m.*, *adj.*

Antispastic = **Antispasmodic.**

Antistatic antistatique *adj.*

Antisterility factor vitamine E.

Antistriating agent agent antinivelant.

Antisymmetrical antisymétrique *adj.*

Antitermination antiterminaison *f.*

Antitoxin antitoxine *f.*

Antitubercular antituberculeux *adj.*

Antitussive antitussif *m.*, *adj.*, tussiplégique *m.*, *adj.*

Antiulcer agent antiulcéreux *m.*

Antivenereal antivénérien *adj.*

Antivermin pesticide *m.*

Anti-wear anti-usure *adj.*

Antiwrinkling antirides *adj.*

Antixerophtalmia factor vitamine A.

Anutrient élément non nutritif.

Anxiety-relieving anxiolytique *adj.*

AOAA acide aminooxyacétique.

APA acide aminopénicillanique.

APAP acétyl-p-aminophénol.

APC aspirine/phénacétine/caféine.

APCC aspirine/phénacétine/caféine/ codéine.

APE aminophylline/phénobarbital/ éphédrine.

Aperient purgatif *m.*

Apex sommet.

Apices sommets.

Apigenin apigénine *f.*

Apiin apiine *f.*

APMA acide aminophénylmercurique.

ApoB apolipoprotéine B.

Apoferment apoenzyme *f.*

APP aminopyrazolopyrimidine.

Apparatus appareil *m.*

Apparent bulk density masse volumique apparente.

Appearances (to all ~) tout se passe comme si, vraisemblablement *adv.*

Appendage dispositif annexe.

Appended claims revendications jointes (*brevet*).

Appetite depressant anorexigène *m.*

Appetite inhibitor anorexigène *m.*, modérateur de l'appétit.

Appetite stimulant orexigène *m.*

Appetite suppressant anorexigène *m.*

Appetite suppressor = **Appetite suppressant**.

Appliance dispositif *m.*

Applicability aptitude à la mise en œuvre.

Applicable (not ~) sans objet.

Applicable (where ~) (lorsque cela est) applicable (*ou* pertinent).

Application administration *f.* (*médicaments*) ; demande *f.* ; mise en œuvre *f.*

Application of a pressure établissement d'une pression.

Application of charges dépôt de charges (électriques).

Applicator applicateur *m.*, tampon de prélévement, tampon d'ouate

Applied appliqué *adj.*

Applied amount quantité (*ou* proportion) administrée (*ou* dispensée).

Applied energy énergie fournie.

Applied research recherche appliquée.

Applied solution solution mise en œuvre.

Apply (to ~) administrer ; appliquer, mettre en place ; traiter ; mettre en œuvre, utiliser.

Apply a force appliquer (*ou* fournir) une force.

Apply a vacuum faire le vide.

Apply a voltage appliquer une tension.

Apply for a patent faire une demande de brevet, déposer un brevet.

Apply to a column déposer sur une colonne (*chromatographie*).

Apportioning partage *m.*, répartition *f.*

Apportioning by weight répartition en poids.

APPR ribonucléoside d'aminopyrazolopyrimidine.

Approach accès *m.*, approche *f.*, démarche *f.*, voie d'accès.

Approach infinity tendre vers l'infini.

Appropriate (where ~) quand il convient, quand cela est opportun.

Approved substance substance agréée (*ou* autorisée *ou* homologuée *ou* permise**).**

Approximate value valeur approchée.

Approximation approximation *f.*

Approximative approché *adj.* (*valeur,* *etc.*).

Approximative value = Approximate value.

Appurtenance appareil *m.*, accessoire *m.*, dispositif *m.*

Aprotic aprotique *adj.*, exempt de protons.

Aprotinin aprotinine *f.*

APRT adénine phosphoribosyltransférase.

APS phosphosulfate-5'd'adénosine.

APUD = amine precursor uptake and decarboxylation (qui capte et décarboxyle les précurseurs d'amines).

Aqua fortis acide nitrique.

Aqua regalis eau régale.

Aqua regia = Aqua regalis.

Aquasol hydrosol *m.*

Aqueous aqueux *adj.*

Aqueous-alkaline solution solution alcaline aqueuse.

Aqueous sol hydrosol *m.*

Ara-A arabinoside d'adénine, vidarabine *f.*

Ara-C arabinoside de cytosine, cytarabine *f.*

Arachic = Arachidic.

Arachidic arachidique *adj.*

Arachidonic arachidonique *adj.*

Arctigenin arctigénine *f.*

Area aire *f.*, domaine *m.*, surface *f.*, zone *f.*

Area percent pourcentage basé sur l'aire (*d'un pic*).

Arecaidine arécaïdine *f.*

Areometer aréomètre *m.*, densimètre *m.*

Arg arginine *f.*

Arginine arginine *f.*

Argon argon *m.*

Argon laser laser à argon.

Arm bras (*biologie moléculaire*) *m.*

Arm mixer mélangeur à pales.

Armouring plate plaque de protection.

Aroma arome, arôme *m.*

Aromatic aromatique *adj.*

Aromatic compound composé aromatique.

Aromaticin aromaticine *f.*

Aromaticity aromaticité *f.*

Aromatic ring cycle aromatique, noyau aromatique.

Aromatisation = Aromatization.

Aromatization aromatisation *f.*

Arranged to aménagé pour, conçu pour.

Arranged with aménagé avec, muni de.

Arrangement of a device aménagement d'un dispositif.

Array arrangement *m.* ; série *f.*

Arrow flèche *f.*

Arrow (broken ~) flèche en trait discontinu.

Arrow (double-headed ~) flèche double (mésomérie).

Arrow (dotted ~) flèche en pointillé.

Arrow (solid ~) flèche en trait plein.

Arsenate arséniate *m.*

Arsenated arsénié *adj.*, arsénique *adj.*

Arsenic arsenic *m.* ; arsénique *adj.*

Arsenical arsénical *adj.*

Arsenide arséniure *m.*

Arsenious arsénieux *adj.*

Arsine arsine *f.* ; hydrogène arsénié.

Artefact artefact *m.*

Arterin = **Oxyhemoglobin.**

Article objet (*brevets*).

Artificial sweetener édulcorant de synthèse.

Aryl aryle *m.*, aryl (*nom.*).

AS sulfate d'atropine.

ASA acide acétylsalicylique.

Asaricin asaricine *f.*

Asarinin asarinine *f.*

As a rule en régle générale.

As a solid en tant que solide, en termes de substances solides.

ASAT alanine-aspartate aminotransférase.

ASB aloïne/strychnine/belladone.

Asbestos amiante *f.*

ASBI aloïne/strychnine/belladone/ipéca.

Ascending chromatography chromatographie ascendante.

Ascheim-Zondek hormone lutéostimuline *f.*

Ascitic fluid fluide ascitique.

Ascorbic acid acide ascorbique.

Ascorbic acid (L-~) acide L-ascorbique, vitamine C.

ASF = **ampere per square foot**

As-formed au fur et à mesure de sa (leur) formation.

Ash cendre *f.*

Ash content teneur en cendres.

Ashless sans cendre(s).

Ashless filter filtre sans cendre(s).

Ash picture spodogramme *m.*

ASK antistreptokinase *f.*

ASL antistreptolysine *f.*

As-manufactured à la production, lors de la production.

Asn asparagine *f.*

ASO antistreptolysine O.

Asp acide aspartique.

Asparagic acid = **Aspartic acid.**

Asparagine asparagine *f.*

Asparaginic acid = **Aspartic acid.**

Aspartic acid acide aspartique.

Aspect ratio rapport dimensionnel.

Aspirator aspirateur *m.*

Aspirator = **Aspirator bottle.**

Aspirator bottle aspirateur *m.*, essoreuse *f.*

Aspirin aspirine *f.*

As-produced au fur et à mesure de sa (leur) production.

As required selon le besoin, si nécessaire.

Assay dosage *m.*, mesure *f.* ; analyse *f.*, méthode (de dosage) *f.*, test *m.*

Assay (to ~) analyser ; doser.

Assayed at x % (to be ~) titrer x %.

Assayed compound composé analysé, composé dosé.

Assay kit nécessaire (*ou* trousse) d'essai.

Assembly assemblage *m.*, ensemble *m.*

Assessment évaluation *f.*

Assessment of compliance compliance *f.* ; preuve d'observance ; adaptation *f.*

Assign (to ~) assigner, attribuer.

Assign a configuration attribuer une configuration.

Assigned to an assignee cédé à (*ou* au nom d') une société cessionnaire.

Assignment of a structure attribution d'une structure.

Assistant auxiliaire *m.*

Associated devices dispositifs annexes.

Associated with associé à, en relation avec ; adapté à.

Assuming that partant de l'hypothèse que.

As-synthesized à la synthèse, au moment de la synthèse.

Astatine astate *m.*

Asterubin astérubine *f.*

ASTZ antistreptozyme *m.*

Asymmetric asymétrique *adj.*

Asymptotic asymptotique *adj.*

Atherogenic athérogène *adj.*

Atmosphere atmosphère *f.*

Atmospheric residuum résidu de distillation atmosphérique.

Atom atome *m.*

Atomic atomique *adj.*

Atomicity atomicité *f.*

Atomic number nombre atomique, numéro atomique.

Atomis... = Atomiz...

Atomizer atomiseur *m.*, pulvérisateur *m.* (*cf.* : **Sprayer**).

Atomizing dispenser atomiseur *m.*

Atom number nombre d'atomes.

ATP triphosphate d'adénosine.

ATPase adénosine triphosphatase.

Atropic atropique *adj.*

Atropine atropine *f.*

Attached drawing (s) = Accompanying drawing (s).

Attached to accompagnant ; fixé à, lié à, solidaire de.

Attachment accessoire *m.*, dispositif adaptable (*ou* annexe).

Attachment point point d'attache, site de fixation (*ou* de liaison).

Attack attaque *f.*

Attenuant fluidifiant du sang.

Attenuator atténuateur *m.*

Attractable attractif *adj.*

Attraction attraction *f.*

Attractive procedure procédé séduisant.

Attractivity attractivité *f.*, pouvoir attractif.

Attrition attrition *f.*, usure par frottement.

Attritor triturateur *m.*, broyeur à meules.

Att site site d'attachement.

ATU unité antithrombine.

Aufbau process procédé d'édification (*des orbitales électroniques*).

Auger godet *m.*

Auger feed alimentation à godets.

Auger-type pugmill malaxeur à tarière.

Aurate aurate *m.*

Aureomycin auréomycine *f.*

Auric aurique *adj.*

Aurid auride *m.*

Auripigment orpiment *m.*, trisulfure d'arsenic.

Aurous aureux *adj.*

Autacoid autacoïde *m.*

Autoantibody autoanticorps *m.*

Autoclaving passage à l'autoclave, stérilisation en autoclave.

Autogenous regulation autorégulation *f.*

Autologous autologue *adj.*

Autolysate autolysat *m.*

Autolysin autolysine *f.*

Autolysis autolyse *f.*

Automated automatisé *adj.*

Automated analyser appareil automatique d'analyse.

Automated feeding alimentation automatisée.

Automatic strainer filtre automatique.

Autospotter applicateur automatique (*chromatographie*).

Autoxidation autoxydation *f.*, auto-oxydation *f.*

Auxillary auxiliaire *m., adj.*, adjuvant *m.*

Auxin auxine *f.*

Auxochrome auxochrome *m.*

Auxotrophic auxotrophe *adj.*

Availability disponibilité *f.* ; présence *f.* (*p. ex. d'un produit prêt à réagir*) ; validité *f.*

Availability rate vitesse de libération (*d'un principe actif*).

A value paramètre A, absorbance *f.*

Avantin isopropanol *m.*

Avenin légumine *f.*, caséine végétale.

Average moyenne *f.* ; moyen *adj.* ; représenter en moyenne.

Avidin avidine *f.*

AVP arginine/vasopressine.

AVT arginine/vasotocine.

Axial axial *adj.*

Axis axe *m.*

Axle axe *m.* (*mécanique*).

Azelaic acid acide azélaïque.

Azelate azélaate *m.*

Azeotrope azéotrope *m., adj.*

Azeotropic azéotrope *adj.*

Azeotropy azéotropie *f.*

Azide azide *m.* (*ex. : RCON$_3$*) ; azoture *m.* (*ex : NaN$_3$*).

Azine azine *f.*

Azo azo, azoïque *adj.*

Azo compound azoïque *m.*, composé azoïque.

Azocompound = azo compound.

Azo coupling copulation des azoïques.

Azodiisobutyronitrile azo-bis (isobutyronitrile).

Azo dye colorant azoïque.

Azo group groupe azoïque.

Azole pyrrole *m.*

Azomethane azométhane m. (diméthyldiazène).

Azomethine méthanimine *f.*

Azomethine dye colorant azométhine.

Azotic nitrique *adj.*

AZT azido-3'désoxy-3'thymidine, zidovudine *f.*

Azulene azulène *m.*

Azymic azyme *adj.*

Azymous = Azymic.

B

B acide aspartique ou asparagine (*code à une lettre*).

BAA benzoylargininamide.

Bacillary bacillaire *adj.*

Bacillus bacille *m.*

Backbone charpente *f.*, épine dorsale, squelette *m.*

Backbone chain chaîne principale ; ossature linéaire, squelette linéaire (*polymère*).

Backbone substance matériau d'ossature ; substance de base.

Backcross rétrocroisement *m.* (*génétique*).

Backflow reflux *m.*, retour *m.*

Backflush contre-balayage *m.*, rétrobalayage *m.*

Background arrière-plan (brevets), historique *m.* ; bruit de fond ; fond *m.*, fondement *m.*

Background radiation radiation de fond.

Backmixing remélange *m.*

Backmutation mutation inverse, rétromutation *f.*

Backplate flasque *f.*

Backpression contre-pression *f.*

Backpressure valve soupape de retenue.

Backreaction contre-réaction *f.*, réaction inverse.

Backscattering rétrodiffusion *f.*

Backstreaming écoulement à rebours, écoulement en arrière.

Backtitration dosage en retour.

Backwash lavage par contre-courant.

BACON bléomycine/adriamycine/CCNU/ vincristine/moutarde azotée.

BACOP
bléomycine/adriamycine/cyclophospha mide/vincristine/prednisone.

Bacterial bactérien *adj.*

Bacterial filter bougie filtrante.

Bactericidal bactéricide *adj.*

Bacteriological bactériologique *adj.*

Bacteriology bactériologie.

Bacteriolysin bactériolysine *f.*

Bacteriostatic bactériostatique *adj.*

Bacteriotoxin bactériotoxine *f.*

BAEE ester éthylique de benzoylarginine.

BAF (= B cell activating factor) facteur activant les lymphocytes B.

Baffle chicane,

Baffle plate disque de pression.

Baffles chicanes *f., pl.*

Bag poche *f.*, sac *m.*, sachet *m.*, vésicule *f.*

Bag filling ensachage *m.*

Bag filter filtre à poches.

Bag forming machine sacheteuse *f.*

Bagging = **Bag filling**.

Bagging machine ensacheuse *f.*

BAIB béta-aminoisobutyrique (*acide*).

Baker-Perkins kneader malaxeur sigma.

Baker's sugar glucose *m.*

Baker's yeast levure *f.* (des boulangers).

Baking cuisson *f.*

Baking powder levure *f.*

Baking press presse à blocs.

Baking soda bicarbonate de soude.

BAL dimercaprol *m.* (dimercapto-2,3 propanol-1), B.A.L.

Balance balance *f.* ; bilan *m.* ; compensation *f.* ; équilibre *m.* ; masse d'équilibrage ; q.s.p. 100, reste *m.* (*ce qui reste*).

Balance (to ~) compenser, équilibrer.

Balance an equation (to ~) équilibrer une équation (de réaction).

Balanced équilibré *adj. (réaction, etc.).*

Balanced salt solution solution saline équilibrée.

Balance water eau q.s.p. cent.

Ball bille *f.*, boulet *m.*, boule *f.* ; sphérique *adj.*

Ball-and-peg models modèles moléculaires éclatés.

Ball-and-stick models = Ball-and-peg models.

Ballast charge *f.*, lest *m.*

Ballast (to ~) lester.

Ballast group groupe ballast.

Ball bearing roulement à billes *m.*

Ball cock robinet sphérique, robinet à flotteur.

Ball crusher broyeur à boulets.

Balling agglomération *f.*, condensation *f.*

Ball joint joint sphérique.

Ball mill = Ball crusher.

Balloon ampoule *f.* ; ballon *m.*

Ball race chemin de roulement.

Ball valve clapet *m.* à billes, soupape *f.* à billes.

Ball viscosimeter viscosimètre à (chute de) bille.

Balm baume *m.*

Balsam baume *m.*

BAME ester méthylique de benzoylarginine.

BAMON bléomycine/adriamycine/méthotrexate/vincristine/moutarde azotée.

Band bande *f.*, raie *f.*, zone *f.*

Band area aire de bande, surface de pic (*chromatographie*).

Band broadening étalement de la bande (*chromatographie*).

Banded strié *adj.*, pourvu de bandes.

Band heater ruban chauffant.

Band spectrum spectre de bandes.

Banning of substance interdiction d'une substance.

BAPTA acide bis (o-aminophénoxy)-1,2 éthane N, N, N', N'-tétraacétique.

Bar barre *f.* ; colonne *f.* (*d'un graphique*) ; bar *m.* (*unité de pression*).

Barbital sodium barbital sodique.

Barbiturate barbiturate *m.*, barbiturique *m.*

Barbiturate addiction barbiturisme *m.*

Barbituric barbiturique *adj.*

Bar graph diagramme de barres, histogramme *m.*

Barite barytine *f.*

Barium baryum *m.*

Bark écorce *f.*

Barley orge *f.*

Barley (sprouted ~) orge germée.

Barometer baromètre *m.*.

Barometric barométrique *adj.*

Barrel cylindre *m.*, corps *m.* (*de pompe*) ; clef *f.* (*robinet*) ; tonneau *m.*

Barrel mixer mélangeur à tambour.

Barrier barrière f.

Baryta baryte *f.*, oxyde de baryum.

Baryta paper papier baryté.

Baryta water eau de baryte.

Base base *f.* (*tous les sens du terme*).

Base component composant de base.

Based on the weight of rapporté au poids de.

Based on this finding sur la base de ce résultat.

Base layer couche de support.

Baseline abscisse *f.*, ligne de base, ligne de référence.

Baseline value valeur de base, valeur initiale.

Base material support *m.*, support de couche.

Base pair paire de bases.

Base pairing appariement *m.*

Base promoted catalysé par une base.

Baser metal métal moins noble.

Base sequence séquence de bases (*biologie moléculaire*).

Basic basique *adj.*, de base.

Basicity basicité *f.*

Basic research recherche fondamentale.

Basic scientist chercheur fondamentaliste.

Basify (to ~) alcaliniser, rendre basique.

Basil basilic *m.*

Basin bassin *m.*, cuvette *f.*

Basis base *f.*, fondement *m.*

Basis (on a ~ of) sur la base de, en termes de.

Basis of its ability to (on the ~) pour son aptitude à.

Basis weight poids surfacique.

Basket panier *m.*

Basket centrifuge centrifugeuse à bol, centrifugeuse à panier.

Basket-rack corbeille *f.*

Basket-rack apparatus appareil *m.* à corbeille (*délitement des comprimés*).

Basket strainer filtre à paniers.

Basophilic basophile *adj.*

Basyl base oxygénée.

Batch charge *f.* ; lot *m.*, fournée *f.*, opération *f.*

Batcher doseur *m.*

Batch mixer mélangeur *m.*

Batch operation opération discontinue.

Batch production production en série.

Batch weigher peseur de doses.

Batchwise par portions, en discontinu.

Bath bain *m.*.

Bathochrome bathochrome *adj.*

Bathochromic = Bathochrome.

Bathochromic shift déplacement bathochrome.

Batswing bec à fente, bec papillon.

Battery batterie *f.*

Bayonet baïonnette *f.*

BCAF = B cell activating factor.

BCDF = B cell differentiation factor.

BCECF bis (carboxyéthyl)-
carboxyfluorescéine.

B cell activating factor facteur
d'activation des lymphocytes B.

B cell differentiation factor facteur de
différentiation des lymphocytes B.

B cell growth factor facteur de
croissance (*ou* de prolifération) des
lymphocytes B.

BCF facteur chimiotactique basophile.

BCGF = B cell growth factor.

BCNU bis (chloro-2 éthyl)-1,3 nitroso-1
urée.

BCOP BCNU/cyclophosphamide/
vincristine/prednisone.

BCP = Bromocresol purple.

BCVP BCNU/cyclophosphamide/
vincristine/prednisone.

BCVPP BCNU/cyclophosphamide/
vincristine/prednisone/procarbazine.

BDOPA bléomycine/DTIC/vincristine/
prednisone/adriamycine.

BDP dipropionate de béclométhasone.

BDTA dianhydride d'acide
benzophénonetétracarboxylique.

BDZ benzodiazépine *f.*

Bead bourrelet *m.* ; grain *m.* ; perle *f.*

Beading sertissage *m.*

Beading press presse à emboutir.

Bead polymerisation polymérisation en
perles.

Beaker bécher *m.*, gobelet *m.*

Beam faisceau *m.*, rayon *m.* ; fléau *m.*
(*balance*).

Beam arrest relève-plateau *m.* (*balance*).

Bearer appui *m.*, support *m.*

Bearing coussinet *m.*, palier *m.* ;
contenant *adj.*, renfermant *adj.*

Bearing porteur de, qui contient (*ex.* :
Chlorine bearing).

Beat (to ~) battre, fouetter.

Beating battement *m.*

Beating machine machine à fouetter,
machine à mélanger.

Beating mill broyeur à percussion.

Bebeerine bébéerine *f.*

Beckmann rearrangement transposition
de Beckmann.

Become coated (with) se recouvrir (de).

Bed couche *f.*, lit *m.* ; bâti *m.*

Bed form forme bateau.

Bedsore preventing antiescarres *adj.*

Beehive shelf têt à gaz.

Beer bière *f.*

Beeswax cire *f.* d'abeilles.

Beetle battoir *m.*, maillet *m.* ; moulin à
pilons.

Beetling mill moulin à pilons.

Behavior comportement *m.*

Behaviour = Behavior.

Behenic acid acide béhénique.

Behenolic béhénolique *adj.*

Beige brun clair.

Bell cloche *f.*

Bell crusher broyeur conique.

Bell glass cloche de protection.

Belling tulipage *m.*

Bell jar = Bell glass.

Bell jar récipient *f.* en cloche.

Bellows soufflerie *f.*

Bell-shaped en (forme) de cloche.

Below normal au-dessous de la normale.

Belt courroie *f.*

Belt conveyor convoyeur à bande.

Belt filter filtre à bandes.

Bench banc *m.* ; paillasse *f.*

Bench-scale à l'échelle du laboratoire.

Bend courbe *f.*, courbure *f.*, coude *m.*

Bend (to ~) courber, incurver, cintrer ; dévier, réfracter.

Bending flexion *f.* ; déformation *f.* (*ou* coude *m.*) (*spectrométrie*).

Bending vibration vibration de déformation (*spectrographie IR*).

Beneficial effect effet bénéfique, effet favorable.

Bent courbé, incurvé, recourbé.

Benzal benzylidène *m.*, (*nom.*).

Benzaldehyde benzaldéhyde *m.*, aldéhyde benzoïque.

Benzene benzène *m.*, benzénique *adj.*

Benzene hydrocarbon hydrocarbure benzénique.

Benzil benzile *m.*

Benzo blue = **Congo blue**.

Benzocaine benzocaïne *f.*

Benzohydrol benzhydrol *m.*

Benzoic benzoïque *adj.*

Benzoin benzoïne *f.* ; benjoin *m.*

Benzoin resin benjoin *m.*

Benzotrichloride trichlorométhylbenzène, trichlorure de benzyle.

Benzoxy benzoyloxy (*radical*).

Benzoyl benzoyle *m.*, benzoyl (*nom.*).

Benzphenanthrene benzophénanthrène *m.*

Benzpyrene benzopyrène *m.*

Benzyl benzyle *m.*, benzyl (*nom.*), benzylique *adj.*

Benzyl alcohol alcool benzylique.

Benzylic benzylique *adj.*

Benzylidene benzylidène *m.*, (*nom.*).

Berberine berbérine *f.*

Berl saddles sellettes de Berl.

Beryllia oxyde de béryllium, glucine *f.*

Beryllium béryllium *m.*

Beta-blockader = **Beta-blocking agent**.

Beta-blocker = **Beta-blocking agent**.

Beta-blocking agent béta-bloquant *m.*

Betaine bétaïne *f.*

Betaine-like bétaïnique *adj.*

Bevelled biseauté *adj.*

Beverage boisson *f.*

BHA butylhydroxyanisol.

BHD BCNU/hydroxyurée/DTIC.

BHDV BHD/vincristine.

BHT butylhydroxytoluène, bis (diméthyl-1,1 éthyl)-2,6 méthyl-4 phénol.

Biacetyl = **Diacetyl**.

Bicarbonate bicarbonate *m.*, carbonate acide.

Bidentate bicoordiné *adj.*

Bidentate ligand groupe bicoordiné, groupe à deux liaisons coordinées.

Bidimensional bidimensionnel *adj.*

Bifunctional bifonctionnel *adj.*

Bile bile *f.*

Bile acid acide biliaire.

Bile pigment pigment biliaire.

Bile salt sel biliaire.

Bilirubin bilirubine *f.*

Biliverdin biliverdine *f.*

Binary binaire *adj.*

Bind (to ~) fixer, lier.

Binding fixation *f.*, jonction *f.*, liaison *f.*

Binding buffer tampon de liaison.

Binding energy énergie de liaison.

Binding material liant *m.*

Binding partner partenaire de liaison.

Binding site site de fixation, site de liaison.

Binomial binôme *adj.*

Bioabsorbable biorésorbable.

Bioassay essai biologique, titrage biologique.

Biocatalyst biocatalyseur *m.*

Biochemical biochimique *adj.*

Biochemical engineering ingénierie biochimique.

Biochemicals produits biochimiques.

Biochemist biochimiste *m.*

Biochemistry biochimie *f.*

Biocolloid biocolloïde *m.*

Biodynamics biodynamique *f.*

Bioenergetics bioénergétique *f.*

Bioflavonoid bioflavonoïde *m.*

Biogen biogène *adj.*

Biogenesis biogénèse *f.*

Biogenetic biogénétique *adj.*

Biogenic biogène *adj.*

Biogenic amine bioamine *f.*

Biohazard danger biologique, risque biologique.

Biokinetics biocinétique *f.*

Biological biologique *adj.*

Biological fluid liquide biologique.

Biological material substance biologique.

Biological oxygen demand demande (*ou* besoin) biologique d'oxygène.

Biological response réponse biologique.

Biological warfare agent arme biologique, guerre biologique.

Biology biologie *f.*

Biomass biomasse *f.*

Biometrics biométrie *f.*

Biopharmaceutics biopharmacie *f.*

Biophysics biophysique *f.*

Biosensor biodétecteur *m.*

Biosynthesis biosynthèse *f.*

Biosynthetic biosynthétique *adj.*, de biosynthèse.

Biotechnology biotechnologie *f.*, génie biologique.

Biotin biotine *f.*, vitamine H.

Biotin labeling agent agent biotinylant.

Biotinyl enzyme enzyme biotinylée.

Biotropism biotropisme *m.*

BIP bismuth/iodoforme/paraffine.

Biphenol biphénol.

Biphenyl diphényle *m.*

Bipolar bipolaire *adj.*

Birefractive biréfringent *adj.*

Birefringence biréfringence *f.*

Birth naissance *f.*

Birth control régulation (*ou* limitation) des naissances.

Birth-inducing ocytocique *adj.*

Bis-azo compound composé disazoïque.

Bis-azo dye colorant disazoïque.

Bismuth bismuth *m.*

Bis-stearamide wax cire de bisamide d'acide stéarique.

Bisulfate bisulfate *m.*, hydrogénosulfate *m.*, sulfate acide.

Bisulfite bisulfite *m.*, hydrogénosulfite *m.*, sulfite acide.

Bisulfite adduct adduit bisulfitique, combinaison bisulfitique.

Bisulfite compound = Bisulfite adduct.

Bisulphite = Bisulfite.

Bitter amer *adj* ; amer *m.*

Bitter almond oil essence d'amandes amères.

Bitterness amertume *f.*

Bitter orange oil essence d'oranges amères.

Bitter principle amer *m.*

Biuret biuret *m.*

Black light lumière (*ou* rayonnement) invisible (*ex.* : IR, UV).

Blackstrap molasses mélasse finale.

Blade lame *f.*, pale *f.* ; couteau (*balance, m.*) ; aile *f.* (*d'écrou*).

Blanch (to ~) blanchir, pâlir.

Blanching spots taches pâlissantes, taches qui disparaissent.

Blank ébauche *f.*, flan *m.*, piéce *f.* ; essai à blanc.

Blanket = Blanket gas.

Blanket coating enduction à la racle.

Blanket gas couverture *f.*, gaz de couverture (*p. ex. : azote*).

Blanking estampage *m.*

Blanking die emporte-pièce *m.*

Blank test essai à blanc, essai témoin.

Blank titration titrage à blanc.

Blast soufflerie *f.*

Blast and run vent et tirage.

Blast burner chalumeau *m.*

Bleach décolorant *m.* ; agent de blanchiment.

Bleach (to ~) blanchir, décolorer.

Bleachable absorption absorption décolorante.

Bleaching blanchiment *m.*, décoloration *f.*

Bleaching earth terre débcolorante.

Bleaching powder chlorure de chaux.

Bleed purge *f.*, vidange *f.* ; ressuage *m.*

Bleed (to ~) fuir (*joint*) ; saigner.

Bleeder dispositif de décharge, dispositif de purge, purgeur *m.*

Bleeding prélèvement *m.*

Blend mélange homogène, mélange mécanique.

Blend (to ~) mélanger.

Blend a mixture (to ~) homogénéiser un mélange.

Blended mixture mélange homogénéisé.

Blender malaxeur *m.*, mélangeur *m.*

Blending compounds additifs.

Bleomycin bléomycine *f.*

BLG béta-lactoglobuline *f.*

Blind aveugle *adj* ; se colmater (*filtre*).

Blind administration administration à l'aveugle.

Blinding encrassement *m.* (*tamis*).

Blinding of a sieve colmatage d'un tamis.

Blink (to ~) clignoter.

Blister ampoule *f.*, bulle *f.*, cloque *f.*, vésicule *f.* ; soufflure *f.* ; sinapisme *m.* ; blister *m.*, emballage à bulles, plaquette thermoformée.

Blistered lacunaire *adj.*

Blistering conditionnement par thermoformage.

Blistering substance substance vésicante, vésicant *m.*

Blister pack conditionnement blister, conditionnement à bulles.

Block (to ~) bloquer, boucher ; séquence f. (*polymère*).

Block design modèle bloc (*statistique*).

Block diagram schéma fonctionnel.

Blocked obstrué *adj.*, obturé *adj.*

Blocking adhérence *f.*, blocage *m.*, collage *m.*

Blocking buffer tampon de blocage.

Block polymer polymère séquencé.

Block polymerization copolymérisation en blocs, copolymérisation séquencée.

Block segment segment de séquence (*polymères*).

Block structure structure séquencée (*polymères*).

Blood sang *m.*

Blood agar gélose au sang.

Blood borne diffusé par le sang, véhiculé par le sang.

Blood-building = Blood-forming.

Blood cleanser dépuratif *m.*

Blood-cleansing dépuratif *adj.*

Blood coagulation factor = Accelerator factor.

Blood corpuscle globule sanguin.

Blood corpuscle (red ~) globule rouge.

Blood corpuscle (white ~) globule blanc.

Blood count formule sanguine, hémogramme *m.*

Blood-forming hématopoïétique *adj.*

Blood group groupe sanguin.

Blood picture hémogramme *m.*

Blood pigment hémoglobine *f.*

Blood platelet plaquette sanguine.

Blood pressure pression artérielle, tension sanguine.

Blood pressure depressing hypotenseur *adj.*

Blood pressure elevating hypertenseur *adj.*

Blood pressure reducing = Blood pressure depressing.

Blood protein hémoprotéine *f.*

Blood purifier dépuratif *m.*

Blood purifying dépuratif *adj.*

Blood replacement material = Blood substitute.

Blood substitute sang de remplacement.

Blood sugar glucose sanguin, glycémie *f.*

Blood sugar depressant hypotenseur *m.*

Blood sugar depressing = Blood sugar reducing.

Blood sugar reducer hypoglycémiant m.

Blood sugar reducing hypoglycémiant *adj.*

Blood sugar test (essai de) glycémie *f.*

Bloom efflorescence *f.*

Blot sécher (*avec papier buvard ou papier filtre*).

Blotting analyse par (transfert d') empreinte ; séchage (au papier buvard).

Blotting off élimination par absorption (au papier buvard).

Blotting paper papier buvard.

Blow (to ~) souffler, insuffler ; former.

Blowdown décompression *f.*

Blower ventilateur *m.*

Blowing agent agent gonflant, agent porophore.

Blowing through barbotage *m.*

Blow into insuffler dans.

Blow molding soufflage de corps creux.

Blown oil huile soufflée.

Blubber oil huile de baleine.

Blue cellulose paper papier (filtre) cellulose-bleu.

Blue dextran Bleu dextran.

Bluestone sulfate de cuivre.

Blunt cut coupure franche (*biologie moléculaire*).

Blunt ends extrémités à bords francs (*acides nucléiques*).

Blurred flou *adj.*

BMP BCNU/méthotrexate/procarbazine.

Board panneau *m.*, planche *f.* ; carton *m.*

Boat bateau *m.* ; nacelle *f.*

Boat form configuration bateau, forme bateau.

Body corps *m.*

Body fluid fluide corporel.

Boil (to ~) bouillir.

Boil down concentrer par évaporation.

Boiler chaudière *f.*

Boiling ébullition *f.*

Boiling chip adjuvant d'ébullition, grain de ponce.

Boiling over débordement *m.*

Boiling pan bac de cuisson.

Boiling point point d'ébullition.

Boiling range limites d'ébullition, intervalle de distillation.

Boiling stone = **Boiling chip**.

Boil off chasser par ébullition.

Boldoin boldoïne *f.*

Bolometer bolomètre *m.*

Bolt (to ~) tamiser.

Bolter blutoir *m.*

Bolus bol *m.*, grosse pilule.

Bomb bombe *f.*, bouteille *f.* (*azote, oxygène, etc.*).

Bomb calorimeter bombe calorimétrique.

Bomb tube tube scellé.

Bond liaison *f.*.

Bond (double ~) double liaison.

Bond (single ~) liaison simple.

Bond (triple ~) triple liaison.

Bonded assemblé *adj.*, fixé *adj.*, lié *adj.*, collé *adj.*

Bonded phase phase greffée (*chromatographie*).

Bonding enchaînement *m.*, liaison *f.*

Bonding arrangement enchaînement *m.*

Bond strength résistance de liaison.

Bond together (to ~) assembler, lier ensemble.

Bone os *m.*

Bone-forming ostéogène *adj.*

Bone-seeking à fixation osseuse.

Borane borane *m.*

Borate borate *m.*

Borax borax *m.*, tétraborate de sodium.

Bordering on the dangerous à la limite du dangereux, frisant le danger (*réaction p. ex.*).

Borderline limite *f.*, *adj.* ; à la limite de.

Borderline case cas limite.

Borderline significant à la limite de la significativité.

Boric borique *adj.*

Boride borure *m.*

Borneo camphor bornéol *m.*, camphre de Bornéo.

Bornyl alcohol bornéol *m.*

Borofluoric fluoborique, borofluorhydrique.

Borofluoride fluoborate *m.*

Borohydride borohydrure.

Borohydrofluoride = Borofluoride.

Boron bore *m.*

Boronic boronique.

Boss noix *f.* (*support*).

Bottle flacon *m.*.

Bottling flaconnage *m.*

Bottling machine flaconneuse *f.*

Bottom cut coupe de queue, résidu de distillation.

Bottoms queues (*distillation*).

Botulin botuline *f.*

Bougie bougie *f.*, crayon *m.* (*médecine*).

Bound attaché, fixé, lié *adj.*

Boundary frontière *f.*, limite *f.*

Boundary layer couche limite, couche d'interface.

Boundary region interface *f.*

Bound electron électron lié.

Bounding up banderolage *m.*

Bovine serum albumin albumine de sérum de bœuf, sérum-albumine bovine.

Bowl capsule *f.*, coupe *f.*, cuve *f.* ; tambour *m.*

Bowl centrifuge centrifugeuse à bol.

Bowl classifier classificateur à cuve.

Bowsprit bateau (*forme*).

Box boîte *f.*, casier ; séquence *f.* (*nucléotides*) ; case *f.* (*d'un tableau*).

Boxed encadré *adj.* (*mot ou valeur, dans un tableau p. ex.*).

Bp = Base pair.

BPMG N, N-bisphosphonométhylglycine.

Bracketed group groupe entre crochets.

Brackish saumâtre *adj.*

Bradykinin bradykinine *f.*

Brain cerveau *m.*

Brain-protective cérébroprotecteur *adj.*

Brake frein *m.*

Bran son *m.*

Branch ramification *f.*

Branch defect défaut de substitution, insuffisance en substitution.

Branched branché *adj.*, ramifié *adj.*

Branched-chain hydrocarbon hydrocarbure ramifié.

Branching degree degré de ramification.

Branching enzyme enzyme branchante, enzyme de ramification.

Branching point point d'embranchement.

Brand marque *f.* (*de commerce*).

Brandy eau-de-vie *f.*

Brass laiton *m.*

Bread pain *m.*

Break cassure *f.*, rupture *f.*

Break (to ~) briser ; broyer, concasser ; rompre ; s'ouvrir (*liaison chimique*).

Breakability fragilité *f.*

Breakable fragile *adj.*, cassable *adj.*

Breakage rupture *f.*

Break an emulsion casser une émulsion, rompre une émulsion.

Break a vacuum casser (*ou* rompre) le vide.

Break away emballement *m.* (*réaction*).

Breakdown dégradation ; panne *f.*

Breakdown products produits de dégradation.

Breaker broyeur *m.*, concasseur *m.*

Break-eve point point d'équivalence, point optimal.

Breaking rupture *f.*

Breaking down décomposition *f.*, dégradation *f.*

Break-in run opération de rodage.

Break pattern dessin de rupture.

Break point point d'équivalence, point optimal.

Breakthrough percée *f.*, progrés m.

Breast milk lait maternel.

Breathing mask masque respiratoire de protection.

Breed lignée *f.*, race *f.* ; type *m.*

Breeding amélioration *f.*, élevage *m.*, sélection *f.* (*espéces animales ou végétales*) ; incubation *f.*

Brewer's yeast levure de bière.

Brewing brassage *m.* (*bière*).

Bridge pont *m.* ; relier par un pont.

Bridged ponté (*composé, structure*).

Bridgehead tête de pont.

Bridging pontage *m.*

Bridging agent agent de pontage.

Brightener azurant *m.*, agent de blanchiment.

Brightener (optical ~) azurant optique.

Brightening agent agent d'éclaircissement (*photographie*).

Bright light lumière vive.

Brilliance brillance *f.*, brillant *m.*, éclat *m.*

Brilliancy = Brilliance.

Brim bord *m.*, rebord *m.*

Brimstone soufre en canon.

Brine eau salée, saumure *f.*

Bring down out of faire se sédimenter (*ou* faire floculer) à partir de (*une émulsion p. ex.*).

British antilewisite = BAL.

British gum dextrine *f.*

Brittle cassant *adj.*, fragile *adj.*

Brittleness fragilité *f.*

Broad spectrum antibiotic antibiotique à large spectre, antibiotique polyvalent.

Broken arrow flèche en trait discontinu.

Broken dose dose fractionnée.

Broken line ligne en trait discontinu (*ou* interrompu).

Broken pot adjuvants d'ébullition (*ex. : pierre ponce*).

Broken tile = Broken pot.

Bromelain = Bromelin.

Bromelin broméline *f.*

Bromic bromique *adj.*

Bromide bromure *m.*

Brominated bromé *adj.*

Bromination bromation f., bromuration *f.*

Bromine brome *m.*

Bromine water eau bromée.

Bromoacetic bromacétique *adj.*

Bromoacetone bromacétone *f.*

Bromocarbon bromoalcane *m.*, hydrocarbure bromé.

Bromocresol purple violet de bromocrésol.

Bromoform bromoforme *m.*

Bromohydrin bromhydrine *f.*

Bromsulfalein bromsulfaléine *f.*, bromosulfonephtaléine.

Bronchodilator bronchodilatateur *m.*

Broth bouillon *m.*

Brown brun, marron *adj.*

Brownian brownien *adj.*

Brownian motion mouvement brownien.

Browning brunissement *m.*

Bruising comminution *f.*, concassage *m.*, fragmentation *f.*

Brush balai *m.* (*électricité*) ; brosse *f.* ; pinceau *m.* ; goupillon *m.*

Brushing enduction à la brosse.

BSA = Bovine serum albumin.

BSP = Bromsulfalein.

BSS = Balanced salt solution.

BSTFA bistriméthylsilyltrifluoroacétamide.

BTMSA bistriméthylsilylacétylène.

Bu n-butyle *m.* (*groupe*), n-butyl (*nom.*).

Bubble bulle *f.*

Bubble (to ~) bouillonner, faire barboter.

Bubble caps calottes de barbotage.

Bubble-cap washer laveur à barbotage.

Bubble counter compte-bulles *m.*

Bubble flowmeter = Soap bubble meter.

Bubble plate plateau de barbotage.

Bubble-plate tower tour à barbotage.

Bubble-point line courbe de points d'ébullition.

Bubble-point test essai de point de bulle.

Bubbler compte-bulles *m.* ; barboteur *m.*

Bubbling barbotage *m.*

Buccal route voie (d'administration) orale.

Büchner funnel entonnoir de Büchner.

Bucket auget *m.*, godet *m.*

Bucket chain chaîne à godets, élévateur à godets.

Buff color couleur chamois.

Buffer tampon *m.*

Buffer (to ~) tamponner.

Buffering agent tampon (de pH).

Buffer solution solution tampon.

Bufotalin bufotaline *f.*

Bufotenin bufoténine *f.*

Bufotoxin bufotoxine *f.*

Build (to ~) construire.

Builder adjuvant de détergence.

Building block élément structural.

Building-block molecule molécule élémentaire.

Built in incorporé *adj.*

Built into = Built in.

Build up constitution *f.* ; édification *f.* ; rendement coloristique.

Build up (to ~) édifier.

Build up of a bacteria prolifération bactérienne.

Build up process procédé d'édification (*des orbitales électroniques*).

Bulb boule *f.*, sphère *f.*

Bulb column colonne à boules.

Bulb cooler réfrigérant à boules.

Bulb-to-bulb distillation distillation boule à boule.

Bulge renflement *m.*

Bulk volume *m.*

Bulk (in ~) en vrac.

Bulk analysis analyse empirique.

Bulk density densité apparente, masse volumique apparente.

Bulk density agent agent de foisonnement.

Bulk element élément principal (*par opposition à oligoélément*).

Bulk-forming laxative = Bulk laxative.

Bulk formula formule empirique.

Bulking foisonnement *m.*, gonflement *m.*

Bulking agent diluant *m.* (*pharmacie*) ; ingrédient de charge, charge *f.*

Bulk laxative laxatif par effet de masse.

Bulk material marchandise en vrac, matériau en vrac.

Bulk polymerisation polymérisation en masse.

Bulky encombrant *adj.*, volumineux *adj.*

Bulky molecule molécule volumineuse.

Bump soubresauter (*liquide*).

Bunch faisceau *m.* ; touffe *f.*

Bundle faisceau *m.*

Bung bonde *f.*, bouchon *m.*

Bunker trémie *f.*

Bunsen-burner bec Bunsen.

Buoyancy flottabilité *f.*

Burden imprégnation *f.* (*d'un milieu, d'une population*).

Burette burette *f.*

Burial enfouissement *m.* (*de déchets, p. ex. déchets radioactifs*).

Burn (to ~) brûler.

Burner bec *m.*, brûleur m ;

Burner port brique du brûleur, ouverture d'emplacement du brûleur.

Burner shell corps de brûleur.

Burn out (to ~) éliminer par combustion, consumer.

Burn-out calcination totale ; flux thermique critique.

Burst bouffée *f.* (*déclenchement d'activité*).

Burst (to ~) éclater, exploser.

Burst strength résistance à l'éclatement.

Bush coussinet *m.*, douille *f.*, manchon *m.*

Butanol butanol *m.*, alcool butylique.

Butenol buténol *m.* (*ex.* butène-2 ol-1 ou 2-butène-1-ol).

Butoxide butylate *m.*

Butter beurre *m.*

Butterfly ailette *f.*, oreille *f.*, papillon *m.*

Buttermilk babeurre *m.*

Butter of antimony trichlorure d'antimoine.

Butter of arsenic trichlorure d'arsenic.

Butter of zinc chlorure de zinc.

Button bouton *m.*

Butyl butyl (nom.), butyle *m.*, butylique *adj.*

Butyl alcohol butanol *m.*

Butyl rubber caoutchouc butyl (e).

Butyraceous butyracé *adj.*

Butyric butyrique *adj.*

BVDU (bromo-2 vinyl)-5 désoxy-2'uridine.

Bx factor acide para-aminobenzoïque.

By at least 100°C d'au moins 100°C (*p. ex. : refroidi d'au moins 100°C*).

By-pass dérivation *f.*

Bypass injector injecteur à boucle (*chromatographie*).

By-produced obtenu en sous-produit, obtenu comme impureté.

By-product sous-produit, produit secondaire.

C

C cystéine *f.* (*code à une lettre*) ; cytidine *f.* ; cytosine *f.*

Cabinet armoire *f.*, enceinte *f.* ; étuve *f.*

CABO cisplatine/méthotrexate/ bléomycine/vincristine.

CABPOP cyclophosphamide/adriamycine/bléomy cine/vincristine/prednisone.

Cachet cachet *m.*

CAD cytosine-arabinoside/daunomycine.

Cadaveric alkaloid ptomaïne *f.*

Cadmic cadmique *adj.*

Cadmium cadmium *m.*

Caesium = **Cesium**

CAF cyclophosphamide/adriamycine/ fluoro-5 uracile.

Caffeic caféique *adj.*

Caffeine caféine *f.*

CAFVP cyclophosphamide/adriamycine/ fluoro-5 uracile/vincristine/prednisone.

Cage compound clathrate *m.*

Caged en cage (*structure*), d'insertion.

Cage-like structure = **Caged.**

CaGP glycérophosphate de calcium.

Cake gâteau *m.*, tourteau *m.*

Cake (to ~) s'agglomérer, former une croûte ; se cailler (*sang*).

Cake alum sulfate d'aluminium.

Caking prise en masse.

Caking inhibitor antiagglomérant *m.*

Calcareous calcaire *adj.*, calcique *adj.*

Calcic calcique *adj.*

Calcining calcination *f.*

Calcitonin calcitonine *f.*

Calcium calcium *m.*

Calcium acetylide = **Calcium carbide.**

Calcium carbide carbure de calcium.

Calcium carbimide cyanamide calcique.

Calcium channel blocker antagoniste du calcium, inhibiteur calcique.

Calcium cyanamide cyanamide calcique.

Calcium-elevating hormone parathormone *f.*

Calcium entry blocker = **Calcium channel blocker.**

Calcium exchanged avec échange de calcium, échangée en calcium (*zéolite*).

Calcium hydrate chaux éteinte, chaux hydratée, hydroxyde de calcium.

Calcium ion inhibitor = **Calcium channel blocker.**

Calcium-lowering hormone (thyro) calcitonine *f.*, hormone hypocalcémiante.

Calcium oxide oxyde de calcium, chaux *f.*

Calculated on calculé par rapport à.

Calculus-breaking agent litholytique *m.*, lithotriptique *m.*, lithotritique *m.*

Calibrate (to ~) calibrer, étalonner, graduer, jauger.

Calibrated pipette pipette graduée.

Calibration étalonnage *m.*

Calibration of a standard étalonnage d'une solution de référence.

Calibration standard étalon de référence ; norme de calibrage, norme d'étalonnage.

Caliper calibre *m.*, compas de calibrage.

Caliper (to ~) calibrer.

Calliper = Caliper.

Calmodulin calmoduline *f.*

Calomel electrode électrode au calomel.

Caloric intake apport calorique.

Calorific calorifique *adj.*

Calorific balance équilibre thermique.

Calorigenic calorigène *adj.*

Calorimeter calorimètre *m.*

Calx chaux *f.* ; résidu de calcination.

CAM = Cell adhesion molecule.

CAM cyclophosphamide/adriamycine/méthotrexate.

Cam came *f.*, doigt d'entraînement *m.*

Cam drive distribution à came.

CAMP cyclophosphamide/adriamycine/méthotrexate/procarbazine.

cAMP AMP cyclique, monophosphate d'adénosine cyclique.

Camphol bornéol *m.*

Camphor camphre m.

Camphorated camphré *adj.*

Camphoric camphorique *adj.*

Camphor oil huile camphrée.

Camphorous = Camphorated.

Camphorsulfonic camphosulfonique *adj.*

Camphorsulphonic = Camphorsulfonic.

CAMPPDE phosphodiestérase de monophosphate d'adénosine cyclique.

Camshaft arbre à cames.

Can bidon *m.* ; boîte métallique.

Cananga oil essence d'ylang-ylang.

Cancerigenic = Cancerogenic.

Cancerogenic cancérigène *adj.*, cancérogène *adj.*

Cancer-promoting cancérigène *adj.*

Candle bougie *f.*

Can dump basculeur *m.*

Cane canne *f.*

Cane sugar sucre de canne, saccharose *m.*

Cane trash bagasse *f.*

Canister boîte *f.* (*métallique*).

Canning mise en boîte.

Cannon ball mill broyeur à boulets.

Cannula aiguille à injection.

CAP chloroacétophénone.

CAP cyclophosphamide/adriamycine/prednisone.

CAP cystine aminopeptidase.

Cap bouchon *m.*, capuchon *m.*, couvercle *m* ; calotte *f.* (*comprimé*) ; coiffe *f.* (*nucléotides*).

Capacity ratio facteur de capacité.

Cap binding protein protéine fixant la coiffe.

Capillary capillaire *m., adj.*

Capillary melting point point de fusion au capillaire.

Capillary tap robinet à capillaire.

Capillary tube tube capillaire.

Cap jar bocal à couvercle (*vissé*).

Capped à capuchon.

Capped with coiffé de (*polymère coiffé d'un monomère*).

Capper boucheuse *f. ;* capsuleuse *f.*

Capping capsulage *m.* ; coiffage *m.* (*cf. aussi* **Endcapping**) ; clivage *m.*, écaillement *m.* (*comprimés*).

Capping machine capsuleuse *f.*

Capric caprique *adj.*

Caproic caproïque *adj.*

Caproin caproïne *f.*

Caprylic caprylique *adj.*

Capsaicin capsaïcine *f.*

Capsicin capsicine *f.*

Capsid capside *f.*

Capsulating machine encapsuleuse *f.*

Capsule capsule *f..*

Capsule sampling injection injection à capsules scellées (*chromatographie*).

Caraway carvi *m.*

Carbamic carbamique *adj.*

Carbamide urée *f.*

Carbaminohemoglobin carbhémoglobine *f.*

Carbamoyl carbamyl (*nom.*), carbamyle *m.* (*groupe*).

Carbamoyltransferase carbamyltransférase *f.*

Carbanil isocyanate de phényle.

Carbanilic acid acide phénylcarbamique.

Carbanilide carbanilide *m.*, diphénylurée *f.*

Carbazotic acid acide picrique.

Carbide carbure *m.*

Carbobenzoxy benz (yl) oxycarbonyl (*nom.*), benz (yl) oxycarbonyle *m.* (*groupe*).

Carbocyclic carbocyclique *adj.*, isocyclique *adj.*

Carbohemoglobin carbhémoglobine *f.*

Carbohydrate hydrate de carbone, glucide *m.*

Carbohydrate metabolism métabolisme glucidique.

Carbolic acid acide phénique, phénol en solution

Carbon carbone *m.*

Carbonaceous carboné *adj* ; charbonneux *adj.*

Carbonate carbonate *m.*

Carbonated carboné *adj.*

Carbonated beverage boisson gazeuse.

Carbonated water eau gazeuse, eau bicarbonatée, eau de Seltz.

Carbonate oligomer oligocarbonate *m.*

Carbonation carbonatation *f.*

Carbon chain chaîne carbonée.

Carbon core squelette carboné.

Carbon dioxide anhydride carbonique, dioxyde de carbone, gaz carbonique.

Carbon dioxide snow neige carbonique.

Carbon filter filtre à charbon.

Carbon homologation passage à l'homologue carboné supérieur.

Carbon hydride hydrocarbure *m.*

Carbonic carbonique *adj.*

Carbon monoxide oxyde de carbone.

Carbon-reactive protein protéine C-réactive.

Carbon-to-carbon bond liaison carbone-carbone.

Carbonyl carbonyle *m.*, carbonyl (*nom.*).

Carbonyl chloride chlorure de carbonyle, phosgène *m.*

Carbostyril carbostyrile *m.*

Carboxaldehyde aldéhyde *m.*, aldéhyde carboxylique (*cf. p. ex.* pyridinecarboxaldehyde).

Carboxyl carboxyle *m.*, carboxyl (*nom.*)

Carboxylic carboxylique *adj.*

Carboy bonbonne clissée, dame-jeanne *f.*, tourie *f.*

Carcinoembryonic antigen antigène carcinoembryonnaire.

Carcinogen substance cancérigène.

Carcinogenic carcinogène *adj.*, cancérogène *adj.*

Cardboard carton *m.*

Cardiac cordial *m* ; cardiaque *adj.*

Cardiac stimulant cardioanaleptique *m.*, stimulant cardiaque.

Cardiant cardiotonique *m.*

Cardioprotective cardioprotecteur *adj.*

Cardiotonic cardiotonique *m.*, *adj.*, tonicardiaque *m.*, *adj.*

Cardiovascular cardiovasculaire *adj.*

Careful addition addition prudente.

Carefully added ajouté avec précaution.

Careful oxidation oxydation ménagée.

Careful washing lavage minutieux.

Carene carène *m.*

Carminative carminatif *m.*, *adj.*

Carotene carotène *m.*

Carotene-like caroténoïde *adj.*

Carotenoid caroténoïde *m.*

Carrageenan carraghénine *f.*

Carrageenin = Carrageenan.

Carriage chariot *m.*

Carrier excipient *m.* ; support *m.* ; transporteur *m.*, vecteur *m.*.

Carrier (oxygen ~) vecteur d'oxygène.

Carrier base excipient *m.*, matrice *f.*, support *m.* (*galénique*).

Carrier-bound fixé sur un support.

Carrier density densité de porteurs (de charge) (*semiconducteurs*).

Carrier protein protéine porteuse.

Carrying roller poulie conductrice.

Carry out (to ~) effectuer, réaliser.

Carry out an experiment procéder à un essai, faire une expérience.

Carry out a process (to ~) mettre en œuvre un procédé.

Carry out a reaction effectuer une réaction.

Carry out a synthesis réaliser une synthèse.

Carry over (to ~) entraîner.

Carry-over effect effet différé (*médicament*).

Carthamus oil huile de carthame.

Cartoner encartonneuse *f.*

Cartoning encartonnage *m.*

Cartridge cartouche *f.*

Cartridge filter chandelle *f.*, cartouche filtrante.

Casamino acid hydrolysat acide de caséine.

Cascade scrubber laveur en cascade.

Caseation caséification *f.*

Case control study étude cas versus témoins.

Case history observations (*étude clinique*) *f.*, *pl.*

Casein caséine *f.*

Caseous caséeux *adj.*

Case record = Case history.

Case report = Case history.

Casing bâti *m.*, chemise *f.*, enveloppe *f.*, manteau *m.*

Cast coulé, moulé *adj.*

Castability coulabilité *f.*

Castellated crénelé *adj.*

Casting coulée *f.*, moulage *m.*

Castor oil huile de ricin.

Castor oil sulfonic acid acide sulforicinique.

Castor sugar sucre en poudre.

Cast resin résine coulée.

CAT chloramphénicol acétyltransférase.

CAT choline acétyltransférase.

CAT cytosine-arabinoside/thioguanine.

Catabolism catabolisme *m.*

Catalysis catalyse *f.*

Catalyst catalyseur *m.*

Catalyst quencher modérateur de catalyseur.

Catalytic catalytique *adj.*

Catalytic activity activité catalytique.

Catalytic efficiency rendement catalytique.

Catalytic performance = Catalytic efficiency.

Cataphoresis cataphorèse *f.*

Catch cliquet *m.*, taquet *m.*

Catch (active ~) broche (*dent*, *taquet*) d'entraînement.

Catcher capteur *m.*

Catechin catéchol *m.*

Catenation enchaînement *m.*

Cathartic cathartique *adj.*, purgatif *adj.*

Cathepsin cathepsine *f.*

Catheter cathéter *m.*, sonde *f.*

Cation exchange chromatography chromatographie sur résine échangeuse de cations.

Cation exchange column colonne échangeuse de cations.

Cation exchange resin résine échangeuse de cations.

Cationic exchange column = Cation exchange column.

Causative agent agent responsable.

Caused to react amené à réagir, mis à réagir.

Caustic caustique, corrosif *adj.* ; soude caustique.

Caustic potash potasse caustique.

Caustic soda soude caustique.

Caution précaution *f.*

CAV cyclophosphamide/adriamycine/ vincristine.

CAVE CCNU/adriamycine/vinblastine.

Cavity cavité *f.*, creux *m.*, alvéole *m.*, *f.*

Cavity retainer porte-matrice *m.*

CCK cholécystokinine *f.*

CCM CCNU/cyclophosphamide/ méthotrexate.

CCNU N- (chloro-2 éthyl)-N'-cyclohexyl-N- nitrosourée.

CCNU-OP CCNU/vincristine/prednisone.

CCP phosphate cyclique de cytidine.

CDCA acide chénodésoxycholique.

CDDP cis-diamminedichloroplatine.

cDNA ADN complémentaire, c-ADN.

CDP chlordiazépoxide *m.*

CDR = Complementary determining region.

CDS sulfate de cyclodextrine.

CEA = Carcinoembryonic antigen.

CEH hydrolase d'ester de cholestérol.

Cell cellule *f.*

Cell adhesion molecule molécule d'adhérence cellulaire.

Cell-coat glycolemme *m.*

Cell-cycle specific anticancer drug médicament phase-dépendant.

Cell electrophoresis électrophorèse en cellule.

Cell-free acellulaire *adj.*

Cell harvester collecteur de cellules.

Cell harvesting récolte de cellules.

Cell-killing cytotoxique *adj.*

Cell-like cellulaire *adj.*, alvéolaire *adj.*

Cell line lignée cellulaire.

Cell mediated immunity immunité à médiation cellulaire.

Cell-protecting cytoprotecteur *adj.*

Cell repair régénération des cellules.

Cell sorter trieuse de cellules.

Cell sorting sélection de cellules.

Cellular cellulaire *adj.*

Cellular element élément figuré (*physiologie*).

Cellular material matériau alvéolaire.

Cellulolytic enzyme cellulase *f.*

Cellulose acetate butyrate acétobutyrate de cellulose.

Cellulose ether éther de cellulose.

Cement ciment *m.*

Cementation cémentation *f.*

Center centre *m.*

Centering centrage *m.*

Centre = Center.

Centrifugal centrifuge *adj.*

Centrifugal separator séparateur à cyclone.

Centrifugate culot de centrifugation, produit de centrifugation.

Centrifuge centrifugeuse *f.*

Centrifuge (to ~) centrifuger.

Centripetal centripète *adj.*

Cephalosporanic céphalosporanique *adj.*

Cephalosporin céphalosporine *f.*

Cerasin red rouge Soudan, Soudan III.

Cerebral stimulant stimulant psychique, psychoanaleptique *m.*, psychotonique *m.*

Ceric cérique *adj.*

Cerium cérium *m.*

Cerotic cérotique *adj.*

Cerous céreux *adj.*

Cesium césium *m.*

Cetylic cétylique *adj.*

CEV cyclophosphamide/étoposide/ vincristine.

CFA = Complete Freund adjuvant.

CFC = Chlorofluorocarbon.

CGH gonadotrop (h) ine chorionique.

CGT cyclodextrine glycosyltransférase.

Ch choline.

ChA choline acétylase.

Chain chaîne *f.*

Chain-branching ramification *f.*

Chain extended à chaîne allongée.

Chain extender allongeur de chaîne.

Chain linkage chaînon pontant, pont *m.*

Chain propagation propagation en chaîne.

Chain reaction réaction en chaîne.

Chain stopper agent de terminaison de chaîne.

Chain terminator agent de terminaison de chaîne.

Chain unit motif linéaire (*polymère p. ex.*).

Chair chaise *f.*

Chair form forme chaise (*structure*).

Chair-shaped en forme de chaise (*structure*).

Chalk craie *f.*

Chalkogen chalcogène *m.*

Chalky calcaire *adj.*

Challenge attaque (*cf.* antigen challenge), provocation *f.*, stimulation *f.*

Challenging dose dose d'attaque, dose provocatrice.

Chalone chalone *f.*

Chalonic autacoid autacoïde inhibiteur, chalone *f.*

Chamber chambre *f.*, compartiment *m.* (*ex. : compartiment anodique*), cuve *f.*, enceinte *f.*, pièce *f.*

Chamber filter filtre à chambre.

Chamber meter doseur volumétrique.

Chamber saturation saturation de la cuve (*chromatographie*).

Chamber test essai en espace fermé.

Changing over permutation *f.*

Channel canal *m.*, voie *f. ;* cannelure *f.*

Channel pore pore tubulaire.

Chaotically fed à alimentation en vrac, arrivant en vrac.

Chaotropic chaotropique *adj.*

Chaperone protein protéine chaperon.

Character caractère *m.*, qualité *f.*

Characterisation = **Characterization**.

Characteristic caractéristique *f., adj.*

Characteristic feature caractéristique *f.*

Characterization caractérisation *f.*

Char charbon (*animal, végétal*).

Char (to ~) carboniser se carboniser, charbonner.

Charcoal charbon de bois, charbon activé.

Charge (to ~) charger, alimenter.

Charge acceptance tolérance de charge, charge électrostatique.

Charge carriers porteurs de charge.

Charge preventing antistatique *adj.*

Charge stock charge *f.*, matière première.

Charred carbonisé *adj.*, charbonné *adj.*, charbonneux *adj.*

Charring carbonisation *f.*

Chart abaque *f.*, diagramme *m.*, graphique *m.*, tableau *m.*.

Chart speed vitesse d'enregistrement.

Chaser mill broyeur à meules verticales.

ChAT choline acétyltransférase.

Check (to ~) contrôler, vérifier.

Check A for its activity évaluer l'activité de A.

Check bite cire de morsure, empreinte *f.* (*art dentaire*).

Checking contrôle *m.*, inspection *f.*, surveillance *f.*, vérification *f.*

Check-valve soupape de retenue.

Cheese effect effet fromage (*effet dû à certains inhibiteurs de la monoamine oxydase*).

Chelant = **Chelating agent**.

Chelate chélate *m.*

Chelate (to ~) chélater.

Chelate complex chélate *m.*, complexe de chélation.

Chelating agent agent chélatant, agent de chélation, chélateur *m.*

Chelation chélation *f.*

Chelatometry chélatométrie *f.*, complexométrie *f.*

Chelidamic acid acide chélidamique (hydroxy-4-pyridinedicarboxylique-2,6).

Chemical chimique *adj.*

Chemical agent agent chimique.

Chemical cluster groupe chimique.

Chemical dressing apprêt chimique.

Chemical engineer ingénieur en génie chimique.

Chemical engineering génie chimique, ingénierie chimique.

Chemically chimiquement *adv.*

Chemically bonded lié par une liaison chimique.

Chemical oxygen demand demande (*ou* besoin) chimique d'oxygène.

Chemical rays rayons actiniques.

Chemical receptor chimiorécepteur *m.*

Chemical resistance résistance aux agents chimiques.

Chemicals produits chimiques.

Chemical score score chimique (*d'une protéine*).

Chemical species espèce chimique.

Chemical vapour deposition dépôt chimique à partir d'une phase vapeur.

Chemical warfare guerre chimique.

Chemical warfare agent arme chimique.

Chemiluminescence chimiluminescence *f.* (*ou* chimioluminescence*).*

Chemiluminescent chimiluminescent *adj.*

Chemiosmotic chimioosmotique *adj.*

Chemisorbed chemisorbé *adj.*

Chemist chimiste *m.,* ingénieur-chimiste *m. ;* pharmacien *m..*

Chemistry chimie *f.*

Chemo... chimio...

Chemoceptor = **Chemical receptor**.

Chemoreceptor chimiorécepteur *m.*

Chemosensitive chimiosensible *adj.*

Chemosterilant stérilisant chimique.

Chemotaxis chimiotactisme *m.,* chimiotaxie *f.*

Chemotherapeutic chimiothérapique *adj.*

Chemotherapeutic index index thérapeutique (*ou* chimiothérapique).

Chemotherapy chimiothérapie *f.*

Chewable material gomme à mâcher.

Chewing gum = **Chewable material**.

Chewing tobacco tabac à chiquer.

Chewing troche tablette à mâcher.

Chick antidermatitis factor acide pantothénique, vitamine B_5.

Chief essentiel *adj.,* principal *adj.*

Child-resistant = **Child-proof**.

Child-proof inaccessible aux enfants.

Chill (to ~) refroidir fortement, réfrigérer ; tremper.

China porcelaine *f.*

China clay kaolin *m.*

Chipping clivage *m.,* écaillement *m.* (*comprimé*).

Chips copeaux *m.,* rognures *f.*

Chiral chiral *adj.,* optiquement actif.

Chiral centers centres chiraux.

Chirality chiralité *f.*

Chi square test test du chi carré.

Chitin chitine *f.*

Chloranil chloranile *m.*

Chloranion anion chloré.

Chloration chloration f., chloruration *f.*

Chloric chlorique *adj.*

Chloride chlorure *m.*

Chlorinated chloré *adj.*

Chlorination chloration *f.*

Chlorine chlore *m.*

Chlorine anion anion chlore.

Chlorine bearing contenant du chlore, chloré *adj.*

Chloring chlorage *m.*

Chlorocarbon chloroalcane *m. ;* hydrocarbure chloré.

Chlorofluorocarbon chlorofluorocarbone, *m.*, hydrocarbure chloré et fluoré.

Chloroform chloroforme *m.*

Chloroformate chloroformiate *m.*

Chlorohydrin chlorhydrine *f.*

Chlorophyll chlorophylle *f.*

Chlorous chloreux *adj.*

CHO cyclophosphamide/adriamycine/ vincristine.

Chocolate chocolat *m.*

Chocolate agar gélose chocolat.

Choking engorgement *m.*, obstruction *f.*

Cholagogue cholagogue *m.*

Cholecalciferol cholécalciférol, vitamine D$_3$.

Choleretic cholérétique *m., adj.*

Cholesterol cholestérol *m.*

Cholesterol-lowering agent hypocholestérolémiant *m.*

Cholesterol-reducing hypocholestérolémiant *adj.*

Cholinergic cholinergique *m., adj.*

Cholinergic receptor récepteur cholinergique.

Chondrotropic hormone = Somatotropin.

CHOP cyclophosphamide/adriamycine/ vincristine/prednisone.

Chopped finement divisé ; modulé *adj.*

Chopped glass verre pilé.

Chopped ice glace pilée.

Chopper couteau *m.*, hachoir *m.*

Chorionic gonadotropic hormone = Chorionic gonadotropin.

Chorionic gonadotropin gonadotrop (h) ine chorionique, HCG.

Christmas factor facteur de Christmas, facteur IX.

Chromaffin hormone adrénaline *f.*, épinéphrine *f.*

Chromathermography chromatothermographie *f.*, chromatographie à gradient de température.

Chromatid chromatide *f.*

Chromatoplate chromatoplaque *f.*

Chromatotropic hormone mélanostimuline *f.*, mélanotropine *f.*

Chromium chrome *m.*

Chromogenic chromogène *adj.*

Chromophore color couleur de chromophore.

Chromosomal chromosomique *adj.*

Chromotrichial factor = Bx factor.

Chromous chromeux *adj.*

Chylomicron chylomicron *m.* (*gouttelettes de triacylglycérols du chyle*).

Chymosin rennine *f.*

Chymotrypsin chymotrypsine *f.*

Chymotrypsinogen chymotrypsinogène *m.*

Cl = Counterion

Cinchonin cinchonine *f.*

Cinnabar cinabre *m.*

Cinnamaldehyde cinnamaldéhyde *m.*, aldéhyde cinnamique.

Cinnamic cinnamique *adj.*

Cinnamon cannelle *f.*

Cinnamon oil essence de cannelle.

Circle cercle *m. ;* molécule annulaire (*ou* circulaire) ; entourer (*un terme ou une réponse*).

Circular chromatography chromatographie circulaire (*ou* radiale).

Circulating air cabinet étuve à circulation d'air.

Circulating air oven = Circulating air cabinet.

Circulation rate vitesse de circulation.

Circumference circonférence *f.*

Circumsporozoitic protein protéine circumsporozoïtique.

Cis-form forme cis.

Cisoid de structure cis.

Cistern citerne *f.*

Citric citrique *adj.*

Citric acid cycle cycle de Krebs.

Citronella oil essence de citronnelle.

Citrovorum factor acide folinique, leucovorine *f.*

Claim revendication *f.* (*brevet*).

Claims revendications (*brevet*) ; effets (*ou* indications) (*médicament*).

Clammy collant *adj.*, gluant *adj.*

Clamp (to ~) agrafer, fixer, pincer, serrer.

Clamping disc disque de serrage.

Clapper soupape à clapet.

Claret bordeaux (*teinte*).

Clarifier clarifiant *m.*, clarificateur *m.*, décanteur *m.*, éclaircisseur *m.*

Clarifying lotion lotion clarifiante (*cosmétiques*).

Clarifying plant installation de décantation.

Classified into classes divisé en classes.

Classified particles particules classées.

Classifier classeur *m.*, classificateur *m.*, trieuse *f.*

Clathrate clathrate *m.*, composé d'insertion.

Clay argile *f.*

Clay plate plaque poreuse.

Cleaner épurateur *m.*

Cleaning composition composition de nettoyage.

Clean room chambre pure.

Cleanser produit d'entretien ; démaquillant *m.* (cosmétiques).

Cleansing épuration *f.*

Cleansing cream créme de démaquillage.

Cleansing milk lait démaquillant.

Clear a blocked filter déboucher un filtre obstrué.

Clearance clairance *f.*, élimination *f.*, épuration f ; espace libre, jeu *m.*, dégagement *m.*

Clearing clarification *f.*

Clearly à l'évidence.

Clearness limpidité *f.*

Clear solution solution limpide.

Cleavable que l'on peut couper, clivable *adj.*

Cleavage clivage *m.*, dissociation *f.*, rupture *f.*

Cleavage maps of DNA sites de clivage de l'ADN.

Cleavage pattern schéma de coupure.

Cleavage site site de coupure.

Climate climat *m.*

Clinical clinique *adj.*

Clinical test examen clinique.

Clinical trial essai clinique.

Clip collier *m.*, pince *f.* (de serrage).

Clippings rognures *f.*, tournure *f.*

Clock glass verre de montre.

Clockwise dans le sens des aiguilles d'une montre.

Cloning clonage *m.*

Cloning vector vecteur de clonage (*génie génétique*).

Close-boiling de point d'ébullition voisin.

Close-cut distillate distillat à intervalle d'ébullition resserré.

Closed-chain à chaîne fermée.

Closed house local clos.

Close down arrêter (*une fabrication*), fermer (*une usine*).

Closely hermétiquement.

Closely packed particles particules bien tassées.

Closely related étroitement apparenté, étroitement lié.

Close-packed compact *adj.*

Close relationship relation étroite (*entre paramètres p. ex.*).

Closet armoire *f.*, chambre *f.*

Close to neutral pH pH proche de la neutralité.

Closure fermeture *f.*

Clot caillot *m.*

Cloth tissu *m.*

Cloth filter filtre en tissu.

Clotting coagulation *f.*

Cloud chamber chambre à brouillard.

Cloudiness turbidité *f.*

Clouding obscurcissement *m.*, opacification *f.*

Cloud point point de trouble.

Cloudy trouble *adj.* (*liquide*).

Cloudy liquid liquide trouble, liquide louche.

Clove oil essence de girofle.

Club moss lycopode *m.*

Clump houppe *f.* (*cristaux*).

Clumped aggloméré *adj.*

Cluster agrégat *m.*, amas *m.*, essaim *m.*, groupe *m.*, houppe *f.* (*cristaux*).

Cluster analysis analyse par amas.

Cluster compound composé en amas.

Clustering regroupement (*de gènes*).

Clusters pelotons (*anticorps marqués*).

Cluttered genes gènes en mosaïque.

CMC carboxyméthylcellulose.

CMF cyclophosphamide/méthotrexate/ fluoro-5 uracile.

CMFV cyclophosphamide/méthotrexate/ fluoro-5 uracile/vincristine.

CMP cytidine monophosphate, acide cytidylique.

CNS-depressant dépresseur du SNC (*système nerveux central*).

Co- coenzyme (I *ou* II, *p. ex.*).

Co-A coenzyme A.

Coacervate coacervat *m.*

Coaction action conjuguée.

Coagulate (to ~) coaguler, figer (*sang, etc.*) ; cailler (*lait*) ; se coaguler.

Coal charbon *m.*

Coalescer coalesceur *m.*

Coalesce out se séparer par coalescence.

Coalescing coalescence *f.*

Coaltar goudron de houille.

Coaltar pitch brai de houille.

Coarse brut *adj.*, grossier *adj.*, non raffiné.

Coat couche *f.*, pellicule *f.*

Coat (to ~) enduire.

Coated enduit *adj.*

Coated film film déposé, film de revêtement.

Coated material matériau enduit.

Coated on déposé sur, étalé sur.

Coated tablet comprimé enrobé, dragée *f.*

Coated with enduit de, revètu de.

Coating couche (d'enduction), enduction *f.*, enrobage *m.*, revètement *m.*

Coating machine machine à enduire.

Cobalamin cobalamine *f.*

Cobalt cobalt *m.*

Cobamamide cobamamide *m.*, coenzyme B_{12}, dibencozide *m.*

Cobamin vitamine B_{12}.

Cobinamide cobinamide *m.*

Cobinic acid acide cobinique.

Cocaine cocaïne *f.*

Cocaine addiction cocaïnomanie *f.*

Cochineal cochenille *f.*

Cocinic cocinique, cocostéarique *adj.*

Cock bonde *f.*, robinet *m.*

Cock plug noix de robinet.

Cocoa cacao *m.*

Cocoa butter beurre de cacao *m.*

Coco (nut) acid acide du coprah.

Coconut oil huile de noix de coco, huile de coprah.

Cocurrent flow écoulement cocourant, écoulement parallèle.

Cocurrently dans le sens du courant.

COD = Chemical oxygen demand.

Coding codage *m* ; codification *f.*

Coding sequence séquence codante.

Coding unit codon *m.*

Cod liver oil huile de foie de morue.

COD value consommation chimique d'oxygène, valeur COD.

Coefficient coefficient *m.*

Coenzyme factor diaphorase *f.*

Coffee café *m.*

Coffee grounds marc de café.

Cognate RNA ARN correspondant.

Cognition enhancer antiamnésique *m.*, psychostimulant *m.*

Cognition enhancing agent stimulant cognitif.

COHb carboxyhémoglobine *f.*

Cohesive de cohésion, d'attraction.

Cohesive end bout codant, extrémité cohésive (*acides nucléiques*).

Cohesive energy énergie cohésive.

Cohesive failure rupture de type cohésif.

Cohobation cohobation *f.*

Coil serpentin *m.*

Coil (to ~) enrouler.

Coiled column colonne enroulée, colonne spiralée (*chromatographie*).

Coinjection coïnjection (*ou* co-injection) *f.*

Coion co-ion *m.*

Coking cokéfaction *f.*

Colander passoire *f.*

Colation colature *f.*, filtration sous vide.

Cold baffle chicane réfrigérée.

Cold finger doigt (réfrigérant) de rétrogradateur.

Cold finger condenser = Cold finger.

Cold infusion macération à froid.

Cold-sterilisation stérilisation par le froid.

Coleseed graine de colza, colza *m.*

Collagen collagène *m.*

Collapsible démontable *adj.*, pliable *adj.*, pliant *adj.*

Collapsing tube tube à pommade, tube compressible.

Collar anneau *m.*, bague *f.*, collier *m.*

Collar band collier à tube.

Collect a precipitate recueillir (*ou* séparer) un précipité.

Collecting additive collecteur *m.*, adjuvant collecteur.

Collecting agent collecteur *m.*

Collection collecte *f.*, récolte *f.*, recueil *m. ;* prélèvement *m.*

Collector collecteur *m.* (*de fractions*).

Collide (to ~) entrer en collision, ricocher.

Colligate (to ~) coordonner, relier.

Collision choc *m.*, collision *f.*

Collodion collodion *m.*

Colloid colloïde *m.*

Colloidal colloïdal *adj.*

Colloidal chemistry chimie des colloïdes, chimie colloïdale.

Colloidal mill homogénéisateur *m.*, moulin à colloïdes.

Collunarium gouttes nasales.

Collutorium collutoire *m.*

Collyrium collyre *m.*

Colombium niobium *m.*

Colony colonie *f.* (*bactéries*) ; amas *m.* (*de cristaux*).

Colony-forming units unités formant colonie.

Colony-stimulating factor facteur de croissance cellulaire.

Colophony colophane *f.*

Color couleur *f.*

Colorant matière colorante (*teinture, pigment*).

Color-bearing chromophore *adj.*

Color chemist chimiste coloriste.

Color-coded marqué selon un code de couleur.

Color concentrate concentré de colorant.

Color coupling copulation colorée.

Color developer développateur chromogène.

Color developing agent = **Color developer**.

Color development développement chromogène, révélation de la couleur.

Colored coloré *adj.*

Color enhanced rehaussé par la couleur.

Color former formateur de couleur, copulant.

Colorimeter colorimètre *m.*

Colorimetric assay dosage colorimétrique.

Color increasing auxochrome *adj.*

Color index index colorimétrique.

Coloring coloration f.

Coloring agent colorant *m.*

Colorless incolore *adj.*

Color radical chromophore *m.*

Color range gamme de couleurs.

Color reagent réactif coloré.

Color-shaded coloré *adj.*, marqué en couleur.

Color sharpness intensité de couleur.

Color shifted structure structure pouvant prendre une couleur.

Color spectrum spectre visible.

Colour... = **Color...**

Column colonne *f.*

Column bleed (ing) perte de phase stationnaire.

Column chromatography chromatographie sur colonne.

Column switching chromatography chromatographie (*solide-liquide*) à 2 colonnes, chromatographie à transfert de colonnes.

COM cyclophosphamide/vincristine/ MeCCNU.

COMB cyclophosphamide/vincristine/ MeCCNU/bléomycine.

Comb peigne *m.*

Combination combinaison *f.*

Combination partner partenaire de liaison.

Combination process procédé combiné.

Combinatorial chemistry chimie combinatoire.

Combined loss perte totale.

Combined water eau de constitution.

Combine with associer à ; se combiner avec, entrer en combinaison avec.

Combustion combustion *f.*

Combustion analysis analyse élémentaire.

COMF cyclophosphamide/vincristine/ méthotrexate/fluoro-5 uracile.

Commensurate (with) proportionnel *(à).*

Commercially efficient industriellement rentable.

Commercial process procédé industriel.

Commercial production production industrielle.

Commercial scale production production à l'échelle industrielle.

Commingle (to ~) mélanger.

Comminute (to ~) hacher, porphyriser.

Commodity article *m.*, denrée *f.*, produit chimique de base.

Commonly assigned application demande commune *(de brevet).*

Common salt chlorure de sodium.

Compact bulk density masse volumique après tassement.

Compacting agglomération *f. (par compression)*, compression *f.*

Company société *f.*

Compared to (as ~) comparativement à.

Compartment compartiment *m.*

Compartmental analysis analyse compartimentale.

Compatibiliser = Compatibilizer.

Compatibilizer agent de compatibilisation.

Compatible compatible *(avec)*, toléré *(par).*

Compensating ions ions opposés.

Compete entrer en compétition *(réactions).*

Competing activity activité de compétition.

Competitive compétitif *adj.*, concurrent *adj.*

Competitive antagonism antagonisme compétitif.

Competitive binding assay dosage par liaison compétitive (entre deux substances).

Competitive inhibitor inhibiteur compétitif.

Competitive reaction réaction concurrente.

Complementary determining region région déterminante complémentaire *(anticorps).*

Complementary factor pyridoxine *f.*

Complete a cycle achever un cycle.

Complete an invention mener à bien *(ou* réaliser) une invention.

Complete a reaction achever *(ou* mener à son terme) une réaction ; effectuer une réaction.

Complete block design modèle bloc complet *(statistiques).*

Complete blood count formule sanguine, hémogramme *m.*

Complete Freund adjuvant adjuvant complet de Freund.

Completion achèvement *m.*

Completion of an invention réalisation (*ou* mise au point) d'une invention.

Complex complexe *m., adj.*

Complex-forming complexant *adj.*

Complexing agent complexant *m.*

Complex molecule molécule complexe.

Compliance compliance *f.* (*physiologie ; appareillage, matériau*).

Compliance with standards conformité aux normes.

Component composant *m.*, constituant *m. ;* composante *f.*

Composited with entrant en composition avec.

Composite salt sel mixte.

Composition distribution distribution structurale.

Composition of a formulation formule d'une composition.

Compound combinaison *f.*, composé *m.*, produit *m.*

Compounded with combiné avec.

Compounder mélangeur *m.*

Compounding formation de mélange ; élaboration (*ou* préparation) de mélange.

Compounding recipe formule de composition.

Compound solution solution composée.

Comprehensive complet *adj.*, exhaustif *adj.*

Compress compresse *f.*

Compressed comprimé *adj.*

Compress into tablets transformer en comprimés par compression.

Compression coating enrobage à sec.

Compression tap robinet de décompression.

Comprise (to ~) comporter, comprendre ; représenter (*un pourcentage d'un tout*).

Comprised in présent dans, constituant de.

Comprised of (is ~) comprend, renferme, (est) constitué de.

Comprising the steps of comportant les étapes consistant à (*terminologie de brevets p. ex.*).

Compute (to ~) calculer.

Computed for extrapolé à.

Computer calculateur *m. ;* ordinateur *m.*

Computing integrator intégrateur-calculateur *m.*

COMT catéchol O-méthyltransférase.

Con A concanavaline A.

Concatenation enchaînement *m.*

Concentrate concentré *m.*

Concentrate (to ~) concentrer.

Concentrated concentré *adj.*

Concentration of A in B teneur en A de B, concentration de A dans B.

Concern affaire *f.*, entreprise *f.*

Concertina-shaped en forme d'accordéon (*filtre*).

Conclusively established définitivement établi (*hypothèse p. ex.*).

Concurrently with concurremment avec.

Concurrent treatment traitement concomitant (*ou* simultané).

Condenser condenseur *m.*, réfrigérant *m.*

Condition condition ; état (*clinique*).

Condition (to ~) conditionner, traiter.

Conditioned conditionné *adj.*

Conditioning conditionnement *m.*, emballage *m. ;* traitement *m.* : conditionnement *m.* (*ou* maturation *f.*) (*d'une colonne de chromatographie*).

Conduct a process (to ~) mettre en œuvre un procédé.

Conduct a reaction réaliser une réaction.

Conduct a test effectuer (*ou* faire) un essai.

Conduction conduction *f.*, transmission *f.*

Conductive conducteur *adj.*

Conductometer conductimètre *m.*

Conductor conducteur *m.*

Conduit conduit *m.*, conduite *f.*

Cone mill broyeur à cônes.

Confidence limits limites de confiance.

Configuration configuration *f.*

Configurational isomer isomère de configuration.

Conformation conformation *f.*

Conformer conformère *m.*

Congeal (to ~) congeler, se congeler ; se figer (*huile*).

Congelation congélation *f.*

Conglutinin conglutinine *f.*

Congo blue bleu trypan, bleu de naphtamine, bleu Niagara.

Congo red rouge Congo.

Congruent melting point point de fusion congruent.

Conical breaker broyeur conique.

Conical flask fiole conique, Erlenmeyer *m.*

Coniferin coniférine *f.*

Conjugate conjugué *m.*

Conjugate (to ~) conjuguer.

Conjugate acid acide conjugué.

Conjugate base base conjuguée.

Conjugated conjugué *adj.*

Conjugated double bonds doubles liaisons conjuguées.

Conjugated protein protéine conjuguée.

Conjugation conjugaison *f.*

Connection connexion *f.*, communication *f.* ; raccord *m.*

Connective conjonctif *adj.*

Consequent reaction réaction consécutive.

Consistently logiquement *adv.*

Consistent with en accord avec, compatible avec, conforme à, cohérent *adj.*, logique *adj.*

Console console *f.*, pupitre *m.*

Consolute miscible *adj.*

Conspicuous effet effet frappant (*ou* : manifeste, remarquable, visible).

Constant boiling mixture mélange azéotropique.

Constant delivery pump pompe à débit (*ou* régime) constant.

Constant temperature bath bain à température constante, bain thermostaté.

Constituent composant *m.*, constituant *m.*

Constitutional component constituant *m.*

Constitutional diagram diagramme d'équilibre.

Constitutional formula formule développée.

Constitutional isomer isomère de constitution.

Constitutional unit motif structural.

Constriction constriction *f.*, étranglement *m.*

Construct produit de recombinaison, produit de synthèse.

Construction of a plasmid édification d'un plasmide.

Construction scheme plan de construction (*d'un plasmide p. ex.*).

Consumer consommateur *m.*

Consumer health products produits de confort, produits parapharmaceutiques.

Consumer product produit de consommation.

Consumption consommation *f.*

Contact bed bassin de décantation.

Contacted (to be ~) (être) mis en présence.

Contacted with mis en contact avec.

Contact lens solution solution pour verres de contact.

Contact mount bâti faisant contact.

Contact process procédé de contact.

Contained in contenu dans, placé dans, présent dans.

Container conteneur *m.*, récipient *m.* ; conditionnement *m.* ; sachet *m.*

Contaminant contaminant *m.*, impureté *f.*, sous-produit *m.*

Contaminated contaminé *adj.*, pollué *adj.*, rendu impur, souillé *adj.*

Contemplate (to ~) envisager, proposer.

Content quantité contenue, quantité présente ; teneur *f.*, titre *m.*

Content of ashes teneur en cendres.

Content of dry matter teneur en matière sèche.

Content of moisture teneur en humidité (*à comparer à* moisture content of).

Continue adding addition en continu.

Continuous continu *adj.*

Continuous phase phase continue, phase dispersante.

Continuous process fabrication en continu.

Continuous tone demi-teinte.

Contour plot tracé de contour, tracé de niveau (*courbe RMN p. ex.*).

Contraceptive anticonceptionnel *m., adj.*, contraceptif *m.,adj.*

Contraceptive sponge éponge contraceptive.

Contracting substance substance constrictrice.

Contraindication contre-indication *f.*

Contrast agent agent de contraste (*radiologie*).

Contribute (to ~) conférer.

Contrivance appareil *m.*, dispositif *m.*

Control commande *f.*, contrôle *m.*, réglage *m.*, régulation *f.* ; suppression *f.* ; témoin *m.*

Control agent agent régulateur.

Control animal animal témoin.

Control a pH ajuster (*ou* régler) un pH.

Control a production avoir le contrôle d'une production.

Control a reaction gouverner une réaction, maîtriser une réaction.

Control a temperature at maintenir (*ou* régler) une température à.

Control bacteria lutter contre les bactéries.

Control bench pupitre de commande.

Control experiment essai témoin *m.*

Controllable conditions conditions réglables.

Controlled amount proportion calculée, quantité calculée.

Controlled by forces dirigé par des forces.

Controlled conditions conditions définies, conditions bien établies.

Controlled conditions (well ~) conditions bien maîtrisées.

Controlled delivery libération contrôlée, libération retardée.

Controlled rate débit réglé, vitesse réglée.

Controlled release libération prolongée, libération retardée.

Controlled-release à libération prolongée (*implant, médicament, etc.*).

Controlled temperature température réglée.

Controller régulateur *m.*

Control means dispositif de réglage, système de réglage.

Control mechanism mécanisme de régulation.

Control of an apparatus réglage *m.* d'un appareil.

Control of a reaction maîtrise *f.* d'une réaction, suivi *m.* d'une réaction.

Control of symptoms suppression des symptômes.

Control run essai témoin.

Convection drying séchage par convection.

Convection oven four à convection, étuve à circulation d'air.

Convenient method méthode (*ou* procédé) commode (*ou* pratique).

Conventional process procédé classique.

Conventional solvent solvant courant.

Conversion products produits de transformation.

Converter convertisseur *m.*

Convertin convertine *f.*, facteur VII.

Conveyer = Conveyor.

Conveying transport *m.*

Conveyor convoyeur *m.*, transporteur *m.*

Conveyor belt convoyeur à bande, tapis roulant.

Conveyor table table roulante.

Conveyor worm vis d'Archimède, vis sans fin.

Convoluted enroulée (*structure*).

Convulsant convulsivant *m., adj.*

Cool frais *adj.*, froid *adj.*

Coolant (agent) réfrigérant *m.*

Cooled refroidi *adj.*

Cooler réfrigérateur *m.*

Cooling réfrigération *f.*, refroidissement *m.*

Cooling chamber chambre de refroidissement.

Cooling jacket chemise (*ou* enveloppe) de refroidissement.

Cooling roll (er) cylindre de refroidissement.

Coordinate coordonnée *f., adj.*

Coordinate axes (set of ~) système d'axes de coordonnées.

Coordinate bond liaison dative, liaison de coordination.

Coordinated complex complexe de coordination.

Coordination number indice de coordination, coordinence *f.*

COP cyclophosphamide/vincristine/ prednisone.

COPA cyclophosphamide/vincristine/ prednisone/adriamycine.

COPB cyclophosphamide/vincristine/ prednisone/bléomycine.

Copending en attente (*demande de brevet*).

Coplanar coplanaire *adj.*

Copolymer copolymère *m.*

COPP cyclophosphamide/vincristine/ procarbazine/prednisone.

Copper cuivre *m.*

Coproporphyrin coproporphyrine *f.*

Copying error erreur de transcription (*génie génétique*).

Co-Q coenzyme Q.

Core âme *f.*, partie centrale ; noyau *m.*, pépin *m. ;* squelette *m.*

Core and shell particle particule à cœur et à coque.

Core antigen antigène cœur, antigène core.

Core DNA ADN cœur.

Core enzyme enzyme minimum, noyau de l'enzyme.

Core layer couche centrale, couche interne.

Corepressor corépresseur *m.* (*génie génétique*).

Core protein protéine cœur, *f.*, protéine core, *f.*

Core-shell particle particule à cœur et à coque.

Cork bouchon de liège ; liège *m.*

Corn grain *m. ;* blé *(GB) m. ;* maïs *(US) m.*

Corner angle *m.*, coin *m. ;* coude *m.*

Cornification kératinisation, *f.*

Corn steep liquor liqueur de trempage de maïs.

Corn steep liquor solids liqueur de trempage de maïs déshydratée.

Corn sugar dextrose *m.*, d-glucose *m.*

Corporation société *f.*

Corpuscle corpuscule *m.*

Corpus luteum corps jaune.

Corpus luteum hormone progestérone *f.*

Corrected for ramené à (*par correction*), corrigé (pour tenir compte) de (*une certaine valeur*).

Correlate (to ~) coordonner, rattacher, relier.

Correlation corrélation *f.*

Corroding corrodant *adj.*, corrosif *adj.*

Corrosive corrosif, mordant *adj.*

Corrosiveness corrosivité *f.*, action corrosive ; mordant *m.*

Corrosive sublimate sublimé corrosif (*chlorure mercurique*).

Corrugated ondulé *adj.*

Corrugation ondulation *f.*

Cortex hormone hormone corticale.

Cortical hormone = Cortex hormone.

Corticoid corticoïde *m.*, *adj.*

Corticosteroid corticosteroïde *m.*, *adj.*

Corticotropin-releasing hormone corticolibérine *f.*

Cosmetic cosmétique *m.*, *adj.*

Cosmid vector vecteur cosmide.

Cotton coton *m.*

Cotton red = Congo red.

Cotton swabs cotons-tiges.

Cotton wad tampon de coton, tampon d'ouate.

Cotton-wool ouate *f.*

Cough drop pastille pectorale.

Cough-provoking tussigène *adj.*

Cough-relieving tussiplégique *adj.*

Cough suppressant antitussif *m.*, béchique *m.*, tussiplégique *m.*

Cough syrup sirop antitussif, sirop pectoral.

Coumaran coumaran (n) e.

Coumarin coumarine *f.*

Count comptage *m.*, compte *m.*, dénombrement *m. ;* numération *f. ;* nombre *m.*

Counter compteur *m.*, compte-tours *m.*

Counterclockwise sens inverse des aiguilles d'une montre.

Countercurrent contre-courant *m.*

Countercurrently à contre-courant.

Counterimmunoelectrophoresis contre-immunoélectrophorèse *f.*, électrosynérèse *f.*

Counterion contre-ion *m.*, ion complémentaire.

Counterion to the ion contre-ion associé à l'ion.

Counterirritant révulsif *m.*

Counterpoise contrepoids *m.*

Counterpoise (to ~) contrebalancer, faire contrepoids.

Counter-tank contre-cuve *f.*

Countertest contre-épreuve *f.*

Counterweight contrepoids *m.*

Counting comptage *m.*, numération *f.*

Counts per minute coups par minute (*appareil de comptage*).

Coupler coupleur *m.* (*photographie p. ex.*) ; copulant *m.* (*colorants azoïques*).

Coupling copulation *f.* (*diazoïques*) ; couplage (*liaison chimique*).

Coupling agent agent d'accrochage (*ou* de couplage *ou* de pontage).

Coupling component composant de copulation (*colorants*).

Coupling constant constante de couplage.

Coupling off group groupe se séparant lors du couplage.

Coupling reaction (réaction de) copulation *f.* (*des diazoïques*).

Course of a disease évolution d'une maladie.

Course of a reaction déroulement d'une réaction.

Course of a treatment cure *f.*

Co-use utilisation (*ou* mise en œuvre) conjointe (*ou* simultanée).

Covalence covalence *f.*

Covalency covalence *f.*

Covalency-bound lié par covalence, à liaison covalente.

Covalently bound = **Covalency-bound**.

Cover couvercle *m.*, capuchon *m.*

Cover (to ~) couvrir.

Cover glass verre de protection, lame *f.* (*de microscope*).

Covering enduction *f.*, enrobement *m.*, recouvrement *m.*

Covering power pouvoir couvrant.

Covert brown olive grisâtre (*couleur*).

Covert grey gris olive clair.

Covert tan olive légèrement grisâtre.

Coworker collaborateur *m.*

CPA cyclophosphamide *m.*

CPD citrate/phosphate/dextrose.

CPDA citrate/phosphate/dextrose/ adénine.

cpDNA ADN chloroplastique, cp-ADN.

CPK Corey-Paulin-Koltun (*modèle moléculaire*).

CPK créatine phosphokinase.

CPOB = **COPB**.

CPOC [(chloro-4 phényl)-5 pentyl]-2 oxirannecarboxylate-2 d'éthyle.

CPT carnitine-palmitine transférase.

CPZ chlorpromazine *f.*

Crack fente *f.*, fissure *f.*

Cracked ice glace pilée.

Cracker broyeur *m.*

Cradle berceau *m.*, châssis *m.*

Crank mixer mélangeur à bras.

C-reactive protein protéine C-réactive.

Cream crème *f.*

Cream cleanser crème démaquillante.

Creaming écrémage *m.*

Creep grimper (*pour un liquide*) ; ascension *f.*, grimpement *m.*

Cresoxide crésolate *m.*

Crimson cramoisi *adj.*, pourpre *adj.*

Critical critique *adj.*, crucial *adj.*, déterminant *adj.*

Criticality condition(s) critique(s).

Crockmeter abrasimètre *m.*

Cromolyn cromoglycate *m.*

Cross-area section droite.

Cross-bond liaison croisée.

Cross-checking recoupement *m.*

Cross-conjugation conjugaison croisée.

Cross-esterification transestérification *f.*

Cross-hairs réticule *m.*

Crossing-over enjambement *m.* (*biologie moléculaire*).

Crosslink (age) liaison réticulée, réticulation *f.*

Crosslinking réticulation *f.*

Cross over (to ~) chevaucher, enjamber, franchir.

Crossover trial essai croisé.

Cross-polymerisation copolymérisation *f.*

Cross-reaction réaction croisée.

Cross-section coupe transversale ; section droite (*ou* transversale).

Cross-sectional view vue en coupe.

Cross-section detector détecteur à section de capture.

Cross-wires fils du réticule.

Crowding encombrement *m.* ; saturation *f.*, surcharge *f.*

Crown couronne *f.*

Crown cap couvercle à rebord.

Crown ether éther-couronne *m.*

Crown of a tablet sommet d'un comprimé.

Crown seal capsule *f.* (*à sertissage*).

CRP = C-reactive protein.

Crucible creuset *m.*

Crude cru *adj.*, brut *adj.*

Crumble (to ~) réduire en poussière ; s'effriter.

Crush (to ~) broyer, concasser, piler.

Crushed ice = Cracked ice.

Crusher malaxeur *m.*

Crust croûte *f.*

Crystal cristal *m..*

Crystal-clear fluid liquide clair (*ou* limpide).

Crystal formation cristallogénèse *f.*

Crystal growth croissance des cristaux, développement des cristaux.

Crystal gum gomme de Sterculia.

Crystal lattice réseau cristallin.

Crystalline cristallin *adj.*

Crystalline framework édifice cristallin.

Crystallinity cristallinité *f.*, indice de cristallinité.

Crystallis... = Crystalliz...

Crystallization rate vitesse de cristallisation.

Crystallizing dish cristallisoir *m.*

Crystal nucleus germe cristallin.

Crystal sugar sucre cristallisé.

Crystal violet violet de cristal, violet de gentiane, violet de méthyle (*colorant*).

Crystal water eau de constitution.

CSF = Colony-stimulating factor.

CSP = Circumsporozoïtic protein.

CTX charybdotoxine.

Cubic feet pieds cubes.

Cubic foot pied cube *m.*

Cubic meter mètre cube *m.*

Cubic root racine cubique.

Cullet culot *m.*

Culture liquor bouillon de culture.

Cumbersome reaction réaction malaisée.

Cup coupe *f.*, cupule *f.*, gobelet *m.* (*essai de viscosité*).

Cupellation coupellation *f.*

Cupping glass ventouse *f.*

Cupreous cuivreux *adj.*

Cupric cuprique *adj.*, cupri (*nom.*).

Cuprous cuivreux *adj.*, cupro (*nom.*)

Curaremimetic curarisant *m.*, *adj.*

Curative index = Chemotherapeutic index.

Curative ratio = Chemotherapeutic index.

Curd lait caillé.

Curdle (to ~) cailler, faire cailler.

Curdling of milk caillage du lait.

Curdy caillebotté *adj.*

Cure traitement *m.* ; durcissement *m.*

Curing durcissement *m.*

Curium curium *m.*

Curling factor griséofulvine *f.*

Current courant *m.*, écoulement *m.*

Current potential potentiel d'écoulement.

Curvature courbure *f.*

Curve (to ~) courber, incurver.

Curvilinear curviligne *adj.*

Cusp sommet *m.* (*courbe*).

Custom synthesis synthèse à la demande, synthèse à façon.

Cutaneous cutané *adj.*

Cut-off limite d'exclusion, seuil d'arrêt ; seuil de coupure (*peptides*).

Cut off a sample prélever (un échantillon).

Cut-off filtration filtration à seuil d'arrêt.

Cut-off point point limite.

Cut-off value = Cut-off.

Cut oil huile émulsionnée.

Cut out (to ~) prélever.

Cut point point de coupe (*ou* de fractionnement) (*distillation*).

Cuts coupes (*distillation*).

Cut size taille de rétention (*en daltons*).

Cutting mill broyeur à couteaux.

CV cyclophosphamide/vincristine.

CVA cyclophosphamide/vincristine/adriamycine.

CVD = Chemical vapour deposition.

CVM cyclophosphamide/vincristine/méthotrexate.

CVP cyclophosphamide/vincristine/prednisone.

CWA = Chemical warfare agent.

Cyanhydric cyanhydrique *adj.*

Cyanhydrin cyanhydrine *f.*

Cyanic cyanique *adj.*

Cyanide cyanure *m.*

Cyanoacetic cyanoacétique *adj.*

Cyanocobalamin cyanocobalamine *f.*, vitamine B_{12}.

Cyanogen cyanogène *m.*

Cyanogenetic glycoside glucoside cyanogénétique.

Cyanogenic glycoside = **Cyanogenetic glycoside**.

Cyanohydrin cyanhydrine *f.*

Cycle cycle *m.*, période *f.*, phase *f.* ; cycle *m.*, noyau *m.* ; former un cycle.

Cycled (to be ~) former un cycle.

Cyclic cyclique *adj.*

Cyclic alkyl cycloalcoylique *adj.*, cycloalcoyle *ou* cycloalkyle (*groupe*).

Cyclic ring noyau cyclique, cycle *m.*

Cycloaliphatic cyclanique *adj.*

Cycloalkane cyclane *m.*

Cycloalkene cyclène *m.*

Cyclohexoxide cyclohexylate *m.*

Cyclone cyclone *m.*

Cyclooxygenase cyclo-oxygénase *f.*

Cyclophane cyclophane *m.*

Cyclosporine ciclosporine *f.*

Cylinder cylindre *m.*, piston *m.* ; éprouvette à pied ; bouteille *f.*. (*azote, oxygène, etc.*).

Cylinder-meter doseur à piston.

Cys cystéine *f.*

Cytokin cytokine *f.*

Cytology cytologie *f.*

Cytoplasm cytoplasme *m.*

Cytosol cytosol *m.*

D

D (*cf.* : **D-amino acid**).

D acide aspartique (*code à une lettre*).

d (= **Doublet**) doublet *m.* (*spectrométrie*).

Da dalton *m.*

DAAO diaminoacide oxydase.

DABA acide diamino-2,4 butyrique.

DABCO diaza-1,4 bicyclo [2.2.2] octane.

Dahlin inuline *f.*

Daily dose dose journalière, dose quotidienne.

Daily intake prise quotidienne.

Dairy laitier *adj.*, de laiterie.

Dairy produce produits laitiers, laitages.

Dairy products = Dairy produce.

D-alpha-amino acid acide alpha-aminé D.

Damage dégats *m., pl.*, dommage *m.*, préjudice *m.*

Damaged abîmé *adj.*, endommagé *adj.*

Damaged product produit altéré (*ou* détérioré *ou* endommagé).

Damaged property propriété altérée.

Damaging nuisible *adj.*

Damaging process procédé préjudiciable.

D-amino acid D-acide aminé, acide aminé D.

Damp (to ~) humidifier, mouiller.

Damper amortisseur *m. ;* humidifiant *m.*

Damping effect effet stérique.

Dampness humidité *f.*

Dampness-proof imperméable *adj.*, à l'épreuve de l'humidité.

DAO diamine oxydase

DAPA acide diaminopimélique.

Daphnetin daphnétine *f.*

Daphnin daphnine *f.*

DAPI diaminophénylindole.

Darkening obscurcissement *m.*

Dark field microscope microscope à fond noir, ultramicroscope *m.*

Dark reaction réaction sombre, réaction thermochimique.

Dash en trait interrompu.

Dashed line ligne en trait interrompu.

Data données *f., pl.*

Data acquisition saisie de données.

Data bank banque de données.

Data base base de données.

Data collection form fiche de saisie de données.

Data input = Data acquisition.

Data processing traitement des données.

Data processing system système informatique.

Data retrieval recherche documentaire.

Dating datation *f.*

Datiscin datiscine *f.*

dATP désoxy ATP, triphosphate de désoxyadénosine.

Daturin daturine *f.*

Daunorubicin daunorubicine *f.*

DAVP désaminoarginine-vasopressine.

Daylight opening distance entre plateaux (*de presse*).

Daylight press presse à plateaux multiples.

DBED N, N'-dibenzyléthylènediamine.

DBG dextrose/barbital/gélatine.

DBH dopamine béta-hydroxylase ; DTIC/BNCU/hydroxyurée.

DBN diaza-1,5 bicyclo [4.3.0] nonène-5.

DBPPEE diisobutylphénoxypolyéthoxyéthanol.

DBU diaza-1,8 bicyclo [5.4.0] undécène-7.

DBV DTIC/BNCU/vincristine.

DCA acide désoxycholique ; désoxycholate/citrate/agar ; acétate de désoxycorticostérone.

DCC N, N'-dicyclohexylcarbodiimide.

DCCMP daunomycine/cyclocytidine/ mercapto-6 purine/prednisolone.

DCF désoxycoformycine *f.*

DCHA dicyclohexylamine.

DCI dichloroisoprénaline *f.*

DCMP daunomycine/cytosine-arabinoside/mercapto-6 purine/prednisolone.

dCTP triphosphate de désoxycytidine.

DCV DTIC/CCNU/vincristine.

dd (= Doublet doublet) doublet dédoublé (*spectrométrie*).

DDA didésoxyadénosine.

DDAVP désamino-D-arginine-vasopressine.

DDP diamminedichloroplatine.

DDS diaminodiphénylsulfone.

DDT dichlorodiphényltrichloroéthane.

DdTTP triphosphate de didésoxythymidine.

DEA déshydroépiandrostérone.

Deacclimatisation = Deacclimatization.

Deacclimatization désaccoutumance *f.*, sevrage *m.*

Deactivation désactivation *f.*

Deadline date limite *f.*

Dead volume volume mort (*chromatographie*).

DEAE diéthylaminoéthanol.

Deaerate (to ~) désaérer.

Dealkylate (to ~) désalcoyler.

Deaminase désaminase *f.*

Deamination désamination *f.*

Deashing élimination des cendres.

De-ashing = Deashing.

Death mort *f.*

Death point température critique de stérilisation.

Debranching enzyme enzyme de déramification.

Debt dette *f.*, déficit *m.*

Debubbling dégazage, *m.*

DEC diéthylcarbamazine *f.*

Decalin décaline *f.*, décahydronaphtalène *m.*

Decalvant décalvant *adj.* (*qui provoque la chute des cheveux*).

Decant (to ~) décanter, transvaser.

Decanting bottle flacon à décantation.

Decanting flask = Decanting bottle.

Decanting glass = Decanting bottle.

Decanting jar = Decanting bottle.

Decanting tank bac à décantation.

Decapsidation décapsidation *f.* («*démontage* » *de la particule virale*).

Decapsulation décapsulation *f. ;* décortication *f.*

Decay décomposition *f.,* dégradation *f. ;* désintégration *f.*

Decay time temps de décroissance (*d'un luminophore*).

Deciphering déchiffrage *m.*

Decoding décodage *m.*

Decomposition altération *f.,* décomposition.

Decongestant décongestionnant *m.,* décongestif *m.*

Deconjugation déconjugaison *f.*

Decrease décroissance *f.,* diminution *f.*

Decrease (to ~) décroître, diminuer.

Deep color couleur foncée.

Deep colored intensément coloré, de couleur foncée.

Deep fermentation fermentation par dépôt.

Deep freezing congélation *f.*

Deep ultraviolet UV de très courte longueur d'onde, UV très lointain.

Defacement dégradation d'aspect.

Defatting dégraissage *m.*

Default to ramener (*ou* se ramener) implicitement à, équivaloir implicitement à.

Default to the standard conditions se ramener implicitement aux conditions standard.

Default value valeur par défaut.

Defect défaut *m.*

Defective défectueux *adj.*

Defence mechanism mécanisme de défense.

Defervescent fébrifuge *m.*

Deficiency carence *f.,* déficience *f.,* deficit *m.,* insuffisance *f.*

Definitely pure incontestablement (*ou* indubitablement) pur.

Deflagrating spoon coupelle à combustion.

Deflection refractometer réfractomètre à déviation.

Deflocculent défloculant *m.*

Deflooding dénoyage *m.* (*d'une colonne à distiller*).

Defoamer antimousse *m.*

Defoaming antimousse *adj.*

Defrost (to ~) dégivrer.

Degasification dégazage *m.,* dégazéification *f.*

Degasify (to ~) dégazer dégazéifier.

Degassing dégazage *m.*

Degeneracy dégénérescence *f.*

Degermination stérilisation *f.*

Degraded properties propriétés altérées.

Degreasing dégraissage *m.*

Degree degré *m.,* teneur *f.,* titre *m.*

Degree of alcohol degré alcoolométrique.

Degree of humidity teneur en eau.

Degree of safety degré de sécurité.

Dehumidification déshumidification *f.*

Dehydrase déshydrase *f.*

Dehydration déshydratation *f.*

Dehydro déshydro (*nom.*).

Dehydroacetic déshydroacétique *adj.*

Dehydrobromination débromhydratation *f.,* déhydrobromation *f.*

Dehydrochlorination déchlorhydratation *f.,* déhydrochloration *f.*

Dehydrocorticosterone déshydrocorticostérone *f.*

Dehydrofluorination défluorhydratation *f.*, déhydrofluoration *f.*

Dehydrogenase déshydrogénase *f.*

Dehydrogenation déshydrogénation *f.*

Dehydrohalogenation déhydrohalogénation *f.*

Dehydroretinol déshydrorétinol *m.*, vitamine A_2.

Deicing dégelage *m.*, dégivrage *m.*

De-icing = **Deicing**.

De-ioniz... = **deioniz...**

Deionization désionisation *f.*

Deionized désionisé *adj.*

Deionized water eau déminéralisée.

Deisohexanizer désisohexaniseur *m.*

Delayed différé *adj.*, retardé *adj.*

Delayed insulin insuline retard.

Delayed onset of action action retardée.

Delayed-release à libération retardée.

Delayed release libération retardée.

Deleterious délétère *adj.*, nocif *adj.*

Deletion délétion *f.* (*génétique*), suppression *f.*

Deliquesce tomber en déliquescence.

Deliver (to ~) débiter, délivrer, fournir.

Delivery distribution *f.* ; livraison *f.* ; décharge *f.*

Delivery chute glissière de ramassage.

Delivery joint raccord de décharge.

Delivery module module d'alimentation (*ou* de distribution) ; module de délivrance (*implant p. ex.*).

Delivery nipple = **Delivery joint**.

Delivery system système d'alimentation.

Demethylation déméthylation *f.*

Demijan dame-jeanne *f.*, bonbonne clissée.

Demijohn = **Demijan**.

Demixing démixtion *f.*

Demonstrate (to ~) démontrer ; faire preuve de, manifester, mettre en évidence, montrer.

Demulcent émollient *m.*, adoucissant *m.*, lénitif *m.*

Denatured dénaturé *adj.*

Dendrimer dendrimère *m.*, structure en étoile.

Dense slurry suspension épaisse.

Densitometer densimètre *m.* ; densitomètre *m.* (*photographie*).

Density densité *f.*

Density bottle picnomètre *m.*

Density gauge jauge à densité.

Densometer porosimètre *m.*

Dental adhesive colle dentaire.

Dented tablet = **Scored tablet**

Dentistry art dentaire.

Deodorant désodorisant *m.*

Deodorization désodorisation.

Deoxidation désoxydation *f.*

Deoxidiser = **Deoxidizer**.

Deoxidizer désoxydant *m.*

Deoxy... désoxy...

Dependence assuétude *f.*, dépendance *f.*, relation de dépendance.

Dependence of A on B relation de dépendance entre A et B.

Dependency = **Dependence**.

Depend on (to ~) dépendre de.

Dephlegmator déflegmateur *m.*

Depilatory épilatoire *m.*, dépilatoire *m.*

Depleted appauvri *adj.*, épuisé *adj.*

Depletion appauvrissement *m.*, déplétion *f.* ; épuisement *m.*

Deposit boue *f.*, dépôt *m.*, sédiment *m.*

Deposition dépôt (*action de déposer*).

Deposit out se séparer en formant un dépôt.

Depot dépôt *m.*

Depot drug médicament retard.

Depot formulation formulation à effet retard, formulation retard.

Depressant dépresseur *m.*

Depression dépression *f.* ; abaissement *m.* (*point de fusion*).

Depressive dépressif *adj.*, dépresseur *adj.*

Depressor dépresseur *m.*

Derepression dérépression *f.*

Derivatis... = derivatiz...

Derivative dérivé *m.*

Derivative-type dérivé-type *m.*

Derivatizable susceptible de former des dérivés, réactif *adj.*

Derivatization (réaction *ou* procédé de) formation de dérivés.

Derivatize former un dérivé de.

Derivatized polymer polymère modifié (par), dérivé d'un polymère.

Derivatized with substitué par.

Derived dérivé *adj.*

Dermatologicals produits dermatologiques.

DES = Diethylstilbestrol.

Desalination désalinisation *f.*, dessalage m., dessalement *m.*

Desalted désalé *adj.*, désalifié *adj.*

Desalting déminéralisation *f.*, dessalage *m.*, dessalement *m.*

Descaling détartrage *m.*

Descending descendant *adj.* (*chromatographie, courbe*).

Desensitisation = Desensitization.

Desensitization désensibilisation *f.*

Desiccant desséchant *m.*, déshydratant *m.*, siccatif *m.*

Desiccation dessiccation *f.*, dessèchement *m.*

Desiccator dessiccateur *m.*

Design service service d'étude.

Design conception *f.*, configuration *f.* ; dessin *m.*, motif *m.*

Desintegrating agent délitant *m.*

Desirable activity activité recherchée.

Desirable property propriété attendue, propriété exigée.

Desirably avantageusement *adv.*, de préférence *adv.*

Desired amount quantité appropriée, quantité souhaitée.

Desired compound composé souhaité, composé attendu.

Desizing dégommant *adj.*

Desliming débourbage.

Desludging évacuation des boues.

Desquamation desquamation *f.*, exfoliation *f.*

Destain (to ~) décolorer.

Destaticizer déstatisant *m.*

Destroy (to ~) détruire.

Desulfuris... = Desulfuriz...

Desulfurization désulfuration *f.*

Desulphur... = Desulfur...

Detar (to ~) éliminer les goudrons, dégoudronner.

Detergent détergent *m.*, détersif *m.*

Detergent builder adjuvant de détergence.

Deteriorated altéré *adj.*

Deterioration dégradation *f.*, détérioration *f.*

Determinant déterminant *m.*

Determination détection *f.*, détermination *f.* ; dosage *m.* ; mesure *f.*

Deterrent dissuasif *adj.* ; frein *m.*

Detoxicant désintoxicant *m.*

Detoxication = **Detoxification**.

Detoxification décontamination *f.* ; désintoxication *f.* ; détoxication *f.*

Detrimental to (is ~) nuit à, est nuisible (*ou* préjudiciable) à.

Deuterated deutéré *adj.*

Deuteride deutér (i) ure *m.*

Deuterium deutérium *m.*

Develop a decomposition subir une décomposition.

Develop a method (to ~) élaborer un procédé, mettre au point un procédé.

Develop a phase constituer une phase, former une phase.

Develop a resistance (to ~) acquérir une résistance.

Develop a resistance to (to ~) devenir résistant à.

Developer développateur *m.* ; révélateur *m.*, système de développement.

Develop improved properties posséder des propriétés améliorées.

Develop in (a solvent) développer avec (un solvant) (*chromatographie*).

Developing agent développateur *m.* ; révélateur *m.*

Developing solution solution révélatrice.

Development développement ; mise au point *f.* (*cf.* « **Further development** »).

Development chromatography chromatographie par développement.

Device appareillage *m.*, dispositif *m.*

Devise a method concevoir un procédé, inventer un procédé.

Devolatilize chasser les matières volatiles.

Dewar flask dewar *m.*, vase de Dewar.

Dewar vessel = **Dewar flask**.

Dewater (to ~) déshydrater ; égoutter.

Dewaxing élimination des cires.

Dew curve courbe de rosée.

Dew point point de rosée.

Dew point line courbe du point de rosée.

DEX dexaméthasone *f.*

Dextran dextrane *m.*

Dextrin dextrine *f.*

Dextrorotatory dextrogyre *adj.*

Dextrose dextrose *m.*

DFDNB difluoro-1,5 dinitro-2,4 benzène.

DFMD difluorométhylDOPA.

DFMO difluorométhylornithine.

DGAVP desglycinamide-vasopressine.

DGBG bis (guanylhydrazone) du diméthylglyoxal.

dGTP triphosphate de désoxyguanosine.

DHA acide déshydroascorbique ; déshydroépiandrostérone ; dihydroxyacétone.

DHAP phosphate-3 de dihydroxyacétone.

DHBA acide dihydroxybenzoïque.

DHE dihydroergotamine.

DHEA déshydroépiandrostérone.

DHEC dihydroergocryptine.

DHFR dihydrofolate réductase.

DHT dihydrotestostérone.

Diacetyl diacétyle *m.*, butanedione-2,3.

Diagnosis diagnostic *m.*

Diagnostic diagnostique *adj.*

Diagnostically à titre diagnostique, pour le diagnostic.

Diagnostic kit trousse de diagnostic.

Diagnostics produits diagnostiques.

Diagnostic test épreuve diagnostique.

Diagram diagramme *m.*, schéma *m.*

Diagrammatic graphique *adj.*

Dial cadran *m.*

Dial feed alimentation à plateau tournant.

Dial feed press presse à barillet.

Dialysate dialysat *m.*

Dialysate fluid bain de dialyse.

Dialyser = Dialyzer.

Dialysis dialyse *f.*

Dialyzer dialyseur *m.*

Diameter diamètre *m.*

Diamine blue = Congo blue.

Diaphanous diaphane *adj.*, translucide *adj.*

Diaphoretic diaphorétique *adj.*, sudorifique *adj.*

Diaphragm cloison *f.*, diaphragme *m.*

Diastereoisomer diastéréoisomère *m.*

Diastereomer = Diastereoisomer.

Diatomaceous de diatomées, d'infusoires.

Diatomaceous earth terre de diatomées, kieselguhr *m.*

Diazo component composant diazo, composant diazotable.

Diazo compound composé diazo, diazoïque *m.*

Diazocompound = diazo compound.

Diazo mixture mélange de diazo.

Diazocoupling copulation diazoïque.

Diazonium compound composé diazonium.

Diazotis... = Diazotiz...

Diazotization diazotation *f.*

Dibasic acid diacide *m.*

Dibasic carboxylic acid acide dicarboxylique.

Dibenzil dibenzyle *m.*

Diblock copolymer copolymère dibloc, copolymère séquencé à deux blocs.

Dicarbonic acid acide dicarbonique, acide pyrocarbonique.

Dichloroethane dichloréthane *f.*

Dichroism dichroïsme *m.*

Dictated by régi par.

Dicysteine cystine *f.*

Dideoxynucleotide method méthode aux didésoxynucléotides (*détermination des bases d'ADN*).

Didymium didyme *m.*

Die filière *f.* ; matrice *f.*, poinçon *m.*

Die-casting coulage sous pression, moulage sous pression.

Die-cutting estampage *m.*

Diene diène *m.*

Diene synthesis synthèse diénique.

Dienophil diénophile *m.*, (*ou* philodiène *m.*).

Dienophilic diénophile *adj.*

Diet régime *m.*

Diet (to be on a ~) être au régime.

Dietary alimentaire *adj* ; diététique *adj.*, de régime.

Dietetic diététique *adj.*

Dietetics diététique *f.*

Diethylmalonylurea diéthylmalonylurée, barbital *m.*

Diethylstilbestrol diéthylstilboestrol *m.*

Diet pill anorexigène *m.*, coupe-faim *m.*

Differential différencié *adj* ; différentiel *adj.*

Differential release libération discontinue.

Differential scanning calorimeter analyseur thermique différentiel, calorimètre différentiel à balayage.

Differential scanning calorimetry analyse calorimétrique (*ou* enthalpique) différentielle *ou* ACD.

Differentiated différencié *adj.*

Diffraction chart = **Diffraction pattern.**

Diffraction grating réseau de diffraction.

Diffraction line raie de diffraction (*rayons X*).

Diffraction pattern diagramme de diffraction, spectre de diffraction.

Diffractometer diffractomètre *m.*

Diffusibility diffusibilité *f.*

Diffusion coefficient = **Partition coefficient.**

Digest (with) faire digérer (avec).

Digestant adjuvant de digestion, digestif *m.*

Digestion vessel digesteur *m.*, chambre (*ou* cuve) de digestion.

Digestion with digestion par.

Digestive tract tractus digestif.

Digestor autoclave *m.*, digesteur *m.*

Digit chiffre *m.*

Digital digital *adj.*, numérique *adj.*

Digital counting comptage numérique.

Digital display affichage digital, affichage numérique.

Digitalin digitaline *f.*

Digital indication = **Digital display.**

Digital input entrée numérique.

Digitoxigenin digitoxigénine *f.*

Digitoxin digitoxine *f.*

Diglyme diglyme *m.*

Digoxin digoxine *f.*

Dihydric alcohol dialcool *m.*, alcool dihydroxylé, diol *m.*

Dihydric phenol diphénol.

Dihydrofolliculin oestradiol *m.*

Diketene dicétène *m.*

Diketone dicétone *f.*

Dilation dilatation *f.*

Dilator dilatateur *m.*

Diluent diluant *m.*

Diluent solution solution dans un diluant.

Dilute dilué *adj.*, étendu *adj.*

Dilution serial gamme de dilution.

Dim mat *adj.*, terne *adj.*

Dimensional formulae équations aux dimensions.

Dinaphthyl dinaphtyle *m.*

Dioxan = **Dioxane.**

Dioxane dioxanne *m.*

Dioxide dioxyde *m.*

Dioxin dioxine *f.*

Dioxolane dioxolanne *m.*

Dip coating enrobage par immersion.

Diphenol diphénol *m.*

Diphenyl diphényle *m.*

Dipolar dipolaire *adj.*

Dipole moment moment dipolaire.

Dipping immersion *f.*

Dipping microscope microscope à immersion.

Dipping refractometer réfractomètre à immersion.

Dipping refractometry réfractométrie par immersion.

Dipsogenic dipsogène *adj.* (*suscitant la soif*).

Dipstick réglette-jauge *f.*

Diptube tube plongeur *m.*

Direct compacting compression directe.

Direct current courant continu.

Directed action action dirigée (*ou* ciblée *ou* orientée).

Directed against A (anticorps) anti-A, ayant pour cible A, dirigé contre A.

Directed to (is ~) (a) pour objet (*brevet, invention*).

Directed valence valence dirigée.

Directions for use mode d'emploi.

Direct red = Congo red.

Dis- dé-, dés-

Disaccharide disaccharide *m.*

Disadvantage désavantage *m.*, handicap *m.*, inconvénient *m.*

Disaggregation désagrégation *f.*

Disarrangement déréglage *m.*

Disarray désordre *m.*

Disassembly démontage *m.*

Disc disque *m.*

Discard (to ~) éliminer, rejeter.

Disc centrifuge centrifugeuse à plateaux.

Disc filter filtre disque.

Discharge décharge *f.*, libération *f.* ; perte de charge ; purge *f.*, vidange *f.*

Discharge cock robinet de purge.

Discharging hole bec *m.*, goulotte *f.*

Disclose (to ~) décrire, divulguer, faire état de (*brevets*).

Disclosure description *f.*, divulgation *f.*, exposé *m.* (brevets).

Discolo (u) ration décoloration *f.*

Disconnected débrayé *adj* ; déconnecté *adj.*, hors circuit.

Discontinous discontinu *adj.*

Discontinuation interruption *f.*

Discover (to ~) découvrir.

Discovery découverte *f.*

Discrepancy disparité *f.*, écart *m.*

Discrete discret *adj.*, discontinu *adj.* ; individuel *adj.*

Discrete analyzer analyseur (fonctionnant) en discontinu.

Discreteness individualité *f.* (*p. ex. de particules*).

Discrete particles particules séparées.

Discrete points points distincts (*ou* individuels *ou* séparés).

Discrete quantity quantité discrète.

Disease affection *f.*, maladie *f.*

Disease control lutte contre la maladie, maîtrise de la maladie.

Disease organism organisme pathogène.

Disengaged débrayé *adj.*, déconnecté *adj.*

Dish capsule *f.* ; plateau *m.*

Dish = Petri dish.

Disinfectant désinfectant *m.*

Disintegrant délitant *m.*, désintégrant *m.*

Disintegration délitement *m.*, désagrégation *f.*, désintégration *f.*, effritement *m.*

Disk disque *m.*

Disorder désordre *m.*, trouble *m.*

Disordered désordonné *adj.* (*mouvement, réseau*), en désordre.

Dispense a prescription exécuter une ordonnance.

Dispenser distributeur *m. ;* pharmacien *m.*

Dispensing délivrance *f.*, distribution *f. ;* préparation *f.* (pharmaceutique).

Dispensing container distributeur *m.*

Dispensing cup bac de distribution.

Dispensing machine distributeur *m.*, mélangeur-distributeur.

Dispensing means moyen de distribution.

Dispensing pharmacist pharmacien d'officine.

Dispersed phase = **disperse phase.**

Disperse medium milieu de dispersion.

Disperse phase phase dispersée.

Disperser unit disperseur *m.*

Disperse system système colloïdal.

Dispersible dispersable *adj.*

Dispersing dispersion *f.* (*action de disperser*), mise en dispersion.

Dispersion colloid colloïde de dispersion.

Displacement déplacement *m.*

Displacer déplaceur *m.*, organe de déplacement (*génie génétique*).

Display glass regard *m.*

Display unit dispositif d'affichage.

Disposable jetable *adj.*, à usage unique.

Disposable syringe ampoule-seringue *f.*

Disposal élimination *f.*, rejet *m.*

Disposed of détruit *adj. ;* éliminé *adj.*, rejeté *adj.*

Disproportionately disproportionnément *adv.*, d'une façon disproportionnée.

Disproportionation dismutation *f.*

Disruption dislocation *f. ;* lyse *f.*

Disruption of equilibrium rupture d'équilibre.

Dissociate (to ~) dissocier.

Dissolve dissoudre, faire dissoudre ; se dissoudre.

Dissolved dissous, dissoute *adj.*

Dissolvent dissolvant *m.*, solvant *m.*

Dissolve out (to ~) extraire (ou être extrait) par dissolution ; éliminer par dissolution.

Dissolver cuve de dissolution.

Dissolving dissolution *f.*

Dissolving intermediary adjuvant de solubilisation, solubilisant *m.*

Distant control télécontrôle *m.*

Distil... = **Distill...**

Distill (to ~) distiller.

Distillate distillat *m.*, produit de distillation.

Distillation distillation *f.*

Distillation cut coupe de distillation.

Distillation flask ballon de distillation.

Distill away = **Distill off.**

Distillers' solubles solubles de distillerie.

Distillery slops boues de distillation.

Distilling flask ballon à distiller, matras *m.*

Distilling kettle = **Distilling flask.**

Distilling off séparation par distillation.

Distill off chasser par distillation.

Distill out séparer par distillation.

Distorsion déformation *f.*

Distribution coefficient coefficient de partage.

Distribution-free test test non paramétrique.

Distribution test test de distribution.

Disulfide bond = **Disulfide bridge.**

Disulfide bridge pont disulfure.

Disulfiram disulfirame *m.*

Dithio-linked lié par un groupe dithio, lié par un pont disulfure.

DITP triphosphate de désoxyinosine.

Diuretic diurétique *m.*

Divalent alcohol alcool divalent, dialcool *m.*, diol *m.*

Divided divisé *adj.*, fractionné *adj.*

D loop bande de déplacement (*biologie moléculaire*).

DMAE diméthylaminoéthanol.

DMBA diméthyl-7,12 benz [a] anthracène.

DME diméthoxyéthane.

DMF diméthylformamide.

DMG N, N-diméthylglycine.

Dmin densité de réflexion minimale.

DMN (A) diméthylnitrosamine.

DMPEA diméthoxyphényléthylamine.

DMPP diméthylphénylpipérazine.

DMS = Dynamic mechanical spectrometry.

DMS sulfate de diméthyle.

DMSO diméthylsulfoxyde.

DMT diméthyltryptamine.

DNA ADN (acide désoxyribonucléique).

DNA fingerprint empreinte génétique.

DNA gap brèche dans l'ADN.

DNA-hybridization hybridation par ADN.

DNA ligase ADN ligase.

DNAP diméthylamino-4 pyridine.

DNA probe sonde d'ADN.

DNA repair réparation de l'ADN.

DNase désoxyribonucléase *f.*

DNA strand brin d'ADN, segment d'ADN.

DNA virus virus à ADN.

DNB dinitrobenzène.

DNC ADN/collodion/charbon.

DNCB dinitrochlorobenzène.

DNFB dinitrofluorobenzène.

DNP dinitrophénol.

DNR daunorubicine *f.*

DOC désoxycorticostérone.

DOCA acétate de désoxycorticostérone.

Doctor blade raclette *f.*, racloir *m.*

Doctor knife = Doctor blade.

Doctor roll cylindre doseur.

Document document *m.* ; faire état de.

Documented by confirmé par, étayé par.

Documented report rapport étayé, rapport informatif.

DOMA acide dihydroxymandélique.

Donator donneur *m.*

Donor = Donator.

DOPA dihydroxyphénylalanine.

DOPAC acide dihydroxy-3,4 phénylacétique.

Dopamine receptor récepteur dopaminergique.

DOPEG dihydroxyphénylglycol.

Doping dopage *m.*

DOPP acide dihydroxyphénylpyruvique.

DOPS dihydroxyphénylsérine.

Dosage posologie *f.*

Dosage form formulation *f.*, forme galénique, forme d'administration, présentation *f.*

Dosage meter dosimètre *m.*

Dosage rate débit de dose (*d'irradiation*).

Dosage regimen posologie *f.*

Dosage schedule schéma d'administration, schéma posologique.

Dosage strength dosage *m.*

Dose-dependent dépendant de la dose reçue, proportionnel à la dose administrée, fonction de la dose (*effet, etc.*).

Dose rate = **Dosage rate**.

Dose-related = **Dose-dependent**.

Dose-response curve courbe réponse, courbe dose-réponse.

Dose unit dose unitaire.

Dosing administration *f.* (*d'une dose*).

Dosing apparatus dispositif d'addition dosée.

Dot point *m.*

Dot-blot technique technique d'hybridation sur tache.

Dot gain augmentation de la coloration (*ou* de la tonalité).

Dotted line ligne pointillée, ligne en (trait) pointillé.

Dotted on déposé ponctuellement sur.

Double antibody method méthode à double anticorps.

Double beam spectrophotometer spectrophotomètre bifaisceau.

Double blind test épreuve en double aveugle (*ou* en double insu).

Double bond double liaison.

Double-chain à double chaîne, bicaténaire *adj.*

Double-concave biconcave *adj.*

Double decomposition dédoublement *m.*

Double-ended ampul ampoule à deux pointes.

Double force press presse à double piston.

Double-headed arrow flèche double (*mésomérie*).

Double helix double hélice (*acides nucléiques*).

Double motion agitator agitateur contrerotatif.

Double neck ampul = **Double-ended ampul**.

Double reciprocal plot représentation en double inverse.

Double-refracting biréfringent *adj.*

Double refraction index indice de biréfringence.

Double salt sel double.

Double-sided test test bilatéral.

Double-stranded RNA ARN bicaténaire.

Doublet doublet *m.* (*spectrométrie*).

Double-tailed test = **Two-tail test**.

Double-walled à double paroi.

Doubly bound fixé par une double liaison.

Dough pâte *f.*

Doughlike pâteux *adj.*

Dough mixer malaxeur *m.*, pétrisseuse *f.*

Doughy pâteux *adj.*

Down-blow water cooling refroidissement descendant par l'eau.

Downflow écoulement *m.*

Downslope pente descendante (*courbe*).

Downstream en aval.

Downstream sequence séquence d'aval (*biologie moléculaire*).

Downtime temps d'immobilisation.

Downward cooler réfrigérant descendant.

Downward flow flux descendant.

DPA dihydroxyprogestérone ; diphénylamine.

DPAT di-n-propylaminotétraline.

DPG diphosphoglycérate.

DPH diphénhydramine *f.*

DPN diphosphopyridine nucléotide.

DPNH DPN réduit.

Drag classifier classificateur à drague.

Dragee dragée *f.*

Dragee core noyau de dragée.

Dragee-making dragéification *f.*

Drag force force d'entraînement.

Dragon's blood sang-dragon *m.* (*résine*).

Drain conduit *m.*

Drain (to ~) essorer.

Drain through filtrer à travers, passer à travers, s'écouler à travers.

Drain-type filter filtre à drain.

Dramatic increase augmentation impressionnante (*ou* saisissante *ou* spectaculaire).

Drastically énormément *adv.* énergiquement *adv.*

Drastic conditions conditions draconiennes (*ou* énergiques *ou* rigoureuses).

Draught courant d'air *m.*

Draw (to ~) étirer ; tirer ; dessiner, tracer.

Draw apart (to ~) scinder.

Drawback désavantage *m.*, inconvénient *m.*

Drawdown abaissement de niveau (*réservoir*).

Drawing dessin *m.*, figure *f.*, schéma *m.*, tracé *m.*

Drawing press boudineuse *f.*

Dressing apprêt *m. ;* pansement *m.*

Dribble tomber goutte à goutte.

Dribbling égouttage *m.*, égouttement *m.*

Drier = **Dryer.**

Drink boire ; boisson *f.*

Drinkable potable *adj.*

Drinking water eau potable.

Drip égouttement *m. ;* goutte *f.*

Drip (to ~) goutter, tomber goutte à goutte.

Drip bottle flacon de goutte-à-goutte.

Drip catcher attrape-gouttes *m.*

Drip feeding goutte-à-goutte *m.*

Dripping ruissellement *m.*

Dripping point point de goutte.

Drip ring anneau pare-gouttes.

Drive entraînement *m.*, transmission *f.*

Drive away (to ~) chasser, entraîner.

Drive fluid fluide de poussée.

Driven actionné *adj.*, mû *adj.*

Drive off = **Drive away.**

Driving frequency fréquence d'attaque.

Driving mechanism mécanisme d'entraînement.

DRNDP diphosphate-3',5' de diribonucléoside.

Drop goutte *f. ;* abaissement *m.*, chute *f.*

Drop (to ~) goutter, tomber goutte à goutte.

Drop a drop faire tomber une goutte.

Drop analysis analyse à la touche, stilliréaction *f.*

Drop a perpendicular abaisser une perpendiculaire.

Drop by drop goutte-à-goutte.

Drop dispensing distribution au compte-gouttes, distribution goutte à goutte.

Drop dispensing phial flacon pour goutte-à-goutte, flacon compte-gouttes.

Dropper compte-gouttes *m.*

Dropping bottle flacon compte-gouttes, flacon doseur *m.*, stilligoutte *m.*

Dropping funnel ampoule à robinet, entonnoir à robinet.

Dropping glass = Dropping bottle.

Dropping mercury electrode électrode à gouttes de mercure.

Dropping of a drop chute d'une goutte.

Dropping point point de goutte, température de liquéfaction.

Dropping valve vanne de fond de cuve.

Drop point = Dropping point.

Drop reaction stilliréaction *f.*

Drop shaft gaine de descente.

Drop test essai à la goutte.

Dropwise goutte à goutte.

Drug drogue *f. ;* médicament *m.*

Drug abuse abus de médicaments, pharmacodépendance *f. ;* usage de substances toxiques.

Drug addiction assuétude *f.,* toxicomanie *f.*

Drug compounding élaboration de médicaments.

Drug delivery administration de médicaments, délivrance de médicament, libération de médicament.

Drug delivery apparatus appareil pour l'administration des médicaments.

Drug dependence pharmacodépendance *f. ;* toxicomanie *f.*

Drug design conception de médicaments.

Drug discrimination discrimination des médicaments.

Drug dispenser pharmacien *m.*

Drug dispensing délivrance de médicaments.

Drug-fast résistant aux médicaments.

Drug high euphorie (*ou* ivresse) médicamenteuse.

Drug-induced disease maladie (d'origine) médicamenteuse, maladie d'origine chimique, affection médicamenteuse.

Drug interference interférence médicamenteuse.

Drug labeling étiquetage des médicaments.

Drug latentiation action retard.

Drug mimicking imitation (des effets) d'un médicament.

Drug monitoring pharmacovigilance.

Drug of abuse drogue *f.,* stupéfiant *m.*

Drug surveillance pharmacovigilance *f.*

Drug targeting ciblage du médicament.

Drug time-course study cinétique du médicament.

Drug withdrawal désintoxication *f.*

Drum tambour *m.*

Drum chart recorder enregistreur à tambour, tambour enregistreur.

Drum dryer séchoir à cylindres.

Drum filter filtre à tambour.

Drum meter doseur à tambour.

Drumming mise en fût.

Drum mixer mélangeur à tambour.

Dry sec *adj.*

Dry (to ~) sécher.

Dry analysis analyse par voie sèche.

Dry blend mélange sec (*mélange obtenu*).

Dry blending mélange à sec (*opération effectuée*).

Dry cell battery pile sèche.

Dry coating enrobage à sec.

Dryer dessicateur *m.,* séchoir *m.*

Dry gel gel sec, xérogel *m.*

Dry ice carboglace *f.,* neige carbonique.

Drying cabinet étuve *f.*

Drying oil huile siccative.

Drying out dessèchement *m.*

Drying oven étuve *f.*

Drying property propriété siccative.

Drying stove = **Drying oven.**

Drying up assèchement *m.*, tarissage *m.*

Dry locker armoire de séchage.

Dry matter extrait sec.

Dry mixing mélange à sec.

Dry process procédé par voie sèche.

Dry solvent solvant anhydre.

Dry spinning filage à sec.

Dry weight poids à sec.

Dry weight capacity capacité à poids sec.

DSC = **Differential scanning calorimetry.**

DSCG chromoglycate disodique.

dsRNA = **Double-stranded RNA.**

DT désoxythymidine.

dt (= **Doublet triplet**) doublet de triplet (*spectrométrie*).

DTIC (diméthyl-3,3 triazényl-1)-5-1H-imidazolecarboxamide-4 (= dacarbazine *f.*).

DTT dithiothréitol *m.*

DU désoxyuridine.

Duct canal *m.*, canalisation *f.*, tube *m.*, vaisseau *m.*, voie *f.*

Dull-red heating chauffage au rouge sombre.

Dumb-bell orbital orbitale en forme d'haltère.

Dummy factice *adj.*, fantôme *m., adj.*

Dummy atom atome fantôme.

Dummy substituent substituant fantôme.

Dummy tablet comprimé factice.

Dumping décharge *f.*, évacuation *f.*

Duodenal autacoid sécrétine *f.*

Duplex double hélice, duplex (*ribonucléotides*).

Duplex DNA ADN bicaténaire.

Duplicate (to ~) doubler, réaliser en double

Duplicate (in ~) en double.

Duplicate tests essais doubles (essais effectués en double).

Durability durée de vie ; persistance *f.*, stabilité à long terme.

Durability of an effect durée d'un effet, persistance d'un effet.

Duration durée *f.*

Dust catcher = **Dust collector.**

Dust collector dépoussiéreur *m. ;* capteur de poussière.

Dusting formant poussière ; poudrage *m.*, saupoudrage *m.*

Dust-laying emulsion émulsion anti-poussière.

Dustlike impalpable *adj.*, pulvérulent *adj.*

Dust powder poudre à saupoudrer.

Dusty poudreux *adj.*, pulvérulent *adj.*

DVB divinylbenzène.

Dwell time temps de séjour.

DXTP triphosphate de désoxyxanthine.

Dyad chains enchaînements de dyade.

Dyad symmetry symétrie dyadique, symétrie par rapport à un point.

Dye teindre ; teinture *f.*, colorant *m.*

Dye bath bain de teinture.

Dye developer colorant développateur.

Dye-forming formateur de colorant, chromogène *adj.*

Dye formulation préparation tinctoriale.

Dye hue nuance *f.* (*couleur*).

Dyeing properties propriétés tinctoriales.

Dye liquor bain de teinture, solution tinctoriale.

Dye-providing fournisseur de colorant.

Dye strength force d'un colorant, pouvoir tinctorial.

Dyestuff colorant *m.*

Dynamic isomerism tautomérie *f.*

Dyno-mill Dyno-broyeur *m.*

Dysfunction déréglement *m.*, dysfonctionnement *m.*, mauvais fonctionnement.

Dysprosium dysprosium *m.*

E

E acide glutamique (*code à une lettre*).

EACA acide epsilon-aminocaproïque.

EAM endo-N-acétylmuramidase.

Earlier stage (at an ~) précédemment *adv.*, à un stade antérieur.

Early gene gène précoce.

Earth-nut oil huile d'arachide.

Ear-wax softener céruménolytique *m.*

EAU unité d'activité enzymatique.

EBP = Ethanol bubble point.

Ebullating bed lit bouillonnant.

Ebullient bouillonnant *adj.*, en ébullition.

Ecbolic ocytocique *m.*, *adj.*

ECD éthoxycoumarine déséthylase

ECF = Eosinophil chemotactic factor.

ECH chlorhydrine d'éthylèneglycol.

Eclipsed éclipsé, superposé, occulté (*conformation*).

Eclipsing éclipsage *m.*, occultation *f.*

Ecological niche niche écologique, biotope *m.*

Economically feasible économiquement viable.

Economics rentabilité *f.* (*d'un procédé*).

Eddy remous *m.*, tourbillon *m.*

Eddy current courant de Foucault.

Eddy diffusion diffusion tourbillonnaire.

Eddy flow courant tourbillonnant, écoulement turbulent.

Edetate édétate *m.* (*sel d'EDTA*).

Edetic acid acide édétique, acide éthylènediaminetétracetique.

Edge arête *f.*, bord *m.*

Edge filter filtre à arête.

Edge-ground à bord rodé.

Edge of a tablet bord d'un comprimé.

Edge runner mill broyeur à meules verticales.

Edgewise de champ.

Edible alimentaire *adj.*, consommable *adj.*, comestible *adj.*

Edible dye colorant alimentaire.

EDTA acide éthylènediaminetétraacétique.

Educt produit de départ.

Edulcorating agent édulcorant *m.*

EE = Epoxide equivalent.

EES éthylsuccinate d'érythromycine.

EEW = Epoxide equivalent weight.

Effect effet *m.*, influence *f.*

Effective effectif *adj* ; efficace *adj.*

Effective addition time moment efficace d'addition.

Effective amount proportion (*ou* quantité) efficace.

Effective dose dose active, dose efficace, dose utile.

Effective dosis = Effective dose.

Effectiveness efficacité *f.*

Effective peak number nombre effectif de pics (*chromatographie*).

Effective value valeur effective.

Effector effecteur *m.*

Effector functions fonctions effectrices.

Effector substance = **Effector.**

Effervesce (to ~) être (*ou* entrer) en effervescence.

Effervescent tablet comprimé effervescent.

Efficiency effet utile ; efficacité *f.*, performance *f.*, rendement *m.*

Efficient efficace *adj. ;* rentable *adj.*

Effloresce former une efflorescence.

Effluent qui se dégage, qui s'échappe ; effluent *m.*

Effluent from provenant de (*pour un gaz ou un liquide*).

Effluent splitter diviseur d'effluent (*à l'entrée d'un spectromètre de masse*).

Efflux dégagement *m. ;* écoulement *m.*

EGF = **Epidermal growth factor.**

Egg albumin ovalbumine *f.*

Egg lying hormone hormone de ponte.

Egg-shaped oviforme *adj.*, ovoïde *adj.*

Egg white = **Egg albumin.**

Egg white albumin = **Egg albumin.**

Egg yolk jaune d'œuf, vitellus *m.*

EGTA acide éthylèneglycoltétraacétique.

EHC éthylhydrocupréine *f.*, optochine *f.*

EHNA érythro-9 (hydroxy-3 nonyl)-2 adénine.

EIA = **Enzyme immunoassay.**

Eight-membered ring cycle à huit chaînons, cyle octogonal.

Ejection plunger piston éjecteur.

Ejector éjecteur *m.*

Ejector = **Jet pump.**

Elaidic élaïdique *adj.*

Elaidin élaïdine *f.*

Elapsed écoulé *adj.* (*temps*).

Elasticity élasticité *f.*

Elastic precoating gommage *m.* (*dragées*).

Elastin élastine *f.*

Elastomer élastomère *m.*

Elbow coude *m.*

Elbow joint joint articulé, joint à genou, raccord coudé.

Electric électrique *adj.*

Electrical = **Electric.**

Electrical attraction attraction électrique.

Electrochemical électrochimique *adj.*

Electrochemistry électrochimie *f.*

Electrode électrode *f.*

Electrodeposition dépôt électrolytique.

Electrodialysis électrodialyse *f.*

Electrolyser = **Electrolyzer.**

Electrolysis électrolyse *f.*

Electrolyte pattern ionogramme *m.*

Electrolytic conductivity detector détecteur à conductivité électrolytique.

Electrolytic oxidation oxydation électrolytique.

Electrolyzer électrolyseur *m.*

Electromagnet électroaimant *m.*

Electromagnetic électromagnétique *adj.*

Electromotive électromoteur *adj.*

Electron électron *m.*

Electron acceptor accepteur d'électrons.

Electron-attracting électroattractif *adj.*, qui capte les électrons, électrophile *adj.*, électronégatif *adj.*

Electron beam faisceau d'électrons.

Electron capture detector détecteur à capture électronique.

Electron cloud nuage électronique.

Electron deficiency déficit électronique.

Electron-dense opaque aux électrons.

Electron density densité d'électrons.

Electron donating compound composé donneur d'électrons.

Electron donor donneur d'électrons.

Electron gun canon à électrons.

Electronic électronique *adj.*

Electronics électronique *f.*

Electron microscope microscope électronique.

Electron mobility detector détecteur par mobilité d'électrons.

Electron pair paire d'électrons.

Electron pairing appariement d'électrons.

Electron probe sonde électronique.

Electron-releasing électrorépulsif *adj.*

Electron-repelling = **Electron-releasing**.

Electron-repulsive = **Electron-releasing**.

Electron-seeking électrophile *adj.*

Electron sheath enveloppe électronique.

Electron shell couche électronique.

Electron-withdrawing attracteur d'électrons, électroattractif *adj.*, électronégatif *adj.*

Electrophilic électrophile *adj.*

Electrophoresis électrophorèse *f.*

Electrophoretic pattern = **Electrophoretogram**.

Electrophoretogram électrophorégramme *m.*, profil électrophorétique.

Electrophorous électrophore *adj.*

Electrophorus électrophore *m.*

Electrostatic électrostatique *m.*

Electrostatic precipitation dépoussiérage *m.* (*ou* précipitation) électrostatique.

Electrowinning obtention par électrolyse.

Electuary électuaire *m.*

Element élément *m.* (*en général*).

Elemental analysis analyse (chimique) élémentaire.

Elemental analytical values résultats de l'analyse élémentaire.

Elemental sulfur soufre élémentaire.

Elementary analysis analyse élémentaire.

Elementary body corps simple.

Elementary particle particule élémentaire.

Elevation side view élévation latérale.

Elevation view coupe longitudinale, élévation *f.*

ELH = **Egg lying hormone**.

ELISA = **Enzyme linked immunosorbent assay**.

Elixir élixir *m.*

Ellagic ellagique *adj.*

Ellagitannic acid acide ellagotannique.

Ellagitannin = **Ellagitannic acid**.

Elongation allongement *m.*

Eluate éluat *m.*

Eluate factor pyridoxine *f.*

Eluent éluant *m.*

Eluotropic series échelle éluotropique, série éluotrope.

Elute (to ~) éluer.

Elute away (to ~) être entraîné par élution.

Eluting solvent éluant *m.*

Elution counts tops d'élution
(*1 top = 5 ml*).

Elution pattern diagramme d'élution,
chromatogramme *m.*

Elution solvent éluant *m.*

Elutriation élutriation *f.*, séparation par
décantation.

Embalming embaumement *m.*, naturali-
sation *f.*

Embed inclure (*dans*), noyer (*dans*),
imprégner (*de*).

Embedding enrobage *m. ;* incorporation *f.*

Embodiment forme *(ou* mode) de réalisation (*d'une invention*) (*brevets*).

Embody (to ~) contenir ; incorporer ;
mettre en application, réaliser.

Embossing gaufrage *m.*, estampage *m.*

Embrittlement fragilisation *f.*

Embryo embryon *m.*

Emerald green vert d'émeraude.

Emergency danger *m. ;* urgence *f. ;* de
secours, d'urgence.

Emergency cooling refroidissement de
secours.

Emergency situation situation critique,
situation d'urgence.

Emergency valve soupape de sûreté.

Emery émeri *m.*

Emetic émétique, émétisant, vomitif *m., adj.*

Emission spectrum spectre d'émission.

Emitter émetteur *m.*

Emollient plastifiant *m.*

Empirical empirique *adj.*

Empirical formula formule brute.

Empty (to ~) vidanger, vider.

Emptying vidange *f.*

Emptying tap robinet de purge, robinet
de vidange.

Empyreumatic empyreumatique *adj.*
(*odeur*).

Emulsification émulsionnement *m.*, mise
en émulsion.

Emulsified émulsionné *adj.*

Emulsifier émulsifiant *m.*, émulsionnant *m.*

Emulsify (to ~) émulsionner.

Emulsifying = **emulsification**.

Emulsifying agent agent émulsionnant,
émulsifiant *m.*

Emulsifying liquid liquide émulsionnant.

Emulsifying power pouvoir émulsifiant
(*ou* émulsionnant**).**

Emulsion émulsion *f.*

Emulsion breaker casseur d'émulsion.

Emulsion breaking rupture d'émulsion.

Emulsion stopper = **Emulsion breaker**.

Emulsoid émulsoïde *m.*

Enamel émail *m.*

Enamelled émaillé *adj.*

Enanthic énanthique *adj.*

Enanthic acid acide énanthique, acide
heptanoïque.

Enanthylic acid = **Enanthic acid**.

Enantiomer énantiomère *m.*

Enantiomorph énantiomorphe *m.*, énantiomère *m.*

Enantiomorphic énantiomorphe *adj.*

Enantiomorphous = **Enantiomorphic**.

Enantiotropic énantiotrope *adj.*

Encaged en cage, de type cage, d'insertion.

Encapsidation encapsidation *f.*

Encapsulate (to ~) encapsuler.

Encapsulated encapsulé *adj.*

Encapsulating compound matériau
d'encapsulation, matériau d'enrobage.

Encapsulating machine encapsuleuse *f.*

Encapsulation encapsulage *m.*

Enclosing marks crochets et parenthèses (*en nomenclature chimique*).

Enclosure enceinte *f.*

Encode (to ~) coder.

End bout *m.*, extrémité *f.* ; final *adj.*, terminal *adj.*

Endcapped coiffé aux extrémités (*polymère*).

Endcapping coiffage terminal (*polymères*).

End filled comblé *adj.*, complété *adj.* (*biologie moléculaire*).

End group groupe terminal.

Endless conveyor = Conveyor belt.

Endocrinal endocrinien *adj.*

Endocyclic endocyclique *adj.*

Endonuclease endonucléase *f.*

Endorphin endorphine *f.*

Endothermic endothermique *adj.*

Endotoxin endotoxine *f.*

End-over-end rotation mouvement de bascule.

End point point final, virage *m.*

End product produit final, produit d'arrivée.

End view vue en bout.

Enema lavement *m.*

Energetic énergétique *adj.*, énergique *adj.*

Energy balance bilan énergétique.

Energy content valeur énergétique.

Energy efficiency rendement énergétique.

Engage (to ~) embrayer, engrener.

Engine moteur *m.*

Engineer ingénieur *m.*

Engineered manipulé *adj.* (*génie génétique*).

Engineering ingéniérie *f.*, génie *m.*, technologie *f.*

Engrave (to ~) graver.

Enhancement augmentation *f.*, renforcement *m.*, exaltation *f.* (*p. ex. de la fluorescence*).

Enhancer activateur *m.*, stimulateur *m.* ; séquence activatrice (*acides nucléiques*).

Enhancing activant *adj.*, exaltant *adj.*, stimulant *adj.*

Enhancing agent agent exaltateur (du goût), agent stimulant.

Enjoy a lower viscosity avoir (*ou* présenter *ou* bénéficier d') une viscosité plus faible.

Enkephalin encéphaline *f.*

Enriched in enrichi en.

Enrichment enrichissement *m.*

Entanglement of chains enchevêtrement des chaînes.

Enteral entérique *adj.*

Enteramine sérotonine *f.*

Enteric coated à enrobage entérique.

Enteric coating enrobage entérique.

Enteric pill pilule (*à enrobage*) entérique.

Enthalpy enthalpie *f.*

Entomolin chitine *f.*

Entrap (to ~) emprisonner, inclure, piéger

Entrapment piégeage *m.*

Entrapped en inclusion

Entropy entropie *f.*

Envelope protein protéine enveloppe.

Environment environnement *m.*, milieu *m.*, secteur ambiant.

Environmental de l'environnement, écologique *adj.*

Environmental conditions conditions ambiantes.

Environmentalist écologiste *m.*

Environmental reasons raisons écologiques.

Environmental science écologie *f.*

Enzyme enzyme *f.*

Enzyme activity unit unité d'activité enzymatique.

Enzyme carrier substrat enzymatique.

Enzyme code code des enzymes, code enzymatique.

Enzyme engineering génie enzymatique.

Enzyme immunoassay dosage (*ou* méthode) immunoenzymatique.

Enzyme kinetics cinétique enzymatique.

Enzyme labeling marquage enzymatique.

Enzyme linked immunosorbent immunosorbant à enzyme fixée.

Enzyme linked immunosorbent assay dosage par immunosorbant lié à une enzyme, essai ELISA.

Enzyme marker marqueur enzymatique.

Enzyme restriction restriction enzymatique.

Enzyme substrate solution solution de substrat enzymatique.

Enzymic enzymatique *adj.*

Eosinophil chemotactic factor facteur chimiotactique éosinophile.

Ephedrine éphédrine *f.*

Epichlorhydrin épichlorhydrine *f.*

Epidermal épidermique *adj.*

Epidermal growth factor facteur de croissance épidermique.

Epihalohydrin épihalohydrine *f.*

Epimer épimère *m.*

Epinephrine épinéphrine *f.*, adrénaline *f.*

Episome épisome *m.*

Epitope épitope *m.*, déterminant antigénique.

EPN = Effective peak number.

Epoxide époxyde *m.*

Epoxide equivalent équivalent époxyde.

Epoxide equivalent weight poids d'équivalent époxyde.

Epoxies résines époxy.

Epoxy equivalent équivalent époxyde.

Epsom salt sulfate de magnésium.

EPSP phosphate d'énolpyruvylshikimate.

Equal (to ~) égaler.

Equal (all other things being ~) toutes choses égales d'ailleurs.

Equal to égal à.

Equate (to ~) mettre en équation ; rattacher à.

Equate with poser égal à.

Equilenin équilénine *f.*

Equilibration équilibrage *m.*

Equilibrium équilibre *m.*

Equilibrium mixture mélange à l'équilibre.

Equilibrium state état d'équilibre.

Equilin équiline *f.*

Equimolar équimolaire *adj.*

Equimolecular équimoléculaire *adj.*

Equipment dispositif *m.*, équipement *m.*, installation *f.*

Equipotential équipotentiel *adj.*

Equivalent point point équivalent, point d'équivalence.

Equivalent ratio rapport en équivalents.

Equivalent weight poids équivalent.

Erbium erbium *m.*

Ergocalciferol ergocalciférol, vitamine D_2.

Ergot alkaloids alcaloïdes de l'ergot (*de seigle*).

Erlenmeyer flask (fiole d') Erlenmeyer, ballon à fond plat.

EROD éthoxyrésorufine O-déséthylase

Erratic results résultats inégaux (*ou* irréguliers *ou* variables).

Error erreur *f.*

Erythraric mésotartrique *adj.*

Erythrin érythrine *f.*

Erythropsin érythropsine *f.*, pourpre rétinien.

Erythrosin érythrosine *f.*

Escalating dosage posologie échelonnée.

Escape trap soupape de sûreté.

Escape valve = **Escape trap**.

Esculetin esculétine *f.*

Esculin esculine *f.*

Essence essence *f.*, extrait *m.*, huile essentielle.

Essential amino acid acide aminé essentiel, acide aminé indispensable.

Essential fatty acids acides gras essentiels.

Essentially en substance.

Essential oil huile essentielle.

Ester ester *m.*

Ester exchange reaction transestérification *f.*

Esterification estérification *f.*

Esterify (to ~) estérifier.

Ester interchange transestérification *f.*

Ester number indice d'estérification.

Estr... oestr...

Estradiol oestradiol *m.*

Estriol oestriol *m.*

Estrogen oestrogène *m.*

Estrogenic oestrogène *adj.*

Estrogenous = **Estrogenic**.

Estrone oestrone *f.*, folliculine *f.*

Etch (to ~) corroder, décaper.

Etched gravée (*graduation*).

Etched line repère gravé, marquage *m.*

Etching décapage *m.*

Ethanoic éthanoïque, acétique *adj.*

Ethanolysis éthanolyse *f.*

Ethene éthène *m.*, éthylène *m.*

Ether éther ordinaire *m.* ; éther (*fonction*).

Etherated boron trifluoride éthérate de trifluorure de bore.

Ethereal éthéré *adj.*, volatil *adj.*

Ethereal layer phase éthérée.

Ethereal oil huile essentielle.

Ethereal salt ester *m.*

Ethereal solvent solvant éthéré, solvant à fonction éther.

Ethicals médicaments sur ordonnance, médicaments sur prescription.

Ethide éthylure *m.*

Ethiodide iodoéthylate *m.*

Ethoxide éthylate *m.*

Ethyl éthyl (*nom.*) ; éthyle *m.*

Ethyl acetate acétate d'éthyle.

Ethyl alcohol alcool éthylique, éthanol *m.*

Ethylate éthylate *m.*

Ethylate (to ~) éthyler.

Ethyl cellulose éthylcellulose *f.*

Ethyleneurea imidazolidone *f.*

Ethylenic éthylénique *adj.*

Ethylenimine aziridine *f.*

Ethylic éthylique *adj.*

Ethyl oxide oxyde d'éthyle, éther ordinaire, éther des pharmaciens.

Ethylparaben p-hydroxybenzoate d'éthyle.

ETK érythrocyte transcétolase.

ETO sterilisation stérilisation par l'oxyde d'éthylène.

ETYA acide eicosatétraynoïque.

Eudiometer eudiomètre *m.*

Eugenic acid eugénol *m.*

Eugenin eugénine *f.*

Euglobulin euglobine *f.*

Eukaryotic eucaryote *adj.*, nucléé *adj.*

Euphoristic euphorisant *m., adj.*

Euriopium europium *m.*

Eutectic eutectique *adj.*

Eutectic point eutectique *m.*

Evacuate faire le vide.

Evacuation mise sous vide.

Evaporate (to ~) évaporer, faire évaporer ; s'évaporer.

Evaporating dish capsule d'évaporation.

Even pair *adj.* ; plan *adj.* (*cycle*), plat *adj.*, uni *adj.*

Even number nombre pair.

Even-numbered (*de rang*) pair.

Evidence (to ~) apporter la preuve de, mettre en évidence ; être le signe de.

Evidently show (to ~) montrer à l'évidence, prouver.

Evolution développement *m.*, évolution *f.* ; dégagement *m.* (*chaleur, gaz*).

Evolve (to ~) dégager (*chaleur, gaz*) ; se dégager (*chaleur, gaz*) ; développer ; se développer, évoluer.

EWA = Egg-white albumin.

Examine for (to ~) évaluer, examiner pour déceler.

Exceed the prescribed dosage dépasser la dose prescrite.

Except for mixing à la différence près que l'on mélange, sauf que l'on mélange.

Excessive amount of excès de.

Excessive pressure surpression *f.*

Excess of (is in ~) dépasse, est supérieur à.

Excess of material excédent de matière.

Excess of pressure surpression *f.*

Exchange échange *m.* ; rechange *m.*

Exchange column colonne échangeuse.

Exchange piece pièce de rechange, pièce détachée.

Exchanger échangeur *m.*

Exchange reaction réaction d'échange.

Exchange resin résine échangeuse (*d'ions*).

Excited atom atome excité.

Exclusion chromatography = Gel permeation chromatography.

Exclusion limit limite de porosité (*d'un gel, en chromatographie*).

Excreta excréments *m., pl.,* faeces *f., pl.*

Excretion excrétion *f.* ; sécrétion *f.*

Exemplary of typique de.

Exemplary tests exemples d'essais.

Exemplified by illustré par.

Exfoliation exfoliation *f.* (*plante*) ; desquamation *f.* (*peau*).

Exhalation exhalaison *f.* ; exhalation *f.*

Exhaust (to ~) épuiser ; évacuer ; s'échapper (*gaz*).

Exhausted vide d'air.

Exhausted substance substance rejetée, rejet de substance.

Exhauster évacuateur *m.*

Exhaust gaz d'échappement, gaz d'évacuation.

Exhaustion épuisement *m. ;* échappement *m.,* évacuation *f. ;* fixation *f.* (*colorant*).

Exhaustive extraction extraction à épuisement.

Exhaustive methylation méthylation totale.

Exhaustive study étude approfondie (*ou* complète).

Exhaust pump pompe aspirante.

Exhaust system système d'aspiration, système d'évacuation.

Exhibit properties manifester (*ou* révéler) des propriétés.

Exit sortie *f.* (*d'un appareil*).

Exon shuffling redistribution des exons.

Exonuclease exonucléase *f.*

Exothermic exothermique *adj.*

Exotherm temperature température atteinte par réaction exothermique.

Exotherm to atteindre (*une température*) par dégagement de chaleur.

Exotoxin exotoxine *f.*

Expandable dilatable *adj.,* expansible *adj.,* extensible *adj.*

Expanded dilaté *adj ;* expansé *adj.*

Expanded polystyrene polystyrène expansé.

Expander extenseur *m.,* rouleau d'étalement.

Expanding valve soupape de retenue.

Expand particles provoquer l'expansion de particules.

Expansible dilatable *adj.*

Expansion dilatation *f.,* expansion *f.*

Expansive dilatable *adj.*

Expansive power capacité d'expansion, pouvoir expansif.

Expectancy espérance (mathématique) *f.,* probabilité *f.*

Expected (as ~) comme prévu.

Expected survival probabilité de survie.

Expediency (by ~) pour des raisons de commodité.

Expel (to ~) expulser.

Expenditure of energy dépense d'énergie.

Experience expérience *f.,* pratique *f.*

Experience conditions (to ~) être soumis à des conditions.

Experience difficulties éprouver des difficultés.

Experienced in the latest techniques rompu aux techniques les plus récentes.

Experiment essai *m.,* étude *f.,* expérience *f.*

Experimental plant usine pilote.

Experimental procedure mode opératoire

Explode (to ~) exploser, faire explosion.

Exploded view vue éclatée (*dessin*).

Exploited mis à profit.

Explosive explosif *m., adj.*

Explosive mixture mélange explosif, mélange tonnant.

Exponent exposant *m.* (*mathématiques*).

Exposure exposition *f.* (*à une radiation, par ex.*).

Exposure time temps de pose.

Expression expression *f.,* décodage *m.* (*ADN*).

Exsiccation dessication *f.*

Exsudate exsudat *m.*

Extemporaneous simultané *adj.*

Extend backwards se prolonger en arrière (*du plan*).

Extended epoxy resin = **Advanced epoxy resin.**

Extended washing lavage prolongé.

Extender agent de développement (*résine époxy*).

Extend forwards se prolonger en avant (*du plan*).

Extensive list liste exhaustive.

Extensively de multiples façons.

Extent of formation taux de formation.

Extent of substitution taux de substitution.

External absorption absorption *f.*

External phase milieu de dispersion, phase dispersante.

Extinguishing extinguibilité *f.*

Extracellular toxin exotoxine *f.*

Extract extrait *m.* ; extraire.

Extractable matter matière extractible.

Extract a mixture (to ~) soumettre un mélange à une extraction.

Extracted extrait *adj.*, épuisé *adj.*

Extracted water eau soumise à extraction.

Extraction procedure procédé d'extraction.

Extractor extracteur *m.*

Extract stream courant d'extrait.

Extrude (to ~) extruder ; faire sortir.

Extruding étirage *m.*, extrusion *f.* ; boudinage *m.*

Exudation exsudation *f.*, suintement *m.*

Eye œil *m.*, œillet *m.*, ouverture *f.*

Eyeboard plaque perforée.

Eye drops collyre *m.*

Eyehole regard *m.*

Eye-irritant lacrymogène *adj.*

Eyelet œillet *m.*

Eyeliner fard à paupières.

Eyepiece oculaire *m.*, œilleton *m.*

Eyewash collyre *m.*

F phénylalanine *f.* (*code à une lettre*).

Fab = Antigen binding fragment.

Fabric produit manufacturé ; tissu *m.*

Fabrication line chaîne de production.

FAC fluoro-5 uracile/adriamycine/cyclophosphamide.

Facilities installation *f.* (*industrielle*).

Factor agent *m.*, facteur *m.*

Factorial factorielle *f.*

Factory usine *f.*

FAD flavine-adénine dinucléotide.

Faded décoloré *adj.*, défraîchi *adj.*, passé *adj.*

FADH FAD réduit.

Fading décoloration *f.*

Fail inacceptable *adj.*, mauvais *adj.* (pour un résultat).

Failed défectueux *adj.*, faux *adj.*, mauvais *adj.*

Failing grade qualité défectueuse.

Fail-proof indéréglable *adj.*

Fail-safe = Fall-proof.

Failure défaillance *f.*, défaut *m.* ; échec *m.* ; panne *f.* ; insuffisance *f.*

Failure of défaut de, faute de, non-observation de, non-

Failure to observe conditions non-observation de conditions.

Faintly odorous vaguement odorant, d'odeur à peine discernable.

Faint odor vague odeur.

Faints queues (*de distillation*) *f., pl.*, repasse *f.*

Fairly pure assez pur.

Fallback retombée *f.*

Fall in a range s'inscrire dans un intervalle (*de mesures, de valeurs*).

Falling cut off seuil d'arrêt décroissant.

Falling film evaporator évaporateur à flux descendant.

Fallout = Fallback.

False arrangement fausse ordonnance (*réseau cristallin*).

False body thixotropie *f.*

False positive faussement positif (*réaction, résultat*).

FAM fluoro-5 uracile/adriamycine/mitomycine C.

FAME fluoro-5 uracile/adriamycine/ MeCCNU.

Fan ventilateur *m.*

Fan-shaped en éventail.

Farinaceous farineux *adj.*

Far infrared infrarouge lointain, IR de grande longueur d'onde.

Farnesol farnésol *m.*

Far ultraviolet ultraviolet lointain, UV de courte longueur d'onde.

Fast résistant *adj.*, stable *adj.* (*couleur*) ; rapide *adj.*

Fastener agrafe *f.*, attache *f.*, fermoir *m.*, fermeture *f.*

Fastness solidité *f.* (*couleur*), stabilité *f.*, rapidité *f.*

Fast release (drug) (*médicament*) à libération rapide.

Fast-setting glue colle à durcissement rapide.

Fast solvent solvant (facilement) volatil, solvant à bas point d'ébullition.

Fat graisse *f.*

Fate sort *m.* (*d'un médicament dans l'organisme*).

Fat fraction teneur en matières grasses.

Fatigue toxin kénotoxine *f.*

Fat-soluble liposoluble *adj.*

Fat-splitting enzyme lipase *f.*

Fatty graisseux *adj.*, gras *adj.*

Fatty acid acide gras.

Fatty-aromatic arylaliphatique *adj.*

Fatty oil huile fixe, huile grasse.

Fatty series série grasse.

Faucet bonde *f.*, robinet *m.*

Faulty défectueux *adj.*

FDA diacétate de fluorescéine.

FDNB fluoro-1 dinitro-2,4 benzène.

FDP diphosphate-1,6 de fructose.

Feasibility faisabilité *f.*, possibilité de mise en œuvre, possibilité de réalisation, praticabilité *f.*, réalisation pratique.

Feasible rate (at a ~) d'une façon satisfaisante.

Feasible technique technique acceptable.

Feathery pailleté *adj.* (*cristaux, précipité*).

Feature caractéristique *f.*, particularité *f.*

Feature article article de fond (*bibliographie*).

FEC fluoro-5 uracile/épirubicine/cyclophosphamide.

Feed alimentation *f.*, charge *f.*, chargement *m.*

Feed (to ~) alimenter, fournir.

Feed a liquid (to ~) amener un liquide, introduire un liquide.

Feed along a path (to ~) acheminer (*p. ex. un produit dans une chaîne de fabrication*).

Feedback rétroaction *f.*

Feedback control rétrorégulation *f.*

Feedback inhibition rétroinhibition *f.* (*biochimie*).

Feed container bac (*ou* cuve) d'alimentation.

Feed cup sabot d'alimentation.

Feeder dispositif d'alimentation, distributeur *m.*, chargeur *m.*

Feeding alimentation *f.*

Feeding line dispositif d'alimentation.

Feeding rate débit d'alimentation.

Feed mixer préparateur de mélanges alimentaires.

Feed mixture mélange d'alimentation, mélange de charge.

Feedshoe sabot distributeur (*fabrication des comprimés*).

Feedstock charge *f.*, matière première.

Feed stream courant d'alimentation.

Feed tank bac d'alimentation.

Feed throat goulotte d'alimentation.

Feeler palpeur *m.*, sonde *f.*

Fehling'solution liqueur de Fehling.

Felt feutre *m.*, en feutre.

Female hormones hormones (sexuelles) femelles, oestrogènes *m., pl.*

Ferment ferment *m.*

Ferment (to ~) fermenter, travailler (*vin*) ; faire fermenter.

Fermentate produit de fermentation.

Fermenter fermenteur *m.*

Ferment of Rennet rennine *f.*

Ferricyanide ferricyanure *m.*

Ferrocyanide ferrocyanure *m.*

Ferrosoferric oxide oxyde ferrosoferrique, oxyde salin de fer, oxyde magnétique, magnétite *f* (Fe_3O_4).

Ferrous ferreux *adj.*

Ferruginous ferrugineux *adj.*

Fertile isotope isotope fécond.

Fertiliser = Fertilizer.

Fertility agent stimulant de la fécondation.

Fertilizer engrais *m.*

Festoon dryer séchoir à plis, séchoir à guirlandes.

Fetoprotein foetoprotéine *f.*

Feverfew oil essence de matricaire.

FIAC fluoro-2'désoxy-2'iodo-5 arabinoside C, fluoro-2 iodo-5 aracytosine.

FIAU fluoro-2'désoxy-2'iodo-5 arabinoside U.

Fiber brin *m.*, fibre *f.*, filament *m.*

Fiber-forming fibrogène.

Fiberglass fibre de verre.

Fibre = Fiber.

Fibrillary fibrillaire *adj.*

Fibrin fibrine *f.*

Fibrinogen fibrinogène *m.*

Fibrin-stabilizing factor facteur stabilisant de la fibrine, facteur XIII.

Fibrogen fibrogène *adj.*

Fibroin fibroïne *f.*

Fibrous fibreux *adj.*

Fictitious fictif *adj.*

Fictitiousness caractère fictif.

Field champ *m.*

Field of art domaine technique.

Field test essai réel, essai dans les conditions réelles.

Field trial = Field test.

Figure chiffre *m.*

Filamentous filamenteux *adj*, filamentaire *adj.*

File fichier *m.* ; lime *f.* ; déposer (*une demande de brevet*).

Filing dépôt *m.* (*de demande de brevet*).

Filings limaille *f.*

Fill (to ~) remplir.

Filled with chargé de, rempli de.

Filler charge *f.*

Filling garnissage *m.*, remplissage *m.*

Film couche mince, film *m.*, pellicule *f.*

Film coated tablet comprimé pelliculé.

Filmcoating enrobage *m.*

Film former agent filmogène.

Filming formation d'un film, « filmage » *m.*

Filter filtre *m.* ; filtrer (*un liquide*) ; séparer par filtration, recueillir par filtration (*un solide*).

Filterability filtrabilité *f.*

Filterable filtrable *adj.*

Filterable virus virus filtrant.

Filter cake gâteau *m.*, tourteau *m.* (*de filtration*).

Filter candle chandelle filtrante.

Filter funnel entonnoir filtrant.

Filter hybridization hybridation sur filtre.

Filtering filtration *f.*

Filtering candle = **Filter candle**.

Filtering funnel entonnoir de Büchner.

Filtering jar fiole à vide.

Filtering layer couche filtrante.

Filtering plane surface filtrante.

Filtering press filtre-presse *m.*

Filtering pump trompe à eau.

Filter layer = **Filtering layer**.

Filter off isoler par filtration, séparer par filtration.

Filter paper papier filtre.

Filter screen tamis filtrant, filtre-tamis *m.*

Filter syringe seringue filtrante.

Filter trap fiole à vide.

Filtrable filtrable *adj.*

Filtration cake gâteau de filtration.

Finding fait *m.*, observation *f.*, résultat *m.*

Fine fin *adj.*

Fine matter fines *f., pl.*

Fine-meshed à mailles fines.

Finger doigt *m.*, mâchoire *f.*

Fingertip dispenser distributeur presse-bouton.

Fining affinage *m.*

FIR = **Far infrared**.

Firebrick brique réfractaire (*support chromatographique p. ex.*).

Fire-fighting lutte contre l'incendie.

Fire-proof = **Fireproof**.

Fireproof ignifugé *adj.*, à l'épreuve du feu.

Fireproofing ignifugation *f.*

Fireproofing agent ignifugeant *m.*

Fire-resistant ignifugé *adj.*

Fire retardant agent ignifuge *m.*, ignifugeant *m.*

Fir needle oil essence de pin sylvestre.

First-aid kit trousse de première urgence.

First-order reaction réaction du premier ordre.

Fish oil huile de poisson.

Fish-tail blower bec à fente.

Fish venom ichtyotoxine *f.*

Fit calage *m.* (*d'une courbe*).

FITC isothiocyanate de fluorescéine.

Fitment installation *f.*, montage *m.*, support *m.*

Fitness adaptation *f.*

Fitted with équipé de.

Fitting ajustage *m.*, ajustement *m* ; armature *f.*, garniture *f.*

Five-membered ring cycle pentagonal.

Fixed oil huile fixe, huile grasse.

Fixturing agencement *m.*, montage *m.*

Fizzy effervescent *adj.*, gazeux *adj.*

Flagpole en mât (*conformation*).

Flake écaille *f.* ; flocon *m.*

Flaky floconneux *adj.*, en paillettes

Flame flamme *f.*

Flame emission detector détecteur à émission de flamme.

Flame ionisation detector détecteur à ionisation de flammme.

Flame photometer photomètre de flamme.

Flame photometric detector détecteur à photométrie de flammme.

Flame retardant retardateur d'inflammation.

Flame thermocouple detector détecteur à flamme d'hydrogène.

Flame trap piège à flamme.

Flange ailette *f.* ; bride *f.*, collerette *f.*

Flanging press presse à emboutir.

Flanking regions régions adjacentes.

Flap clapet *m.*, volet *m.*

Flap valve soupape à clapet.

Flare flamme vacillante ; évasement *m.*, renflement *m.*

Flash éclair *m.*

Flash chromatography chromatographie éclair.

Flash distillation distillation éclair, distillation flash, distillation par évaporation instantanée.

Flash point point d'inflammation.

Flash vaporization vaporisation éclair, vaporisation instantanée.

Flash zone zone de distillation éclair.

Flask ballon *m.*, fiole *f.*, flacon *m.*

Flask burning combustion en fiole.

Flask cleaner goupillon *m.*

Flat bed chromatography chromatographie sur lit plat, chromatographie plane.

Flat bed electrophoresis électrophorèse sur lit plat.

Flat-bottomed flask ballon à fond plat.

Flat burner bec papillon.

Flavan flavane *m.*

Flavin flavine *f.*

Flavone flavone *f.*

Flavonoid flavonoïde *m.*

Flavoprotein flavoprotéine *f.*

Flavor arôme *m.* (*aussi* : arome), odeur *f.*, parfum *m.* ; goût *m.*, saveur *f.*

Flavorant arôme (*ou* arome) *m.*

-flavored aromatisé à, au goût de

Flavoring aromatisation *f.*

Flavoring agent aromatisant *m.* ; condiment *m.*

Flavoring ingredients agents d'aromatisation, aromatisants *m., pl.*, aromates *m., pl.*

Flavour... = Flavor...

Flax seed-oil huile de lin.

Fleece membrane *f.*, toile *f.*

Fleece (PTFE ~) membrane de PTFE.

Flexible souple *adj.*

Flicker (to ~) scintiller, vaciller (*flamme*).

Flickering cluster agrégat tremblotant.

Flicker photometer photomètre à papillotement.

Flight pas (*d'une vis*), spire *f.* ; chicane *f.* ; convoyeur à vis, vis sans fin.

Flip (to ~) retourner.

Flipping inversion *f.*, retournement *m.*

Float flotteur.

Floating flottant *adj* ; libre *adj.*, mobile *adj.*

Floating chase châssis mobile.

Floc micelle *f.*

Flocculating floculation *f.*

Flocculent floculant *m.*

Flood flux *m.*

Flooding débordement *m.* ; engorgement *m.*

Flooding of a column noyage d'une colonne (de distillation).

Floor socle *m.* (*d'une machine*).

Flotation flottage *m.*, flottation *f.*

Flour farine *f.*

Flow courant *m.*, écoulement *m.*, flux *m.*

Flowability aptitude à l'écoulement, fluidité *f.*

Flowability properties propriétés d'écoulement, propriétés rhéologiques.

Flowable fluide *adj.*, ruissellable *adj.*, s'écoulant librement (*poudre ou liquide*).

Flow arrangement = Flow chart.

Flow chart schéma opérationnel, schéma de marche, schéma de principe, schéma de fabrication.

Flow control agent régulateur de fluidité.

Flow control valve soupape (*ou* vanne) de régulation de débit.

Flow curve courbe d'écoulement.

Flow cytometry = Flow cytometry analysis.

Flow cytometry analysis cytométrie de flux (*ou* d'écoulement *ou* en continu).

Flow diagram schéma opérationnel.

Flower fleur *f.*, poudre *f.*

Flower of sulfur fleur de soufre.

Flowgauge débitmètre *m.*

Flow-indicator débitmètre *m.*, fluxmètre *m.*

Flowing property propriété d'écoulement.

Flow mark ligne de coulée, trace rhéologique.

Flowmeter = Flow-indicator.

Flow pattern modèle d'écoulement.

Flow-programmed à débit programmé.

Flow rate débit *m.* ; vitesse d'écoulement ; vitesse d'élution.

Flow scheme = Flow chart.

Flow sheet = Flow chart.

Flow splitter = Stream splitter.

Flow temperature température d'écoulement.

Flow-through centrifuge centrifugeuse (travaillant) en continu.

Flow-through system système à flux (*ou* à écoulement) continu.

Flue gas gaz de combustion.

Flue gases émanations gazeuses.

Fluff pulp ouate de cellulose

Fluffy pelucheux *adj.*

Fluid fluide *m.*, liquide *m.*

Fluid and electrolyte imbalance déséquilibre hydro-électrolytique.

Fluid balance = Water balance.

Fluid bed lit fluidisé.

Fluid drive poussée hydraulique ; transmission hydraulique.

Fluid equilibrium = Water balance.

Fluid intake apport hydrique.

Fluidised = Fluidized.

Fluidized fluidisé *adj.*

Fluidized bed lit fluidisé.

Fluoboric fluorique, borofluorhydrique *adj.*

Fluoracetic fluoroacétique *adj.*

Fluorene fluorène *m.*

Fluorescein fluorescéine *f.*

Fluorescence quenching extinction de la fluorescence.

Fluoride fluorure *m.*

Fluorinated fluoré *adj.*

Fluorination fluoration f., fluoruration *f.*

Fluoroboric fluoborique, borofluorhydrique *adj.*

Fluorocarbon fluorocarbone, *m.*, hydrocarbure fluoré**.**

Fluorocarbon compound hydrocarbure fluoré.

Fluorocarbon resin résine fluorocarbonée.

Fluorocarbons fluoroalcanes *m., pl.*

Fluoroform fluoroforme *m.*

Fluorogen fluorophore *m.*

Fluorogenic detection détection fluorimétrique.

Fluorohydrin fluorhydrine *f.*

Fluosilicic fluosilicique *adj.*

Flush end extrémité droite (*biologie moléculaire*).

Flushing balayage *m.* ; rinçage *m.*

Fluted cannelé *adj.*, nervuré *adj.*, ondulé *adj.*, rainuré *adj.*, strié *adj* ; à plis (*filtre*).

Fluxmeter débitmètre *m.*, fluxmètre *m.*

Fly ash cendre volante.

Flypress presse à vis.

Flywheel volant *m.*

FMAU fluoro-2' désoxy-2' méthyl-5 arabinoside U.

FMLP N-formylméthionylleucylphénylalanine.

FMN flavine mononucléotide.

FMNH flavine mononucléotide réduit.

Foam mousse *f.*

Foam (to ~) mousser.

Foam breaker antimousse *m.*

Foam breaking rupture de mousse.

Foam collapse affaissement de la mousse.

Foam depressant antimousse *m.*

Foamed alvéolaire *adj.*, expansé *adj.*

Foaming moussage *m.*, production de mousse.

Foam killer antimousse *m.*

Focal point foyer *m.*

Foil feuille *f.*

Fold enroulement *m.*, pli *m.*

Fold (to ~) plier.

...fold (*cf.* **Threefold, Fourfold**).

Foldback DNA ADN replié.

Folded plié *adj.*, plissé *adj.*

Folding repliement *m.*

Folding machine plieuse *f.*

Folic acid acide folique, vitamine B$_c$.

Follicle-stimulating hormone folliculostimuline *f.*, hormone folliculostimulante.

Follicular hormone hormone folliculaire, folliculine *f.*, oestrone *f.*

Folliculin folliculine *f.*, oestrone *f.*

Folliculostatin inhibine *f.*

Follower chapeau *m.*, plateau *m.*, platine *f.*

Food aliment *m.*, nourriture *f.*

Food chain chaîne alimentaire.

Food processing industrie alimentaire.

Foodstuff aliment *m.*, produit alimentaire.

Food value valeur nutritive.

Footprinting méthode d'empreinte (*nucléoprotéines*).

For a further 30 min pendant encore 30 min.

Forced flow courant forcé, courant pulsé.

Force into (to ~) faire pénétrer.

Force pump pompe foulante.

Ford cup coupe Ford (*viscosité*).

For each two cycles par paire de cycles (*dans une molécule*).

Foremilk colostrum *m.*

Forensic légal *adj.*

Forensic chemistry chimie légale.

Forerun tête de distillation.

Form forme *f.*, configuration *f.* ; conformation *f.*

Formalin formol *m.*, solution de formaldéhyde.

Formate formiate *m.*

Formed elements éléments figurés (*dans un liquide, le sang p. ex.*).

Forming façonnage *m.* ; formage *m.*, emboutissage *m.*

Formula formule *f.*

Formulae formules *f., pl.*

Formula index indexe des formules, index par formule.

Formulas = Formulae.

Formulate (to ~) mettre en forme, préparer, réaliser (*composition, formulation*).

Formulated (to be ~) avoir une composition.

Formulated for (to be ~) = Formulated into (to be ~).

Formulated into (to be ~) entrer dans une composition.

Formulated with mélangé avec.

Formulation formulation *f.*, forme galénique ; action de formuler ; composition *f.*, formule *f.*

Formulation chemist galéniste *m.*

Formula weight masse moléculaire.

Forward angle scatter diffraction de la lumière aux petits angles.

Forward arrow flèche à droite (*nomenclature des peptides*).

Forward mutation mutation directe (*génie génétique*).

Forward scattered light lumière diffusée (vers l'avant).

Foul fétide *adj.*, nauséabond *adj.*

Fouling encrassement *m.* (*catalyseur p. ex.*), engorgement *m.*

Foundation fond de teint (*cosmétologie*).

Fountain solution composition de mouillage, solution mouillante.

Four-bonded tétravalent *adj.*

Fourfold de coordinence quatre ; quadruple *adj.*

Fourier transform transformée de Fourier (*RMN*).

FPA fibrinopeptide A.

FPB fibrinopeptide B.

Fractional fractionné *adj.*

Fractionating à fractionner, de fractionnement (*colonne, tour*).

Fragrance arôme *m.* (*ou* arome), odeur *f.*, parfum *m.*

Fragrant d'odeur agréable.

Frame bâti *m.*, cadre *m.*, châssis *m.*

Frame filter filtre-presse *m.*

Frameshift décalage du cadre de lecture (*génie génétique*).

Framework édifice *m.*, ossature *f.*, châssis *m.* ; squelette *m.* (*molécule*).

Framework structure édifice *m.*, édifice structural.

Frangible cassable *adj.*

Free libre *adj.*, non combiné.

Free acid acide libre.

Free distribution répartition aléatoire, répartition au hasard.

Freedom liberté *f.*

Freedom of motion liberté de mouvement.

Freedom of rotation liberté de rotation.

Free electron électron libre.

Free-flowing = Flowable.

Free from decomposition peu sujet à une décomposition, peu décomposé.

Freely miscible miscible en toutes proportions.

Free of exempt de.

Free radical radical libre ; radicalaire *adj.*

Free radical initiator amorceur à radicaux libres, amorceur radicalaire.

Free thyroxine index indice de thyroxine libre.

Freeze (to ~) congeler, geler.

Freeze cleaving cryofracture *f.*

Freeze-dried lyophilisé *adj.*

Freeze dryer lyophiliseur *m.*

Freeze drying lyophilisation (*ou* cryodéshydratation *ou* cryodessiccation *ou* cryosublimation).

Freezer congélateur *m.*

Freeze-thaw stability stabilité au cours de cycles répétés de congélation-liquéfaction, stabilité à la congélation et à la liquéfaction répétées ; stabilité aux cycles de gel-dégel répétés.

Freezing congélation *f.*, gel *m.*

Freezing mixture mélange réfrigérant.

Freezing point depressant agent abaissant le point de congélation.

French chalk talc *m.*

Frequency fréquence *f.*

Fresh air air pur, air renouvelé.

Fresh blood sang frais.

Fresh water eau douce.

Freund's adjuvant adjuvant de Freund (*biochimie*).

Friction friction *f.*, frottement *m.*

Fridge réfrigérateur *m.*

Frog unit unité grenouille.

Frontal chromatography chromatographie frontale.

Front end fraction de tête.

Fronting of a peak diffusion frontale (*ou* traînée) d'un pic.

Front part partie de face, partie frontale.

Frosting givrage *m.*

Frothy moussant *adj.*

Fruit sugar lévulose *m.*

Frustoconical tronconique *adj.*

FSF = Fibrin-stabilizing factor.

FTI = Free thyroxine index.

FTU = Formazine turbidity unit.

Fuchsin fuchsine *f.*

FUdR fluoro-5 désoxyuridine.

Fuel combustible *m.*

Fulcrum pivot *m.*, point d'appui *m.* ; couteau *m.*

Full boiling range intervalle complet de distillation.

Full density = Overall density.

Fuller's earth terre à foulon.

Full flow rig life durée de vie de l'équipement en plein débit.

Full length gene gène complet, gène entier.

Full natural color gamme complète des couleurs naturelles (*opération*).

Full strength à dose entière, non dilué.

Fully eclipsed occultée (*conformation*) (*stéréochimie*).

FUM fluoro-5 uracile/méthotrexate.

Fume cupboard sorbonne *f.*, hotte *f.* (*de laboratoire*).

Fumed silica = Silica fume.

Fume hood = Fume cupboard.

Fumes vapeurs *f., pl.*

Fumigate faire des fumigations.

Fumigator appareil pour fumigations.

Fuming nitric acid acide nitrique fumant.

Fuming sulfuric acid acide sulfurique fumant, oleum *m.*

Function fonction *f.*

Functional fonctionnel *adj.*

Functionality fonction *f.*, groupement *m.* ; nombre de groupes fonctionnels.

Fundamental fondamental *adj.*, de base.

Fundamental research recherche fondamentale, recherche de base.

Fungal fongique *adj.*

Fungi champignons *m., pl.,* mycètes *m., pl.*

Fungicide antifongique *m.*, fongicide *m.*

Fungistatic antifongique *adj.*, fongistatique *adj.*

Fungus = **Fungi**.

Funnel entonnoir *m.*, trémie *f.* ;

Funnel crystals recueillir des cristaux dans un entonnoir.

Funnel mill broyeur à cônes.

Furaldehyde aldéhyde Ó-furanique, furfural *m.*, 2-furaldéhyde, 2-furanecarboxaldéhyde.

Furan furan (n) e *m.*

Furfuran = **Furan**.

Furil furile *m.*

Furilic furilique *adj.*

Furnace four *m.*

Furoin furoïne *f.*

Further autre *adj.*, supplémentaire *adj.* (*cf.* **For a further...**).

Further development perfectionnement *m.*

Further purification autre purification, purification supplémentaire.

Furyl furyl (*nom.*), furyle *m.* (*groupe*).

Fused condensé *adj* ; fondu *adj* ; scellé *adj.*

Fused ring cycle condensé.

Fusing cuisson *f.* ; fusion *f.*

Fusion of cycles condensation de cycles.

Fuzzy floconneux *adj.*, pelucheux *adj.*

Fuzzy model modèle approché (*statistiques*).

Fwdarw = **Forward arrow**.

G

G glycine (*code à une lettre*) ; guanine *f.* ; guanosine *f.*

GABA acide gamma-aminobutyrique.

GABA-Ch gamma-aminobutyrylcholine.

GABA-T acide gamma-aminobutyrique transaminase.

GABOB acide gamma-amino-béta-hydroxybutyrique.

GAD acide glutamique décarboxylase.

Gadolinium gadolinium *m.*

GAG glycosylaminoglucane.

Gage calibre *m.* jauge *f.* ; manomètre *m.*

Gage (to ~) étalonner.

Gageing roll cylindre de calibrage.

Gage roll = Gageing roll.

GAL lactone d'acide glucuronique.

Galactogen galactogène *m.*

Galactogenous galactogène *adj.*

Galactopoietic galactopoïétique *adj.*

Galactopoietic hormone prolactine *f.*, hormone galactogène.

Gallium gallium *m.*

Gallstones calculs biliaires.

Gall tannin acide digallique.

GALT galactose-1-phosphate uridyltransférase.

Galvanometer galvanomètre *m.*

Gamboge gomme-gutte *f.*

Gang équipe *f.* (*atelier de production*).

Ganglion-blocking ganglioplégique *adj.*

Gap bande interdite (*niveaux d'énergie*) ; lacune *f.*

GAPDH glycéraldéhyde-phosphate déshydrogénase.

Gargle gargarisme *m.*

Garlic ail *m.*

Garlic-like alliacé *adj.*

Gas gaz *m.*

Gas barrier property imperméabilité aux gaz.

Gas chromatograph chromatographe en phase gazeuse.

Gas chromatography chromatographie (*en phase*) gazeuse.

Gas cylinder bouteille à gaz.

Gaseous gazeux *adj.*

Gas equation équation d'état.

Gases gaz *m., pl.*

Gasholder gazomètre *m.*

Gasification gazéification *f.*

Gasjar = Gas cylinder.

Gas-liquid chromatography chromatographie gaz-liquide.

Gas-liquid solid phase microsequenator microséquenceur en phase solide avec chromatographe gaz-liquide.

Gas mask masque à gaz.

Gasmeter compteur à gaz.

Gasoline essence *f.*

Gasometer gazomètre *m.*

Gas-proof étanche aux gaz.

Gassing dégazage *m.*

Gas-solid chromatography chromatographie gaz-solide, chromatographie d'adsorption en phase gazeuse.

Gas-tight = Gas-proof.

Gastric acid suc gastrique.

Gastric juice = Gastric acid.

Gastric secretin gastrine *f.*

Gastric-soluble gastrosoluble *adj.*

Gateway passage *m.*, passerelle *f.* (*réaction chimique*).

Gathering device dispositif de regroupement, dispositif de stockage.

Gauche décalé (*conformation*), synclinal *adj.*

Gauge = Gage.

Gaussian curve courbe de Gauss, courbe en cloche.

Gaussian distribution distribution gaussienne.

Gauze gaze *f.*, toile *f.*

GC = Gas chromatography.

GCS glutamylcystéine synthétase.

GDP diphosphate de guanosine.

Gear engrenage *m.*, transmission *f.*

Gear oven four mobile.

Gegenion ion opposé.

Geiger counter compteur de Geiger.

Geissler tube tube de Geissler, tube à vide.

Gel colloïde *m.*, gel *m.*

Gel (to ~) se coaguler, se gélifier.

Gelatin gélatine *f.*

Gelatin coating gélatinisation *f.*

Gelatinous gélatineux *adj.*

Gelatin sugar glycine *f.*

Gelation coagulation *f.* ; congélation *f.* ; gélification *f.*

Gel breaker antigélifiant *m.*

Gel chromatography chromatographie sur gel.

Gel cleanser gel démaquillant.

Gel electrophoresis électrophorèse sur gel

Gel filtration filtration sur gel.

Gel filtration chromatography chromatographie par perméation de gel (*ou* par filtration sur gel).

Gel-forming gélifiant *adj.*

Gel-free solution solution exempte de gel.

Gelled gélifié *adj.*

Gelled state état de gel, état gélifié.

Gelling agent gélifiant *m.*

Gelling power pouvoir gélifiant.

Gel permeation chromatography chromatographie par perméation de gel.

Gel retardation electrophoresis = Gel electrophoresis.

Gel strength résistance d'un gel.

Geminal géminé *adj.*

Gene amplification amplification génique.

Gene bank banque de gènes, banque génomique.

Gene coding gène codant.

Gene conversion conversion génique.

Gene expression expression génique.

Gene frequency fréquence génique.

Gene library = Gene bank.

Gene mapping cartographie génique, cartographie génétique.

Gene matching réassortiment génétique.

Gene pool capital (*ou* patrimoine) génétique.

Gene product produit de gène, produit génique.

General purpose d'intérêt général, tous usages.

Generate a plasma (to ~) engendrer un plasma.

Generate a reaction susciter une réaction.

Generation of a plasma formation d'un plasma.

Generator générateur *m.*

Generic name nom générique, dénomination commune.

Generics médicaments génériques.

Gene therapy thérapie génique.

Genetically engineered produit par génie génétique.

Genetic engineering génie génétique.

Genetic engineering technology biotechnologie *f.*

Genetic inheritance patrimoine génétique.

Genetic rearrangement recombinaison *f.*

Genin génine *f.*, aglycone *f.*

Genistein génistéine *f.*

Gentisic gentisique *adj.*

Gentle warming chauffage doux.

Gently boiling à ébullition douce.

Genuine authentique *adj.*, garanti *adj.*

Germ germe *m.*

Germanium germanium *m.*

Germfree axène *adj.*, axénique *adj.*, apyrogène *adj.*, stérile *adj.*

Germicidal germicide *adj.*

Germicide germicide *m.*

Germ killer antibiotique *m.*, microbicide *m.*

Germproof = Germfree.

Germ warfare guerre biologique.

Gestagenic gestagène *adj.*

Getter dégazeur *m.* ; piège *m.*

GFP gamma-foetoprotéine.

GGT gamma-glutamyltransférase.

GGTP gamma-glutamyltranspeptidase.

GGVB tampon gélatine/glucose/véronal.

Ghost peak pic fantôme (*chromatogramme*).

GHSV = Gas hourly space velocity.

Giant molecule macromolécule *f.*

Gilding dorure *f.* (*pilules*).

Gingili oil huile de sésame.

Glacial acetic acid acide acétique cristallisable.

Glare vive lumière.

Glaring éblouissant *adj.*

Glass verre *m.*

Glass bead bille de verre.

Glassblower souffleur de verre.

Glass ceramic vitrocéramique *f.*

Glass cloth tissu de verre.

Glass dish verre de montre.

Glass electrode électrode de verre.

Glass fiber fibre de verre.

Glass filter verre fritté.

Glass filter pump pompe à eau.

Glass-forming vitrifiable *adj.*, vitrifiant *adj.*

Glass frit verre fritté.

Glass-like vitreux *adj.*

Glass-lined vitrifié *adj.*

Glass packing éléments de remplissage en verre.

Glass rod baguette de verre.

Glass slide lame de verre.

Glass stopper bouchon émeri.

Glass transition transition vitreuse.

Glassware verrerie *f.*

Glasswool laine de verre.

Glassy vitreux *adj.*

Glaze glaçage *m.*, vernissage *m.*

GLC = **Gas-liquid chromatography**.

GlcNAc N-acétyl-D-glucosamine.

Gliadins gliadines *f., pl.*

Glidant agent agent de coulance, agent de glissement ; lubrifiant *m.*

Gln glutamine *f.*

Globin globine *f.*

Globular globulaire *adj.*

Globulin globuline *f.*

Glove gant *m.*

Glove box boîte à gants.

Glow discharge décharge électrique, effluve électrique.

Glow reviver ranimeur d'éclat (*cosmétologie ; couleur*).

Glu acide glutamique

Glucagon glucagon *m.*

Glucan glucane *m.*

Glucinia oxyde de béryllium, glucine *f.*

Glucinium béryllium *m.*

Glucocorticoid glucocorticoïde *m.*

Glucoprotein glucoprotéine.

Glucoside-like glucosidique *adj.*

Glucuronic acid conjugation glucuroconjugaison *f.*

Glue colle *f.*

Glue (to ~) coller.

Glueing collant *adj.*

Glueing (hot ~ paper) papier thermocollant.

Glutaconic glutaconique *adj.*

Glutamic glutamique *adj.*

Glutamic oxaloacetic transaminase transaminase glutamique oxaloacétique, transaminase glutamino-oxalo-acétique, aspartate aminotransférase.

Glutamic pyruvic transaminase transaminase glutamique pyruvique, transaminase glutaminopyruvique, alanine aminotransférase.

Glutaric glutarique *adj.*

Glutathione glutathion *m.*

Glutein glutéine *f.*

Glutelin glutéline *f.*

Glutenin gluténine *f.*

Glx acide glutamique ou glutamine.

Gly glycine *f.*

Glyceric glycérique *adj.*

Glycerin glycérine *f.*, glycérol *m.*

Glycerite glycérolé *m.* (*d'amidon*).

Glycocoll glycine *f.*

Glycoconjugate glycoconjugué *m.*

Glycoconjugation glycoconjugaison *f.*

Glycocyamine acide guanidinoacétique.

Glycogen glycogène *m.*

Glycolipid glycolipide *m.*

Glycolysis glycolyse *f.*

Glycoprotein glycoprotéine *f.*

Glycoside glucoside *m.*

Glycyrrhetinic acid acide glycyrrhétinique.

Glycyrrhizic acid = Glycyrrhizin.

Glycyrrhizin glycyrrhizine *f.*, acide glycyrrhizique.

Glyoxal Glyoxal.

Glyoxaline imidazole *m.*

GMP monophosphate de guanosine.

Goat's thorn adragante *f.*, gomme adragante.

Goggles lunettes protectrices.

Golay column colonne capillaire.

Gold or *m.*

Gold coating dorure *f.* (*pilules*).

Gold labeling marquage à l'or (colloïdal).

Gold plating dépôt électrolytique d'or.

Gold therapy aurothérapie *f.*, traitement aux sels d'or.

Gonadorelin gonadolibérine *f.*

Gonadotropic hormone = Gonadotropin.

Gonadotropin gonadotrophine *f.*, gonadotropine *f.*

Gonadotropin inhibitor antigonadotrope *m.*

Gonadotropin-releasing hormone gonadolibérine *f.*

GOT = Glutamic oxaloacetic transaminase.

GPI glucose-phosphate isomérase.

GPT = Glutamic pyruvic transaminase.

Gradation gradation *f.*, progression graduelle.

Grade degré *m.*, qualité *f.*

Graded (A was ~) (A est) classé, on classe A, on attribue à A.

Graded doses doses graduées.

Graded seal joint multi-verre.

Gradient elution développement par gradient d'élution.

Graduated échelonné *adj.*, étalonné *adj.*, gradué *adj.*

Graduated cylinder éprouvette graduée.

Graduated drum tambour de mesure.

Graft greffe *f.*

Grafting wax mastic à greffer.

Graft polymer polymère greffé.

Graft versus host reaction réaction de greffon contre hôte.

Grain boundary discontinuité granulaire, interface granulaire.

Grain mixture mélange de grains.

Grain oil huile de fusel.

Grain size granulation *f.*

Grain size distribution granulométrie *f.*

Gram-molecule = molécule-gramme *f.*

Gram-molecular weight mole *f.*, molécule-gramme *f.*

Gram-negative Gram-négatif, qui ne prend pas le Gram (*colorant*).

Gram-positive Gram-positif, qui prend le Gram.

Gram-staining qui prend le Gram, Gram-positif *adj.*

Gram staining (method) méthode de coloration de Gram.

Granular granulaire *adj.*

Granularity structure granulaire, grain *m.* (*d'une émulsion*).

Granulate granulé *m.* ; transformer en granules.

Granulated sugar sucre cristallisé.

Granule granule *m.*

Granulous granuleux *adj.*

Grape seed oil huile de pépins de raisin.

Grape sugar dextrose *m.*, d-glucose *m.*

Graph diagramme *m.* ; graphe *m.*

Graph plotter traceur de courbes.

Graph paper papier millimétré, papier millimétrique.

Grater grattoir *m.*, râpe *f.*

Grating grille *f.*, réseau *m.*

Grating spectrograph spectrographe à réseau.

Gratuitous inducer inducteur gratuit (*génie génétique*).

Gravimeter gravimètre *m.*

Gravimetric analysis analyse gravimétrique.

Gravity gravité *f.*, pesanteur *f.*

Gravity column colonne fonctionnant par gravité (*chromatographie*).

Gravity feeding alimentation par gravité.

Gravity filter filtre ouvert.

Grease graisse *f.*

Greasing graissage *m.*

Grey literature littérature grise (*exclut articles et brevets*), littérature souterraine.

GRF (= genetically related factor) facteur génétiquement apparenté.

GRH = Gonadotropin-releasing hormone.

Grid grille *f.*

Grid-type filter filtre à grille.

Grinding broyage *m.*

Grinding paper papier émeri.

Grinding surface surface de friction.

Grip étanchéité *f.* ; poignée *f.*

Grip tab languette de préhension (*bouchon*).

Grit particules abrasives.

Grits gruaux *m., pl.*

Gritty abrasif *adj.*

Gritty material substance abrasive.

Groove cannelure *f.*, gorge *f.*, rainure *f.*, sillon *m.*

Gross change modification macroscopique.

Ground moulu *adj* ; fondamental *adj* ; raison *f.* ; fond *m.*, sol *m.*

Ground glass verre dépoli.

Ground glass stopper bouchon émeri.

Grounding mise à la terre.

Ground joint joint rodé.

Groundmass eutectique *m.*

Groundnut oil huile d'arachides.

Ground state état fondamental.

Ground state of glass état dépoli du verre, matité du verre.

Group groupe *m.*, groupement *m.*, radical *m.*

Group antigen antigène commun.

Grouping groupement *m.*

Growth assay test de croissance.

Growth control agent régulateur de croissance.

Growth hormone hormone de croissance, somatotrophine *f.*

Growth-hormone inhibiting factor somatostatine *f.*

Growth-hormone release-inhibiting hormone = Growth-hormone inhibiting factor.

Growth-hormone releasing factor somatocrinine *f.*

Growth-hormone releasing hormone = Growth-hormone releasing factor.

Growth pattern profil de croissance.

Growth-promoting favorisant (*stimulant*) la croissance.

Growth regulator régulateur de croissance.

GSH glutathion réduit.

GSSG glutathion oxydé.

GST glutathion S-transférase.

GTP glutamyltranspeptidase ;
triphosphate de guanosine.

Guest occupant *m.* (*d'un site*) ;
parasite *m.*

Guest-molecule molécule-hôte *f.*

Guideline directive *f.*

Guide sequence séquence guide.

Guillotine cutter massicot *m.*

Gum caoutchouc *m.*, gomme *f.*, résine *f.*

Gum arabic gomme arabique.

Gum benzoin benjoin *m.*

Gum carob gomme caroube.

Gumming résinification *f.*

Gum tragacanth gomme adragante.

Gutter évier *m.*, goulotte *f.*, gouttière *f.*

GVG acide gamma-vinyl-gamma-
aminobutyrique.

H histidine *f.* (*code à une lettre*) ; *cf. aussi* **H chain**.

Habit-formation accoutumance *f.*, assuétude *f.*

Habit-forming drug drogue *f.*, stupéfiant *m.*

Habituation accoutumance *f.*, assuétude *f.*

Haem- = **Hem-**

Hafnia oxyde de hafnium.

Hafnium hafnium *m.*

Hair dye teinture capillaire.

Hair growing agent agent stimulant la pousse des cheveux.

Hair-growth promoting antialopécique *adj.*

Hair-like capillaire *adj.*

Hairline fil de réticule.

Hair-loss inhibitor antialopécique *m.*

Hair lotion lotion capillaire.

Hair remover épilatoire *m.*, dépilatoire *m.*

Hair tonic = **Hair lotion**.

Hairwash = **Hair lotion**.

Half demi-, moitié *f.*, *adj.*, semi-.

Half-amide monoamide *m.*

Half-chair en chaise longue (*structure*).

Half-decay exposure indice de lumination à demi-décomposition.

Half-ester monoester *m.*

Half-ether monoéther *m.*

Half-exposure = **Half-decay exposure**.

Half-life demie-vie *f.*, période *f.*

Half-ring anneau semicirculaire.

Half-scale plant atelier (*de*) demi-grand.

Half-shadow pénombre *f.* (*spectrographie*).

Half-strength à demi-dose, dilué à 50 %.

Half-wave demi-onde *f.*

Halide halogénure *m.*

Hallucinogen hallucinogène *m.*, *adj.*

Halo halogéno (*nom.*)

Haloacid haloacide *m.*, acide halogéné.

Halocarbon hydrocarbure halogéné.

Halocarbon agent agent halogénocarboné.

Halogen halogène *m.*

Halogen acid = **Haloacid**.

Halogenated halogéné *adj.*

Halogen hydracid = **Hydrogen halide**.

Halogen-substituted substitué par un halogène, halogéné *adj.*

Halogen-substituted alkyl halogénoalkyle *m.*

Halohydric acid = **Hydrogen halide**.

Halohydrin halohydrine *f.*

Haloid halogénure *m.*

Hammer marteau *m.*

Hammer mill broyeur à marteau.

Hand aiguille *f.*, indicateur *m.*, pointeur *m.*

Handability facilité de manipulation

Handed chiral *adj.*

Handedness chiralité *f.*

Handle manche *m.*, manchon *m.*

Handle (to ~) manipuler.

Hapten haptène *m.*

Hard acid acide dur.

Hard base base dure.

Hard capsule gélule *f.*

Hard drug drogue dure (*toxicomanie*).

Hardener durcisseur *m.*

Hardening durcissement *m.*

Hardening resin résine thermodurcissable.

Hard foam mousse rigide.

Hard gelatin capsule gélule *f.*

Hardly inflammable peu inflammable, difficilement inflammable.

Hardly soluble peu soluble.

Hardly suitable (are ~) conviennent mal.

Hardness dureté *f.* (*p. ex. d'un matériau, de comprimés, etc.*).

Hardness of water dureté de l'eau.

Hardness test essai de dureté.

Hard paraffin cire de paraffine.

Hard water eau dure.

Harmful effect effet nocif (*ou* nuisible *ou* pernicieux).

Harmless inoffensif *adj.*, sans danger.

Harmlessness innocuité *f.*

Harsh brine saumure agressive.

Harsh chemical produit chimique agressif (*ou* irritant).

Harvester collecteur *m.* (*de cellules*).

HAT hypoxanthine/aminoptérine/thymidine (*milieu*).

Hatched hachuré *adj.*

HAT selection sélection en milieu HAT.

Hazard danger *m.*

Hazardous dangereux *adj.*

Haze turbidité *f.* ; voile *m.*

Hazelnut oil huile de noisette.

Haze meter turbidimètre *m.*

Hb = Hemoglobin.

HBD déshydrogénase hydroxybutyrique.

HCG = Human chorionic gonadotropin.

H chain chaîne polypeptidique lourde (*immunoglobulines*).

HCP hexachlorophène *m.*

HCS = Human chorionic somatotropin.

HCT hydrochlorothiazide *m.*

HDC histidine décarboxylase.

HDL = High-density lipoprotein.

HDP diphosphate d'hexose.

Head tête (*de colonne*) ; bouton *m.*, pointe *f.* ; coiffe (*appareil*).

Head drop dosis dose curarisante.

Header collecteur *m.*

Head growth croissance en amont.

Head-to-tail tête-à-queue (*motifs chimiques*).

Healing effect effet curatif.

Health santé *f.*

Healthcare médication *f.*, santé *f.*, soins *m., pl.*

Health food aliment diététique.

Heaped teaspoon cuillerée à café bien remplie, cuillerée à café bombée.

Heaping spoon cuillerée comble, grande cuillerée.

Heart cœur *m.*

Heart cut (fraction de) cœur (*distillation*).

Heat chaleur *f.*

Heat capacity capacité calorifique.

Heat content enthalpie *f.*

Heat effect variation d'enthalpie.

Heat energy énergie thermique.

Heater appareil de chauffage, élément chauffant, réchauffeur *m.*

Heat evolution dégagement de chaleur.

Heat expansion dilatation thermique.

Heat flow flux thermique.

Heat foaming thermoexpansible *adj.*

Heat fusion thermosoudage *m.*

Heat gauge thermomètre à cadran.

Heat generation dégagement de chaleur.

Heat gun thermoventilateur *m.*

Heating coil serpentin chauffant.

Heating jacket enveloppe chauffante, chemise chauffante.

Heating mantle = heating jacket.

Heating pattern programme de chauffe.

Heating up échauffement *m.*

Heat insulation isolation thermique.

Heat rays rayons infrarouges.

Heat resistance résistance thermique, résistance à la chaleur.

Heat sealability thermoscellabilité *f.*

Heat-sensitive thermosensible *adj.*

Heat setting thermofixage *m.*, thermodurcissement *m.*

Heat shock protein protéine de (*ou* répondant à un) choc thermique.

Heat stabiliser stabilisant thermique.

Heat-stable thermostable.

Heat treatment chauffage *m.*, traitement thermique.

Heat value valeur calorifique.

Heavier (and) et plus (*p. ex. dans : alcools en C_3 et plus*).

Heavy chain = H chain.

Heavy-duty (fonctionnant) dans des conditions difficiles, robuste (*appareil*).

Heavy line trait large.

Heavy water eau lourde, oxyde de deutérium.

HEEDTA acide N- (2-hydroxyéthyl) éthylènediamine-triacétique.

Helical hélicoïdal *adj.*

Helical path vis sans fin.

Helices hélices *f., pl.*

Heliotropin héliotropine *f.*, pipéronal *m.*

Helium hélium *m.*

Helix hélice *f.* ; vis sans fin.

Helix-coiled enroulé en hélice.

Helix-turn-helix hélice-coude-hélice.

Helmet casque *m.*

Helper virus virus auxilliaire.

Helvetia blue bleu de méthyle.

Hemagglutination inhibition unit unité d'inhibition par hémagglutination.

Hematinic antianémique *adj.*

Hematogen hématogène *m.*

Hematogenous hématogène *adj.*

Hematoidin hématoïdine *f.*

Hematolysis hématolyse *f.*

Hematopoietic hématopoïétique *adj.*

Hematopoietin hématopoïétine *f.*

Hematoporphyrin hématoporphyrine *f.*

Heme hème *m.*

Hemeprotein protéine hémique.

Hemi- hémi- ; semi-.

Hemiacetal hémiacétal *m.*

Hemihedral hémiédrique *adj.*

Hemihedric = **Hemihedral.**

Hemihydrate semi-hydrate *m.*

Hemiketal hémicétal *m.*

Hemimellitic hémimellique *adj.*

Hemin hémine *f.*

Hemocyanin hémocyanine *f.*

Hemoglobin hémoglobine *f.*

Hemolysin hémolysine *f.*

Hemotoxin hémotoxine *f.*

Hemozoin hémozoïne *f.*

Hempseed oil huile de chènevis.

Heparin héparine *f.*

Heparin sodium héparine sodique, héparinate de sodium.

HEPES acide N- (2-hydroxyéthyl) pipérazine-N'-2- éthanesulfonique.

HEPPS acide N- (2-hydroxyéthyl) pipérazine-N'-3- propanesulfonique.

Heptahydric alcohol heptol *m.*

Herbal medicine phytopharmacie *f.*

Herbicide herbicide *m.*

Heroin héroïne *f.*

Heroin addiction héroïnomanie *f.*

HETE acide 12-L-hydroxy-5,8,10,14-eicosatétraènoïque.

Heteroatom hétéroatome *m.*

Heterocyclic hétérocyclic *adj.*

Heteroduplex double hélice hétérogène, ADN hétérogène

Heterogeneous hétérogène *adj.*

Heterogeneous nuclear RNA ARN nucléaire hétérogène, ARNnh.

Heteromorphic hétéromorphe *adj.*

Heteromorphous = **Heteromorphic.**

Heteropolar hétéropolaire *adj.*

Heteroring hétérocycle *m.*

HETP tétraphosphate d'hexaéthyle.

Hexahydric alcohol hexol *m.*

HF deprotection déprotection par HF.

HGA acide homogentisique.

HGH = **Human growth hormone.**

HGPRT hypoxanthine-guanine phosphoribosyltransférase.

HHb hémoglobine réduite.

HHC complexe hémoglobine/ haptoglobine.

HIAA acide hydroxyindoleacétique.

High (*cf.* **Drug high**).

High boiling range domaine des points d'ébullition élevés.

High buffer tampon fort.

High-density lipoprotein lipoprotéine (de) haute densité.

High dielectric medium milieu à constante diélectrique élevée.

Higher boiling à point d'ébullition plus élevé ; plus lourd.

Higher homologues homologues supérieurs.

Higher member homologue supérieur.

High-grade de grande pureté, fin *adj.*

High impact à grande résistance au choc.

Highly conserved très conservée (*séquence d'acides aminés*).

Highly cristalline essentiellement cristallin.

Highly homologous = **Highly conserved.**

Highly preferred embodiment mode de réalisation encore plus avantageux (*terminologie de brevets*).

Highly pure très pur.

Highly siliceous à forte teneur en silice.

High-molecular macromoléculaire *adj.*, de masse moléculaire élevée.

High nuclear RNA grand ARN nucléaire.

High-performance liquid chromatography = HPLC.

High potency à dose forte.

High-power liquid chromatography = HPLC.

High-pressure liquid chromatography = HPLC.

High requirement grande exigence (*de pureté p. ex.*).

High volume pump pompe à grand débit.

Hindered encombré *adj.*

Hindrance encombrement *m.*, empêchement *m.* ;

Hinge segment intermédiaire (*ou* charnière), segment de liaison (*chimie biomoléculaire*).

Hinged finger doigt articulé.

HIOMT hydroxyindole O-méthyltransférase.

Hippuric hippurique *adj.*

HIPS = High-impact polystyrene.

Hirudin hirudine *f.*

His histidine *f.*

Histamine histamine *f.*

Histidine histidine *f.*

Histochemistry histochimie *f.*

Histological stain colorant histologique.

HIU = Hemagglutination inhibition unit.

HLB = Hydrophilic-lipophilic balance.

HLB number indice HLB.

HMG (= high mobility group) groupe très mobile.

HMP monophosphate d'hexose.

HMPA hexaméthylphosphoramide.

HMPT hexaméthylphosphorotriamide.

HMSA acide hydroxyméthanesulfonique.

HMT histamine N-méthyltransférase.

HMTA hexaméthylènetétramine.

HnRNA = High nuclear RNA.

hnRNA = Heterogeneous nuclear RNA.

HOBt hydroxy-1 benzotriazole.

Hoggum gomme adragante.

Holder douille *f.* ; support *m.*

Holdup = Hold-up.

Hold-up retenue *f.*, rétention *f.* (*colonne*).

Hold-up volume volume mort.

Hollow creux *m.*

Holmium holmium *m.*

Home-care products produits pour soins à domicile.

Homeobox homéoboîte *f.*

Homeostatic equilibrium homéostase *f.*

Homocyclic homocyclique *adj.*

Homogenate homogénéisat *m.*

Homogeneous homogène *adj.*

Homogenis... = Homogeniz...

Homogenize (to ~) homogénéiser.

Homogenizer homogénéiseur *m.*, moulin à colloïdes.

Homogenizer mill = homogenizer.

Homogenizing homogénéisation *f.*

Homolog homologue *m.*

Homologous homologue *adj.*

Homologue = Homolog.

Homomixer mélangeur-homogénéiseur *m.*

Homopolar homopolaire *adj.*

Homoserine dehydrogenase homosérine déshydrogénase.

Honey miel *m.*

Honeycomb nid d'abeilles.

Honeycomb structure structure alvéolée, structure en nid d'abeilles.

Honing tool outil à roder.

Hood capuchon *m.*, couvercle *m.* ; hotte *f.*

Hook anse *f.*, crochet *m.*

Hopper trémie *f.*

Hopper mill broyeur à cônes.

Hops houblon *m.*

Hordeins hordéines *f., pl.*

Hormone hormone *f.*

Hormone dependent hormonodépendant *adj.*

Hormone discharge libération d'hormone.

Hormone-replacement therapy hormonothérapie de substitution.

Horn corne *f.*

Horse power cheval-vapeur *m.*

Horseradish peroxidase peroxydase du raifort.

Hose tube *m.*, tuyau *m.*

Hose pump pompe tubulaire.

Host hôte *m.*

Host compound composé hôte, composé matrice (*luminophore*).

Hot blast dryer séchoir à air chaud

Hot block bloc métallique (*pour points de fusion*), bloc de Kofler.

Hot box étuve *f.*

Hot-glueing paper papier thermocollant.

Hot-melt collé à chaud, thermofusible *adj.*, thermoplastique *adj.*.

Hot-melt adhesive adhésif (colle) thermofusible.

Hot-melt glue = hot-melt adhesive.

Hot pack enveloppement chaud.

Hot plate plaque chauffante.

Hot spot point chaud (*génie génétique*).

Hot-stage microscope microscope à platine chauffante.

Hourly (n-~) toutes les n heures.

Hourly toutes les heures.

Housed incorporé *adj.*, logé *adj.*

Household cleaner produit d'entretien.

Housing bâti *m.*, boîtier *m.*, cage *f.*, carter *m.*, enceinte *f.*, logement *m.*

HPA acide hydroxyphénylacétique.

HPAA acide hydroperoxyarachidonique.

HPC hydroxypropylcellulose.

HPEC hydroxypropyléthylcellulose.

HPETE acide 12-L-hydroxyperoxy-5,8,10,14- eicosatétraènoïque.

HPG para-hydroxyphénylglycine.

HPLC chromatographie (en phase) liquide sous haute pression.

HPMC hydroxypropylméthylcellulose.

HPO hydroperoxyde *m.*

HPP allopurinol *m.* (hydroxy-4 pyrazolo [3,4-d] pyrimidine).

HPRT hypoxanthine phosphoribosyltransférase.

HPS hématoxyline/phloxine/safran.

HRC complexe hormone-récepteur.

HRP = Horseradish peroxidase.

HSA (human serum albumin) sérum-albumine humaine.

HSDH homosérine déshydrogénase.

HSV (= hourly space velocity) vitesse spatiale horaire, VSH.

HT hydroxytryptamine.

5-HT sérotonine *f.* (hydroxy-5 tryptamine).

5-HT blocker antisérotonine *m.*

HTP hydroxytryptophane.

HU (= hemagglutination unit) unité d'hémagglutination.

Hue couleur *f.*, nuance *f.*, teinte *f.*

Hull coque *f.*, enveloppe *f.*

Human chorionic gonadotropin gonadotrophine chorionique humaine.

Human growth hormone somatotrophine *f.*, hormone de croissance.

Humectant humififiant *m.*

Humecting agent = **Humectant.**

Hurdle claie *f.*

Husker décortiqueuse *f.*

Husking mill = **Husker.**

HX-XO hypoxanthine-xanthine oxydase.

Hybrid hybride *m.*

Hybridis... = Hybridiz...

Hybridization hybridation *f.*

Hybridized hybridé *adj.*, d'hybridation.

Hybridized (sp 3-~) carbon, carbone d'hybridation sp 3.

Hydantoic hydantoïque *adj.*

Hydantoin hydantoïne *f.*

Hydracid hydracide *m.*

Hydrant prise d'eau.

Hydrate hydrate *m.*

Hydration hydratation *f.*

Hydrazine yellow tartrazine *f.*

Hydrazoic acid acide azothydrique, acide hydrazoïque.

...hydric alcohol (*cf. p. ex.* : **Trihydric alcohol**).

Hydride hydrure *m.*

Hydriodic acid acide iodhydrique.

Hydriodide iodhydrate *m.*

Hydrion ion hydrogène.

Hydrobromic acid acide bromhydrique.

Hydrobromide bromhydrate *m.*

Hydrobromination bromhydratation *f.*

Hydrocarbide hydrocarbure *m.*

Hydrocarbon hydrocarbure *m.*

Hydrocarbonaceous hydrocarboné *adj.*

Hydrocarbonoxy hydrocarbyloxy.

Hydrocarbyl hydrocarboné *adj.*, hydrocarbyle *m.* (*groupe*).

Hydrocarbyloxy hydrocarbyloxy.

Hydrochloric acid acide chlorhydrique.

Hydrochloride chlorhydrate *m.*

Hydrochlorination chlorhydratation *f.*

Hydrocyanic acid acide cyanhydrique.

Hydrofluoric acid acide fluorhydrique.

Hydrofluoride fluorhydrate *m.*

Hydrofluorination fluorhydratation *f.*

Hydrofluorsilicic acid acide fluosilicique.

Hydrogen hydrogène *m.*

Hydrogenase hydrogénase *f.*

Hydrogenated hydrogéné *adj.*

Hydrogen azide acide azothydrique, acide hydrazoïque.

Hydrogen bond (ing) liaison hydrogène.

Hydrogen bridge = **Hydrogen bond.**

Hydrogen bromide acide bromhydrique, bromure d'hydrogène.

Hydrogen chloride acide chlorhydrique, chlorure d'hydrogène.

Hydrogen cyanide acide cyanhydrique.

Hydrogen electrode électrode à hydrogène.

Hydrogen flame detector détecteur à flamme d'hydrogène.

Hydrogen fluoride acide fluorhydrique.

Hydrogen halide acide halohydrique, halogénure d'hydrogène.

Hydrogen iodide acide iodhydrique, iodure d'hydrogène.

Hydrogen-ion exchanged ayant subi un échange avec des ions hydrogène, échangée contre des ions hydrogène (*zéolite*).

Hydrogen microflare detector détecteur à flamme d'hydrogène.

Hydrogenolysis hydrogénolyse *f.*

Hydrogenous mixture mélange contenant de l'hydrogène.

Hydrogen peroxide eau oxygénée, peroxyde d'hydrogène.

Hydrogen salt sel acide.

Hydrogen sulfide hydrogène sulfuré, sulfure d'hydrogène.

Hydrogen sulphide = Hydrogen sulfide.

Hydrohalide halohydrate *m.*

Hydroiodide iodhydrate *m.*

Hydroiodination iodhydratation f.

Hydrolysate hydrolysat *m.*

Hydrolytic enzyme hydrolase *f.*

Hydrophilic hydrophile *adj.*

Hydrophilic-lipophilic balance équilibre hydrophile-lipophile, système HLB.

Hydrophobic hydrophobe *adj.*

Hydrophobicity hydrophobie *f.*

Hydrosilicofluoric acid acide fluosilicique.

Hydrosulfide sulfhydrate *m.*

Hydrosulfuric acid acide sulfhydrique.

Hydrosulfurous acid acide dithioneux.

Hydrothermal hydrothermique *adj.*

Hydrous hydraté *adj.*

Hydrous gel gel aqueux.

Hydrous solution solution aqueuse.

Hydroxide hydroxyde *m.*

Hydroxyl hydroxyle *m.*

Hydroxylated hydroxylé *adj.*

Hydroxyl equivalent équivalent hydroxyle.

Hydroxyl number indice d'hydroxyle.

Hygrometer hygromètre *m.*

Hyperpressure chromatography chromatographie sous pressions hypercritiques.

Hypertensin angiotensine *f.*

Hypertensive agent hypertenseur *m.*

Hypertensor = hypertensive agent.

Hypnotic hypnotique *m., adj.*

Hypnotic-sedative hypnosédatif *m., adj.*, nooleptique *m., adj.*

Hypobromous hypobromeux *adj.*

Hypochlorous hypochloreux *adj.*

Hypodermic tablet implant *m.*, comprimé sous-cutané.

Hypoglycemic hypoglycémiant *m., adj.*, hypoglicémique *m., adj.*

Hypohalous hypohalogéné *adj.*

Hypoiodous hypoiodeux *adj.*

Hypolipemic agent hypolipémiant *m.*, hypolipidémiant *m.*

Hypolipidemic agent = Hypolipemic agent.

Hypophosphorous hypophosphoreux *adj.*

Hyposulfurous hyposulfureux *adj.*

Hyposulphurous = Hyposulfurous.

Hypotensive agent hypotenseur *m.*

Hypotensor = Hypotensive agent.

Hypothesis hypothèse *f.*

Hypothesized supposé *adj.*, pris comme hypothèse.

Hypothetical curve courbe théorique.

I

I isoleucine *f.* (*code à une lettre*).

IAA acide imidazoleacétique.

IAP pyrophosphorylase d'acide
inosinique.

IBF (immunoglobulin binding factor)
facteur de liaison aux
immunoglobulines.

Ibogaine ibogaïne *f.*

IBP = Initial boiling point.

ICD isocitrate déshydrogénase.

ICDH = ICD.

Ice glace *f.*

Ice cooled solution solution glacée,
solution refroidie à la glace.

Ice point température de la glace fondante.

Ice water eau glacée.

ICG = Indocyanine green.

Icing glaçage *m.*

**ICSH = interstitial cell-stimulating
hormone.**

Ideal gas gaz parfait.

Identical identique *adj.*

Identifier séquence identificatrice
(*biologie moléculaire*).

Identifier sequence = Identifier.

Idler pignon fou, rouleau fou, galopin *m.*

Idle-roll = Idler.

IDP diphosphate d'inosine.

IDU iododésoxyuridine.

IF interféron *m.*

IFA = Immunofluorometric assay.

IFA = Incomplete Freund adjuvant.

IFN interféron *m.*

IFP insuline/hydrocortisone/prolactine.

IFU unité interféron.

Ig A (D, E, G) immunoglobuline A (D, E, G).

Ignitability inflammabilité *f.*

Ignition ignition *f.*, inflammation *f.*

IHF = Integration host factor.

IL interleukine *f.*

Ile isoleucine *f.*

Ill-effect effet nocif.

Illness maladie *f.*

Ill-smelling d'odeur désagréable.

Illustrate a behavior refléter un
comportement.

Illustrate an invention expliciter une
invention.

Illustrate a reaction progress refléter le
déroulement d'une réaction.

Illustrated donné à titre d'exemple ;
représenté *adj.*

Illustrated by mis en évidence par.

Illustrative embodiment exemple de
mode de réalisation.

Illustrative example exemple explicatif.

Illustratively à titre indicatif, à titre
d'exemple.

Illustrative purposes (for ~) à titre d'explication, à titre d'exemple.

Image generation formation d'image, imagerie *f.*

Imaging création d'image, représentation *f.*, imagerie *f.*

Imaging agent agent de contraste.

Imbalance déséquilibre *m.*

Imbed = Embed.

Imbibe (to ~) imprégner ; être imprégné par, absorber.

Imidazolidinone imidazolidone *f.*

Imide imide *m.*

Imidization imidification *f.*

Iminazole imidazole *m.*

Imine imine *f.*

Iminourea guanidine *m.*, imino-urée *f.*

Immerse (to ~) immerger.

Immiscibility non-miscibilité *f.*

Immiscible non miscible *adj.*

Immune immun *adj.*, immunisé *adj.*

Immune body anticorps *m.* ; ambocepteur *m.*, immunisine *f.*

Immune complex complexe immun.

Immune response réponse immune (*ou* immunitaire).

Immune serum immunsérum *m.*, antisérum *m.*

Immune species espèce immunologique.

Immunifacient immunisant *adj.*

Immunise = Immunize.

Immunize (to ~) immuniser.

Immunoadsorbent immunoadsorbant *m.*, *adj.*

Immunoassay essai (*ou* dosage *ou* méthode) immunologique, immunoessai *m.*

Immunoblotting immunoempreinte *f.*

Immunochemical determination identification immunochimique, dosage immunologique.

Immunochemical reactant réactif immunochimique.

Immunochemical test dosage immunologique.

Immunocomplex = Immune complex.

Immunocontrolling immunorégulateur *adj.*

Immunoelectrophoresis immunoélectrophorèse *f.*

Immunofluorometric assay dosage (*ou* méthode) immunofluorimétrique.

Immunogenicity immunogénicité *f.*

Immunoglobulin immunoglobuline *f.*

Immunological detection repérage immunologique.

Immunomodifier immunomodulateur *m.*, immunorégulateur *m.*

Immunomodulant = Immunomodifier *m.*

Immunoradiometric assay dosage (*ou* méthode) immunoradiométrique.

Immunoreaction immunoréaction *f.*

Immunoreactive reagent agent immunoréactif.

Immunoreagent immunoréactif *m.*

Immunosorbent immunosorbant *m.*, *adj.*

Immunosuppressant immunosuppresseur *adj.*

Immunosuppressed immunodéprimé *adj.*

Immunosuppressive agent = Immunosuppressant.

Immunosuppressor = Immunosuppressant.

IMP monophosphate d'inosine.

Impair (to ~) abîmer, altérer, détériorer, endommager.

Impaired anormal *adj.* ; affaibli *adj.*, altéré *adj.*

Impairment altération *f.*, anomalie *f.*, dommage *m.* ; détérioration *f.*, dysfonctionnement *m.*, perturbation *f.*

Impede (to ~) empêcher, gêner, retarder.

Impediment empêchement *m.*

Impervious étanche *adj.*, imperméable *adj.*

Impingement choc *m.*, collision *f.*

Implant implant *m.*

Implement instrument *m.*

Implied in impliqué dans.

Impregnate (to ~) imprégner.

Impregnated in en imprégnation dans, incorporé dans.

Impregnated with imprégné de, imprégné par, imprégné avec.

Impregnation of compounds imprégnation par des composés.

Impression material matériau d'empreinte (*art dentaire p. ex.*).

Impulse impulsion *f.*

Impurity impureté *f.*

IMV isophosphamide/méthotrexate/vincristine.

Inaccuracy imprécision *f.*, inexactitude *f.*

Inactive inactif *adj.*, inerte *adj.*

INAH hydrazide d'acide isonicotinique.

Inanimate matter matière inerte.

Incendiary incendiaire *adj.*

Inch pouce *m.* (*mesure*).

Incidental impurities impuretés fortuites.

Incidentally à ce propos, à ce sujet, par ailleurs, notons que.

Inclusion compound composé d'insertion.

Inclusive y compris, limites comprises.

Incomplete Freund adjuvant adjuvant incomplet de Freund.

Incongruent aberrant *adj.*, anormal *adj.*

Inconsistency contradiction *f.*, illogisme *m.*, incompatibilité *f.*

Incorporate A with B incorporer B à A.

Incorporated herein by reference incorporé ici par référence (*se dit d'un document cité dans un brevet*).

Incorporated with B (is ~) auquel on incorpore B.

Incorporation with B incorporation de B.

Increase to porter (*une température*) à.

Increasing amount quantité croissante.

Increasingly larger proportions proportions toujours plus grandes, proportions en progression constante.

Increment augmentation *f.* ; incrément *m.*

Incremental par portions.

Incrustation tartre *m.*

Incubate (to ~) incuber.

Incubator incubateur *m.*

Indacene indacène *m.*

Indan indane *m.*

Indene indène *m.*

Indentation denture *f.*, encoche *f.* ; étranglement *m.*, rétrécissement *m.*

Index indication *f.*, indice *m.*, signe *m.*

Index mark repère *m.*

Indicative of qui reflète, qui témoigne de.

Indicator dye indicateur coloré.

Indices indices *m., pl.*

Indigo blue bleu indigo, indigo *m.*

Indigo carmine carmin d'indigo.

Indigo dye colorant indigo, colorant indigoïde.

Indigotine = Indigo blue.

Indirubin indirubine *f.*

Indium indium *m.*

Individually wrapped sous emballage individuel, sous emballage unitaire.

INDO indométhacine *f.*

Indocyanine green vert d'indocyanine.

Indole indole *m.*

Indoline indoline *f.*

Induced enzyme = **Adaptive enzyme.**

Induced fit adaptation induite (*d'une enzyme pour son substrat*).

Industrially valuable rentable pour l'industrie.

Inedible non comestible.

Ineffective inefficace *adj.*, inopérant *adj.*

Inert inactif *adj.*, indifférent *adj.*, inactif *adj.*

Inert gas gaz rare.

Inertia inertie *f.*

Inertial inertiel *adj.*, d'inertie.

Inertial force force d'inertie.

Inertness inactivité *f.*

Infeeding alimentation *f.*

Inflatable gonflable *adj.*

Inflation gonflage *m.*, insufflation *f.*

Informed circonstancié *adj.*

Infrared infrarouge *m., adj.*

Infrared range domaine de l'infrarouge, infrarouge *m.*

Infringement contrefaçon *f.*

Infusion pump micropompe *f.*, perfuseur *m.*, pousse-seringue *f.*, pompe à perfusion.

Infusion rate vitesse de perfusion.

Ingredient adjuvant *m.*, ingrédient *m.*

Ingrown with (to be ~) être combiné à, faire corps avec.

Inhalant inhalant *m.*, produit pour inhalation *f.*

Inhalation fumigation *f.*, inhalation *f.*

Inhaler inhalateur *m.*

Inherent inhérent *adj.* ; intrinsèque *adj.*

Inherently hydrophobic intrinsèquement hydrophobe, hydrophobe par essence.

Inherent viscosity viscosité intrinsèque.

Inhibitor inhibiteur *m.*

Inhibitory inhibiteur *adj.*

Inhibitory phase phase inhibitrice.

Initial boiling point point initial de distillation.

Initiation induction *f.* (*génie génétique*).

Initiator amorceur *m.*, initiateur *m.* (*de réaction, de polymérisation*).

Inject (to ~) injecter.

Injection injection *f.*, solution parentérale.

Injection kit nécessaire pour injection.

Injection port = **Inlet port.**

Injection rate vitesse d'injection.

Injury blessure *f.*, lésion *f.* ; altération *f.*, détérioration *f.* ; dommage *m.*, préjudice *m.*

Ink encre *f.*

Inlet admission *f.*, conduit d'arrivée, entrée *f.*, orifice d'admission.

Inlet block chambre d'injection (*chromatographe*).

Inlet port chambre d'injection (*chromatographe*) ; orifice d'admission.

Inlet system chambre d'injection (*chromatographe*), système d'admission.

In-line = **On-line.**

In-line arrangement disposition en ligne (*d'un dispositif*).

In-line pump pompe en ligne.

Inmate inhérent *adj.*

Inner interne *adj.*

Inner core noyau interne (*d'un comprimé*), comprimé nu.

Inner electron électron interne.

Inner salt sel interne.

Inner shell electron = **Inner electron**.

Inoculate (to ~) ensemencer, infester, inoculer.

Inoculum inoculum *m.*, agent d'inoculation.

Innocuous inoffensif *adj.*

Inordinate number of nombre excessif de ;

Inorganic inorganique *adj.*, minéral *adj.*

Inorganic chemistry chimie minérale.

Inorganic materials matières minérales.

Inorganics produits minéraux.

Inositol inositol *m.*

Inotropic inotrope *adj.*

Inotropic (negative ~) inotrope négatif.

Inotropic (positive ~) inotrope positif.

In-process en cours de fabrication.

In-process control contrôle lors de la fabrication.

Input admission *f.*, entrée *f.* ; puissance nécessaire.

Insecticical insecticide *adj.*

Insecticide insecticide *m.*

Insect proofing agent insectifuge *m.*

Insect-repellent insectifuge *adj.*

Insert segment d'insertion (*génie génétique*) ; garniture interne ; prospectus *m.*

Insert socket raccord emmanché.

Inside intérieur *adj.*, interne *adj.*

Inside diameter diamètre interne.

Inside-out à l'envers *adv.*

Inside-out turning mise à l'envers, retournement *m.* (*cf.* **Reversing**).

Insoluble content teneur en (produits) insolubles.

Insoluble matter insoluble *m.*

Insonated soumis aux ultrasons.

Inspection pad plage de contrôle.

Inspissation épaississement *m.*

Instant immédiat *adj.*, instantané *adj.*

Instantaneous instantané *adj.*

Instant coffee café instantané *adj.*

Instant invention (the ~) (la) présente invention (*terminologie de brevets*).

Instillation instillation *f.*

Instillment = **Instillation**.

Insulated calorifugé *adj.* ; isolé *adj.* (*chaleur, électricité*) ; séparé *adj.*

Insulating material matériau isolant.

Insulating resistance résistance d'isolation.

Insulating substrate support isolant.

Insulation isolation *f.*, isolement *m.*

Insulator isolant *m.*

Insulin insuline *f.*

Insulin resistance insulinorésistance *f.*

Intact protein protéine entière.

Intake apport *m.*, ingestion *f.*, prise *f.*

Integer nombre entier.

Integral part partie intégrante.

Integrate A with B incorporer B dans A.

Integration host factor facteur d'intégration de l'hôte.

Intended product produit attendu, produit souhaité.

Intended use of application envisagée de, usage que l'on compte faire de.

Intensity intensité *f.*

Intents and purposes (to all ~) pratiquement *adv.*, tout se passe comme si.

Interact réagir mutuellement.

Interaction interaction *f.*

Interact with entrer en (*ou* exercer une) interaction avec.

Interbond angle angle entre liaisons.

Intercalating agent agent intercalant (*génie génétique*).

Intercept intercept *m.*, ordonnée à l'origine.

Interchain group groupe intercaténaire.

Interchanged permuté *adj.*

Intercondensation product of reaction between produit de condensation résultant de la réaction entre.

Interference means moyen d'intervention.

Interference microscope microscope interférentiel.

Interferon interféron *m.*

Interferon inducer inducteur d'interféron.

Intergrowth enchevêtrement *m.*, interpénétration *f.*, imbrication *f.* ; mâcle *f.*

Interim analyses analyses intermédiaires.

Interlayer couche intermédiaire.

Interleukin interleukine *f.*

Interlock (to ~) enclencher, verrouiller.

Interlocking enchevêtrement *m.*

Intermediary intermédiaire *adj.*

Intermediate (produit) intermédiaire *m.*

Intermediate member chaînon intermédiaire, pont *m.*

Intermedin mélanostimuline *f.*, mélanotropine *f.*

Intermolecular intermoléculaire *adj.*

Intermolecular melting hybridation moléculaire.

Internal interne *adj.*

Internal absorption résorption *f.*

Internal phase = Disperse phase.

Internal standard étalon interne.

Internally generated endogène *adj.*, formé in situ.

Interpenetrated by avec interpénétration par.

Interpolymer copolymère *m.*

Interrelation relation mutuelle, corrélation *f.*

Interspersed sequence séquence dispersée (*nucléotides*).

Interspersion espacement *m.* (*génétique*).

Interspersion (long-period ~) espacement de période longue.

Interspersion (short-period ~) espacement de période courte.

Interstitial interstitiel *adj.* ; d'insertion (*composé*).

Interstitial cell-stimulating hormone = Luteinizing hormone.

Intervening protein protéine intercalaire, protéine intermédiaire.

Intervening sequence séquence intermédiaire, intron *m.*

Intestine-soluble entérosoluble *adj.*

Intimate mixture mélange intime.

Intracellular toxin endotoxine *f.*

Intrachain group groupe intracaténaire.

Intractable incoercible *adj.*

Intracutaneous intracutané *adj.*

Intradermic intradermique *adj.*

Intramedullary intramédullaire *adj.*

Intramolecular intramoléculaire *adj.*

Intramuscular intramusculaire *adj.*

Intraperitoneal intrapéritonéal *adj.*

Intrathecal intrarachidien *adj.*

Intravascular intravasculaire *adj.*

Intravenous intraveineux *adj.*

Intricacy complexité *f.*

Intricate complexe *adj.*, compliqué *adj.*

Intrinsic intrinsèque *adj.*

Intrinsic viscosity viscosité intrinsèque.

In turn à son tour, en retour,
à tour de rôle.

Inulin inuline *f.*

Inunction onction *f.* (*action d'oindre*) ;
onguent *m.*

Invalidate (to ~) altérer, fausser, infirmer.

Inventive compound composé de
l'invention, composé de la présente
invention (*terminologie de brevets*).

Inverse dilution titre (*d'une solution*).

Inversion recovery inversion-
récupération (*RMN*).

Inverted interverti *adj.*, inversé *adj.*

Inverted sugar sucre interverti,
sucre inverti.

Invertin invertase *f.*, invertine *f.*,
saccharase *f.*

Inverting enzyme = **Invertin**.

Invertose = **Inverted sugar**.

Invert sugar = **Inverted sugar**.

Investigation étude *f.*, expérimentation *f.*,
recherche *f.*

Investigator chercheur *m.*,
expérimentateur *m.*, investigateur *m.*
(*essais cliniques*) ; expert *m.*

Involve (to ~) impliquer, mettre en jeu.

Involve unsolved problems soulever des
problèmes non résolus.

Iodhydric acid acide iodhydrique.

Iodic iodique *adj.*

Iodide iodure *m.*

Iodinated iodé *adj.*

Iodine iode *m.*

Iodine green vert à l'iode.

Iodine number indice d'iode, nombre
d'iode.

Iodine value = **Iodine number**.

Iodis... = **Iodiz...**

Iodization iodation *f.*

Iodized iodé *adj.*

Iodoform iodoforme *m.*

Iodohydrin iodhydrine *f.*

Iodophor iodophore *m.*

Iodopsin iodopsine *f.*

Iodous iodeux *adj.*

Ion ion *m.*

Ion beam faisceau ionique.

Ion exchange capacity capacité
d'échange ionique.

Ion exchange chromatography
chromatographie par échange d'ions, c.
d'échange d'ions, c. échangeuse d'ions,
c. sur résine échangeuse d'ions.

Ion-exchanged ayant subi un échange
d'ions, échangé par des ions.

Ion-exchanged water eau permutée.

Ion exchanger échangeur d'ions.

Ion exchange resin résine échangeuse
d'ions.

Ion-forming ionogène *adj.*

Ionic ionique *adj.*

Ionis... = **Ioniz...**

Ionization potential potentiel d'ionisation
(*en eV*).

Ionizer ionisant *m.* ; ionisateur *m.* (*appareil*).

Ionizing potential = Ionization potential.

Ionizing radiation rayonnement ionisant.

Ionizing ray = Ionizing radiation.

Ion laser laser à ions

Ionogenic ionogène *adj.*

Ionophoresis ionophorèse *f.*

Ionotropy ionotropie *f.*, tautomérie ionique.

Ion-pair chromatography chromatographie par paires d'ions (*ou* par appariement d'ions).

Ion-pair partition appariement d'ions (*chromatographie*).

Ion-plating ionoplastie *f.*

Ion product produit ionique.

IP = Ionization potential.

IPC = Ion-pair chromatography.

Ipecac ipéca *m.*

IPP = Ion-pair partition.

IPTG isopropylthiogalactoside.

IR = Inversion recovery.

IR infrarouge *m.*

Iridium iridium *m.*

Irish moss carragheen *m.*, mousse marine, mousse perlée.

Irium laurylsulfate de sodium.

Iron fer *m.*

Iron-binding protein sidérophyline *f.*

Iron blue bleu de Prusse.

Irone irone *f.*

Irrelevant peptide peptide étranger.

Isatic acid acide isatique.

Isatin isatine *f.*

Isatoic acid acide isatoïque.

Isatropic acid acide isatropique.

ISDN dinitrate d'isosorbide.

Isoacceptor tRNA ARNt isoaccepteur (*acceptant le même acide aminé*).

Isoborneol isobornéol *m.*

Isocratic elution élution isocratique (*à composition constante de la phase mobile*).

Isocyanic isocyanique *adj.*

Isocyanide carbylamine *f.*, isonitrile *m.*

Isocyclic isocyclique *adj.*

Isoelectric electrophoresis = Isoelectric focusing.

Isoelectric focusing électrofocalisation *f.*

Isoelectric point point isoélectrique, pHi.

Isolate isolat *m.*

Isolate (to ~) isoler.

Isolate A from B isoler A de son mélange avec B.

Isolation isolement *m.*

Isoleucine isoleucine *f.*

Isolog isologue *m.*

Isologous isologue *adj.*

Isomer isomère *m.*

Isomerase isomérase *f.*

Isomerate isomérisat *m.*, produit d'isomérisation.

Isomeric isomère *adj.*

Isomeris... = Isomeriz...

Isomerism isomérie *f.*

Isomerism-capable isomérisable *adj.*

Isomerization isomérisation *f.*

Isomerize (to ~) isomériser ; s'isomériser.

Isometric view vue en perspective isométrique.

Isomorph isomorphe *m.*

Isomorphic isomorphe *adj.*

Isomorphous = **Isomorphic**.

Isoperthiocyanic acid acide isoperthiocyanique (amino-5-3H-dithiazole- 1,2,4-thione-3).

Isophthalic acid acide isophtalique.

Isoprenoid isoprénoïde *m., adj.*

Isopropoxide isopropylate *m.*

Isopropyl isopropyle *m.*, isopropyl (*nom.*).

Isoquinoline isoquinoléine *f.*

Isostere isostère *m.*

Isosteric isostère *adj.*

Isothermal isotherme *adj.*, isothermique *adj.*

Isothermic = **Isothermal**.

Isotonis... = **Isotoniz...**

Isotonizer isotonisant *m.*

Isotope isotope *m.*

Isotope exchange échange isotopique.

Isotopic dilution dilution isotopique.

Isotopic ratio proportions d'isotopes.

Items of an equipment pièces (*ou* parties) d'un dispositif.

ITP triphosphate d'inosine.

IVS = intervening sequence.

Ix resin résine échangeuse d'ions.

J

J (cf. : J chain).

Jacket chemise f., enveloppe f., manchon m.

Jacketed flask ballon chemisé, ballon à chemise.

Jag cran m.

Jagged cranté adj., denté adj.

Jalapin jalapine f.

Jar fiole f., flacon m.

Jar fermenter fermenteur à pots.

Jaw mâchoire f.

Jaw crusher malaxeur à mâchoires.

J chain chaîne de jonction, chaîne J (immunoglobulines).

Jelly gelée f.

Jellying gélifiant m.

Jelly strength = Gel strength.

Jet jet m. ; buse f., cheminée f., tube m.

Jet mill microniseur à jet.

Jet pipe tuyère f.

Jet pump pompe à éjecteur, éjecteur m.

Jig bac m. ; crible m. ;

Jig sieve tamis à secousses, tamis vibrant.

JND = Just noticeable difference.

Joining assemblage m., jonction f., raccordement m.

Joint articulation f., joint m., raccord m.

Jointed articulé adj.

Jointless inarticulé adj.

Jolt (to ~) secouer.

Jolting table table vibrante.

Juice jus m., suc m.

Juice extractor presse-fruits m.

Jumping gene gène sauteur.

Junction chain = J chain.

Juniper genièvre m.

Junk DNA ADN inutile.

Just noticeable difference différence juste perceptible.

Juvenile hormone hormone juvénile.

K lysine *f.* (*code à une lettre*).

KAF facteur d'activation du conglutinogène.

K factor facteur k, conductivité thermique (*en mW/m. K*).

Kallikrein inhibitor antikallikréine *m.*

Kanamycin kanamycine *f.*

Kaolin kaolin *m.*

Karaya gum gomme karaya.

KAT kanamycine acétyltransférase.

Kb kilobase.

Kbp kilopaire de bases.

KDa kilodalton *m.*

Keeper armature *f.*

Keratin kératine *f.*

Keratinous kératinique *adj.*

Kernel noyau *m.*

Ketene cétène *m.*

Keto- céto-

Ketogenesis cétogénèse *f.*

Ketolysis cétolyse *f.*

Ketone cétone *f.*

Ketone bodies corps cétoniques.

Ketonic cétonique *adj.*

Ketose cétose *m.*

Ketosteroid cétostéroïde *m.*

Ketoxime cétoxime *f.*

Kettle chaudière *f.* ; cuve *f.* ; réacteur *m.*

Key clé, clef *f.* ; touche *f.*

Key-atom atome-clé.

Keyboard clavier *m.*

Keyhole limpet hemocyanin hémocyanine de fissurelle.

Keynote caractéristique *f.*

Keystep stade déterminant.

Kidney rein *m.*

Kidney stone calcul rénal.

Kieselguhr kieselguhr *m.*, terre d'infusoires.

Kill (to ~) sacrifier (*animaux de laboratoire*), tuer.

Kiln étuve *f.*, four *m.*

Kinase kinase *f.*

Kind catégorie *f.*, espèce *f.*, genre *m.*, sorte *f.*, type *m.*

Kindling point point d'inflammation *f.*

Kinetic cinétique *adj.*

Kinetics cinétique *f.*

Kinin kinine *f.*

Kit coffret *m.*, ensemble *m.*, kit *m.*, nécessaire *m.*, trousse *f.*

Knapsack extinguisher extincteur (*de type*) havresac.

Kneader pétrin *m.*

Knee of a curve coude *m.* (*ou* décrochage *m.*) d'une courbe.

Knife couteau *m.*, lame *f.*

Knob bouton *m.*

Knock choc *m.*

Knock out pot pot de décharge.

Know-how know-how *m.*, savoir-faire *m.*

Known in the art connu dans la technique considérée (*brevets*).

Krypton krypton *m.*

Kugelrohr distillation distillation dans un tube à boules.

Kynurenine kynurénine *f.*

L (*cf.* **L-alpha, L-amino, L- chain**).

L leucine (*code à une lettre*).

Lab « labo » *m.*, laboratoire *m.*

Label désignation *f.*, dénomination *f.* ; étiquette *f.* ; marqueur *m.*

Label (to ~) étiqueter, marquer.

Labeled element élément marqué, radioélément (*ex. : radiophosphore*).

Labeling marquage.

Labeling agent marqueur *m.*

Labeling machine étiqueteuse *f.*

Labeling requirements mentions obligatoires portées sur conditionnement.

Labelling = **Labeling**.

Labile instable *adj.*, labile *adj.*, volatil *adj.*

Laboratory laboratoire *m.*

Laboratory assistant assistant(e) *m.* (*f.*) de laboratoire, laborantin(e) *m.* (*f.*).

Laboratory equipment matériel de laboratoire.

Labware matériel de laboratoire.

Lac laque *f.*, vernis *m.*

Lachrymatory lacrymogène *adj.*

Lacmus paper papier tournesol.

Lacquer = **Lac**.

Lactalbumin lactalbumine *f.*

Lactam lactame *m.*

Lactation hormone prolactine *f.*

Lactation-promoting galactagogue *adj.*

Lactic lactique *adj.*

Lactide lactide *m.*

Lactim lactime *m.*

Lactobacillus casei factor acide ptéroyltriglutamique.

Lactoflavin lactoflavine *f.*, riboflavine *f.*, vitamine B$_2$.

Lactoflavin deficiency ariboflavinose *f.*

Lactogenic galactogène *adj.*, lactogène *adj.*

Lactogenic hormone = **Lactation hormone**.

Lactone lactone *f.*

Ladderlike helix échelle hélicoïdale.

Laevo- = **Levo-**.

LAF = **Lymphocyte activating factor**.

Lag décalage *m.*, déphasage *m.*, retard *m.*

Lagering blondissement *m.* (*bière*).

Lagging strand brin secondaire (*biologie moléculaire*).

Lag time (temps de) latence *f.*

LAH = **Lithium aluminum hydride**.

Laid open (to public inspection) mis à la disposition du public (*brevet*).

Lake laque *f.*

L-alpha-amino acid acide alpha-aminé L.

Lamellar lamellaire *adj.*

Lamina couche *f.*

Lamina (external ~) couche entérique.

Laminar flow écoulement laminaire, flux laminaire.

Laminate stratifié *m.*

Laminated feuilleté *adj.*, stratifié *adj.*

Laminated tablet comprimé multicouche.

L-amino acid acide aminé L.

Lampblack noir de fumée

Landmark repère *m.*

Lane trajet *m.* (*tracé de chromatogramme*).

Langmuir-Wilhelmy balance balance de L.-W. (*tensioactivité*).

Lanolin lanoline *f.*

LAPOCA L-asparaginase/prednisone/ vincristine/cytosine- arabinoside/ adriamycine.

Large bore open tube column colonne à tube ouvert de grand diamètre.

Large percentage of fort pourcentage de.

Large quantity of grande quantité de.

Laricin laricine *f.*

Laser beam faisceau laser.

Last runnings queues (*distillation*).

Latch cliquet *m.*

Latency latence *f.*, temps de latence.

Latent heat chaleur latente.

Later stage (at a ~) ultérieurement *adv.*, à un stade ultérieur.

Lath lamelle *f.*

Lathe mousse *f.* (*de savon*).

Lath-like lamellaire *adj.*

LATS = Long-acting thyroid stimulator.

Lattice réseau *m.*, treillis *m.*

Lattice constant constante de réseau (*rayons X*).

Lattice plane plan réticulaire.

Lattice plate réseau réticulé (*argiles p. ex.*).

Laughing gas gaz hilarant, oxyde nitreux.

Lauric laurique *adj.*

Lauryl alcohol alcool laurylique, dodécanol *m.*

Law loi *f.*

Lawrencium lawrencium *m.*

Lawsone lawsone *f.*

Laxative laxatif *m.*

Laxoin phénolphtaléine *f.*

Layer couche *f.* ; phase *f.*

Layered stratifié *adj.*

Layered assay dosage sur couches.

Layered configuration configuration stratifiée.

Lay off (upon) porter (*sur une courbe*).

Lay out tracé *m.* ; schéma *m.* ; dispositif *m.*

Lazaroids lazaroïdes *m., pl.* (*contre la dégénérescence lipidique*).

LBOT column = Large bore open tube column.

LCAO-MO combinaison linéaire d'orbitales atomiques et d'orbitales moléculaires.

LCAT lécithine-cholestérol acyltransférase.

LCD = Liquid crystal display.

L chain chaîne polypeptidique légère (*immunoglobulines*).

LCT lymphocytotoxine *f.*

LDH déshydrogénase lactique, lactodéshydrogénase.

LDL = Low-density lipoprotein.

Leaching extraction *f.*, lessivage *m.*, lixiviation *f.*, percolation *f.*

Lead plomb *m.* ; conducteur *m.* ; canalisation *f.*, conduite *f.*

Lead-lined steel acier plombé.

Lead poisoning saturnisme *m.*

Leader protein protéine initiale, protéine leader.

Leader sequence séquence initiale, séquence leader.

Leading strand brin principal (*biologie moléculaire*).

Lead red minium *m.*, oxyde rouge de plomb (Pb_3O_4).

Leaf filter filtre à cadres.

Leaf filter (level ~) filtre à cadres horizontal.

Leaflet notice *f.* (de médicament), prospectus *m.* ; paillette *f.* (*cristallographie*).

Leaflet (see enclosed «) voir (*ou* se reporter à) notice jointe.

Leak fuite *f.*, perte *f.*

Leakage fuite *f.*, perte *f.*, déperdition *f.* (*de matière*).

Leakage test essai d'étanchéité.

Leaks (to check for ~) vérifier l'étanchéité.

Leaks and cracks (to check for ~) *cf.* : **Leaks (to check for ~).**

Lean sorbent absorbant pauvre.

Least-squares method méthode des moindres carrés.

Leather cuir *m.*

Leavening agent levure chimique.

Leaving group groupe labile, groupe mobile.

Lecithin lécithine *f.*

Left-handed gauche (*isomère optique*), à pas gauche (*hélice*).

Leg branche *f.*, pied *m.*, tige *f.* (*appareillage*).

Lemon acid acide citrique.

Lemon-grass oil essence de lemon-grass.

Lens lentille *f.*

Lens filter filtre à lentilles.

Lens-shaped lenticulaire *adj.*

Less preferred embodiment mode de réalisation moins avantageux.

Lethal dose dose léthale, dose mortelle.

Leucine leucine *f.*

Leucine zipper glissière à leucine (*génie génétique*).

Leucobase leucobase *f.*, leucodérivé *m.*

Leucocidin leucocidine *f.*

Leuco compound leucodérivé *m.*

Leucoline quinoléine *f.*

Leucomain leucomaïne *f.*

Leuco molecule = **Leuco compound.**

Leucopterin leucoptérine *f.*

Leucovorin leucovorine *f.*, acide folinique.

Leukin leukine *f.*

Leukotriene leucotriène *m.*

Level degré *m.*, niveau *m.*, taux *m.*

Leveling lissage *m.* (*d'une courbe*).

Leveling agent agent d'unisson (*colorants*) ; régulateur de fluidité.

Level leaf filter filtre à cadres horizontal.

Levelling = **Leveling.**

Level off at se stabiliser à (*un certain niveau, une certaine valeur*).

Level spoon cuillerée à ras bord.

Lever stopper bouchon à bascule.

Lever switch interrupteur à bascule.

Levo-handed lévogyre *adj.*

Levorotatory = **Levo-handed.**

Levulic lévulique *adj.*

Levulin lévuline *f.*

Leyden jar bouteille de Leyde.

LH = Luteinizing hormone.

LH/FSH-RF = Luteinizing-hormone and follicle-stimulating hormone releasing factor.

LH-RH = Luteinizing hormone-releasing hormone.

LHSV = Liquid hourly space velocity.

Library banque *f.*, bibliothèque *f.* (*de gènes*).

Lichenin lichénine *f.*

Lichen starch amidon de lichen, lichénine *f.*

Lid couvercle *m.*

Lidocaine lidocaïne *f.*

Life of a catalyst durée de vie d'un catalyseur.

Life process processus vital.

Life sciences sciences de la vie.

Life-size image image en vraie grandeur, image grandeur nature.

Lifespan durée de vie *f.*, vie *f.*

Life test essai de durée (de vie), essai d'endurance.

Ligand coordinat *m.*, groupe *m.*, ligand *m.*

Ligation ligation *f.* (*ex. : fragments d'ADN*) ; ligature *f.*

Ligation mixture mélange de ligation.

Light beam faisceau lumineux.

Light boiling compound composé à bas point d'ébullition.

Light brown brun clair.

Light chain = L chain.

Light coagulation photocoagulation *f.*

Lightening enrichissement en produits légers.

Lighter boiling à point d'ébullition plus faible ; plus léger.

Light fade décoloration à la lumière.

Light green vert lumière.

Light-induced photochimique *adj.*

Light microphotography microphotographie optique.

Light microscopy microscopie optique.

Light mineral oil huile de vaseline fluide.

Light path trajet optique.

Light-producing luminescent *adj.*

Light-sensitive photosensible *adj.*, sensible à la lumière.

Light wave onde lumineuse.

Lignan lignane *m.*

Lignin lignine *f.*

Lignocaine = Lidocaine.

Ligroin ligroïne *f.*

Lilac lilas (*teinte*).

Lime chaux *f.*, oxyde de calcium.

Lime milk eau de chaux.

Limestone calcaire *m.*

Lime test of water dosage des sels de calcium dans l'eau, hydrotimétrie calcique.

Lime water = Lime milk.

Liminal value seuil *m.*, valeur liminaire.

Limonene limonène *m.*

Linalool linalol *m.*

Lincomycin lincomycine *f.*

Lincture électuaire *m.*

LINE (long interspersed nucleotide sequence) séquence de nucléotides de période longue.

Line chaîne *f.* ; canalisation *f.*, conduite *f.* ; raie *f.* (*de Na p. ex.*).

Linear linéaire *adj.*, rectiligne *adj.*

Lined with recouvert de, renforcé par, à doublure de.

Line flow production production à la chaîne.

Line of sodium raie du sodium.

Line reactor réacteur chemisé.

Line spectrum spectre de raies.

Lining doublure *f.*, garnissage *m.*, habillage *m.*, revètement *m.*

Link liaison *f.*, lien *m.*, maillon *m.*

Linkage chaînon *m.*, enchaînement *m.*, liaison *f.*

Linked immunoassay essai immunologique avec marquage à (*la peroxydase p. ex.*).

Linker bras (*chromatographie, polymères*), linker *m.* (*génie génétique*), segment de liaison, séquence de liaison (*ADN*).

Linker arm = Linker.

Linker DNA ADN de liaison.

Linking enchaînement *m.*

Linking member pont *m.*, segment de liaison.

Linoleic linoléique *adj.*

Linolenic linolénique *adj.*

Linolic acid acide linoléique.

Linseed oil huile de lin.

Lintless paper papier sans fibre.

LIO = Limiting oxygen index.

Lip bec *m.*, lévre *f.*, rebord *m.*

Lipid lipide *m.*

Lipid content lipémie *f.*

Lipid depressing hypolip (id) émiant *adj.*

Lipid formation inhibiting hypolipémiant *adj.*

Lipid lowering = Lipid depressing.

Lipid solubility liposolubilité *f.*

Lipid-soluble liposoluble *adj.*

Lipogenesis lipogénèse *f.*

Lipoic lipoïque *adj.*

Lipoid lipoïde *m.*

Lipolytic enzyme lipase *f.*

Lipophilic lipophile *adj.*

Lipoprotein lipoprotéine *f.*

Lipotropic lipotrope *adj.*

Lipotropic hormone = lipotropin.

Lipotropin lipotropine *f.* (hormone lipotrope hypophysaire).

Lipped à bec.

Lipstick (bâton de) rouge à lèvres.

Liquation ressuage *m.*

Liquefacient liquéfiant *m.*

Liquefied liquéfié *adj.*

Liquefier liquéfacteur *m.*

Liquefy (to ~) liquéfier.

Liquefying liquéfaction *f.*

Liquid liquide *m., adj.*

Liquid chlorine bleach solution de chlorure décolorant.

Liquid chromatography chromatographie en phase liquide.

Liquid crystal display affichage à cristaux liquides.

Liquid handling manipulation des liquides.

Liquid head charge hydrostatique.

Liquor liqueur *f.*, solution *f.* ; boisson alcoolique, spiritueux *m.*

Liquorice réglisse *f.*

Lithium lithium *m.*

Lithium aluminum hydride hydrure de lithium et d'aluminium.

Litmus paper papier au tournesol.

Live electrode électrode sous tension.

Liver foie *m.*

Liver filtrate factor acide pantothénique, vitamine B$_5$.

Liver-protective hépatoprotecteur *adj.*

Living polymerization polymérisation stoechiométrique.

LLC chromatographie liquide-liquide.

LMO orbital moléculaire localisée

Load charge *f.*

Loadability capacité de charge.

Load dose = Loading dose.

Loading chargement *m.*

Loading dose dose d'attaque, dose de mise en charge.

Locant indice de position.

Loci *pluriel de* **Locus.**

Lock chamber sas *m.*

Locus locus *m.*, site *m.* (*d'action d'un fongicide p. ex.*).

Locus (at a ~) en un site (donné), sur site, sur le site même.

Locust bean gum gomme de caroube.

Logarithm logarithme *m.*

Logarithmic paper = Logit paper.

Logit paper papier (à échelle) logarithmique.

Log rank test test rang log.

LOI = Loss on ignition.

Lone electron électron célibataire.

Long-acting action action prolongée, action de longue durée.

Long-acting thyroid stimulator stimulateur thyroïdien à action prolongée.

Long-lasting action = Long-acting action.

Long-range coupling interaction à longue distance (*RMN*).

Long-range order ordre à longue distance (*structure*).

Long terminal repeat long segment terminal à répétitions (*nucléotides*).

Loop anse *f.*, boucle *f.*

Loop diuretics diurétiques de l'anse.

Loopful quantité prélevée à l'aide d'une anse, une anse de.

Loose lâche *adj ;* en vrac ; non aggloméré.

Loose-lid à couvercle mobile.

Lopsided dissymétrique *adj.*

Loss perte *f.*

Loss of head perte de charge.

Loss on ignition perte au feu.

Lotion lotion *f.*

Low-boiling de bas point d'ébullition.

Low boiling range domaine des bas points d'ébullition.

Low-density lipoprotein lipoprotéine (de) basse densité.

Low dielectric medium milieu à faible constante diélectrique.

Lower inférieur *adj.*

Lower homologues homologues inférieurs.

Low-high HP method procédé HP bas-haut (*procédé de déprotection*).

Low-melting de bas point de fusion.

Low-molecular de faible masse moléculaire.

Low rate faible taux.

Low volume pump pompe à faible débit.

Lozenge pastille *f.*, tablette à sucer.

LPC lysophosphatidylcholine.

LPL lipoprotéine lipase.

LPS lipopolysaccharide.

LSD lysergamide *m.* (diéthylamide d'acide lysergique).

LSH = **Lutein-stimulating hormone.**

LTH = **Luteotropic hormone.**

LTR = **Long terminal repeat.**

Lubricant lubrifiant *m.*

Lubricate (to ~) graisser, lubrifier.

Lubricating oil huile lubrifiante.

Lubricious lubrifiant *adj.*

Lubricity pouvoir lubrifiant.

Luciferin luciférine *f.*

Lukewarm tiède *adj.*

Lumen lumen *m.* ; lumière *f.*, ouverture *f.* (*tube, vaisseau*).

Lumpfree solution solution limpide.

Lumpy grumeleux *adj.*, en grumeaux.

Lung poumon *m.*

Lupulin lupuline *f.*

Lutecium lutétium *m.*

Lutein lutéine *f.*

Luteinizing hormone hormone lutéinisante, gonadotrophine B, lutéostimuline *f.*

Luteinizing-hormone and follicle-stimulating hormone releasing factor gonadolibérine *f.*

Luteinizing hormone-releasing hormone hormone libératrice de lutéostimuline.

Luteinizing principle = **Luteinizing hormone.**

Lutein-stimulating hormone lutéostimuline *f.*

Luteohormone progestérone *f.*

Luteotropic hormone = **Luteotropin.**

Luteotropin lutéotropine *f.*, mammotrop (h) ine *f.*, prolactine *f.*

Lutetium = **Lutecium.**

Lycopodium lycopode *m.*

Lye lessive *f.*

Lymph lymphe *f.*

Lymphocyte activating factor facteur d'activation des lymphocytes.

Lyolysis solvolyse *f.*

Lyophilic lyophile *adj.*

Lyophilis... = **Lyophiliz...**

Lyophilization = **Freeze-drying.**

Lyophilize (to ~) lyophiliser.

Lyophobic lyophobe *adj.*

Lysate lysat *m.*

Lysine lysine *f.*

Lysis lyse *f.*

Lysolecithin lysolécithine *f.*

M

M méthionine *f.* (*code à une lettre*).

m = **Multiplet** multiplet *m.* (*spectrométrie*).

MAA = **Marketing authorization application.**

MABOP moutarde azotée/doxorubicine/ bléomycine/vincristine/prednisone.

MACC méthotrexate/adriamycine/ cyclophosphamide/CCNU.

Macerator macérateur *m.*

Machinability usinabilité *f.*

Machine runability comportement sur machine.

Machinery mécanisme *m.*

Machining usinage *m.*

Macrocyclic macrocyclique *adj.*

Macrophage activating factor facteur d'activation des macrophages.

Macrophage arming factor = **Macrophage activating factor.**

Macrophage spreading factor facteur de propagation des macrophages.

Madder garance *f.*

Madder red alizarine *f.*

MAF = **Macrophage activating factor.**

Magazine magasin *m.*

Magnesia magnésie *f.*

Magnesium magnésium *m.*

Magnesium compound magnésien *m.*

Magnesium exchanged échangée contre du magnésium (*zéolite*).

Magnet aimant *m.*

Magnetic magnétique *adj.*

Magnetic collection collecte magnétique.

Magnetis... = **Magnetiz...**

Magnetism magnétisme *m.*

Magnetizability aimantabilité *f.*

Magnetization aimantation *f.*

Magnification agrandissement *m.*, grossissement *m.* (*optique*).

Magnifier loupe *f.*

Magnify (to ~) agrandir, grossir (*loupe*).

Magnifying glass loupe *f.*

Magnifying lens = **Magnifying glass.**

Magnitude grandeur *f.*

Maintenance entretien *m.*, maintien *m.*

Maintenance dose dose d'entretien, dose de maintien.

Maintenance-free sans entretien, n'exigeant pas d'entretien.

Maize maïs *m.*

Major amount proportion (*ou* quantité) prépondérante.

Major histocompatibility complex complexe majeur d'histocompatibilité.

Major ingredient ingrédient principal.

Major tranquilizer neuroleptique *m.*

Make-up agencement *m.* (*p. ex. d'acides aminés*), constitution *f.* (chimique) ; fard *m.*, maquillage *m.*

Make-up gas gaz d'appoint.

Make-up fluid fluide d'appoint.

Make-up primer base de maquillage (*cosmétologie*).

Malarial paludéen *adj.*, paludique *adj.*

Malaxator malaxeur *m.*

Male hormone hormone mâle.

Male hormones hormones (sexuelles) mâles, androgènes *m., pl.*

Maleic maléique *adj.*

Male joint raccord mâle.

Male sex hormone hormone mâle, hormone androgène.

Malfunction fonctionnement défectueux, mauvais fonctionnement.

Malic malique *adj.*

Malleability malléabilité *f.*

Malonic malonique *adj.*

Malononitrile malonitrile *m.* (nitrile d'acide malonique).

Malonylurea malonylurée *f.*, acide barbiturique.

Malt malt *m.*

Malting maltage *m.*

Maltose maltose *m.*

Malt sugar = Maltose.

Mammotropic hormone = Luteotropin.

Mandelic acid acide mandélique, acide phénylglycolique.

Manganese manganèse *m.*

Manifold collecteur multiple ; distributeur *m.*

Manipulated parameter paramètre sur lequel on agit.

Man-made artificiel *adj.*, synthétique *adj.*

Mannan mannane *m.*

Mannonic acid acide mannonique.

Mannose mannose *m.*

Manometer manomètre *m.*

Mantle heater chemise chauffante, enveloppe chauffante.

Manton-Gaulin mill homogénéiseur de Manton-Gaulin.

Manufacture fabrication *f.*

Manufactured fabriqué *adj.*, manufacturé *adj.*

Manucfactured goods produits manufacturés.

Manufacturer fabricant *m.*

Manufacturing fabrication *f.*

Manufacturing chemist chimiste industriel, chimiste de production.

Manufacturing efficiency rendement de production.

Manufacturing worksheet bordereau de fabrication.

Manure engrais *m.*

MAO monoamine oxydase.

MAOI = Monoamine oxidase inhibitor.

Map carte *f.* ; site *m.*

Maple sugar sucre d'érable, saccharose *m.*

Mapping distribution ; cartographie *f.*, repérage *m.*, localisation *f.*, représentation *f.*

Marble marbre *m.*

Margaric acid acide margarique, acide heptadécylique.

Margin of error marge d'erreur.

Marjoram oil essence de marjolaine (*d'origan*).

Mark insigne *m.*, marque *f.*, repère *m.*

Marker marqueur *m.*, traceur *m.*

Marketing authorization autorisation de mise sur le marché.

Marketing authorization application demande d'autorisation de mise sur le marché.

Markush structure structure de Markush, structure générique.

Marsh gas gaz des marais, méthane *m.*

Mash bouillie *f.*

Mash (to ~) brasser.

Mask masque *m.*

Mask (to ~) masquer.

Masking effect effet masquant.

Mass masse *f.*

Mass fabrication fabrication à grande échelle.

Mass flow débit massique.

Mass number nombre de masse.

Mass production fabrication en série.

Mass spectrometry spectrométrie de masse.

Mass spectrum spectre de masse.

Master batch mélange mère *m.*, mélange maître m.

Master composition = Master batch.

Master form calibre *m.*, patron *m.*

Master formula formule mère.

Master preparation préparation magistrale.

Master-slave manipulator manipulateur à télécommande.

Masticator malaxeur *m.*, pétrisseuse *f.*

Masticatory masticatoire *adj.*

MAT méthionine adénosyltransférase.

Match (to ~) appareiller, apparier ; égaler, rivaliser.

Matching accord *m.*, adaptation *f.*, ajustement *m.*

Matching placebo placebo de comparaison**.**

Match to (to ~) (s') adapter à, (s') accorder avec.

Material matière *f.*, matériau *m.*

Material combination combinaison de substances.

Mat glass verre dépoli, verre mat.

Mathematical mathématique *adj.*

Mathematics mathématiques *m., pl.*

Matrix forme *f.*, matrice *f.*, moule *m.*, noyau *m.* (*comprimé*).

Matrix support support matriciel.

Matter matière *f.*

Mature protein protéine mature.

Maturing mûrissement *m.*, vieillissement *m.*

Maximum exotherm pic de température.

Maze enchevêtrement *m.*, labyrinthe *m.*

MBAG (méthyléthanediylidène) dinitrilobis (amino-3 guanidine).

MBT mercaptobenzothiazole.

MBTFA méthyl-bis (trifluoroacétamide).

MCA méthylcholanthrène.

MCBP melphalan/cyclophosphamide/ BCNU/prednisone.

MCP melphalan/cyclophosphamide/ prednisone.

MDA méthylènedioxy-3,4 amphétamine.

MDH (= malic dehydrogenase) déshydrogénase malique.

MDH (= melanin-dispersing hormone) hormone dispersante de la mélanine.

Meal farine *f.*, poudre fine ; repas *m.*

Mean moyen *adj* ; moyenne *f.*

Mean free path libre parcours moyen.

Means dispositif *m.*, moyen *m.*, organe *m.*

Mean square error erreur quadratique moyenne.

Measurable increase augmentation mesurable (*ou* appréciable *ou* sensible).

Measurable loss perte mesurable (*ou* appréciable *ou* sensible).

Measurable quantity quantité mesurable.

Measure mesure *f.*

Measure (to ~) mesurer.

Measured-dose nebulizer nébuliseur doseur.

Measurement dimension *f.* ; mesure *f.* (*action*).

Measuring cup mesure *f.* (*quantité contenue*) ; nacelle *f.* (*ou* gobelet *m.*) de mesure.

Measuring cylinder éprouvette graduée.

Measuring flask flacon gradué.

Measuring glass éprouvette graduée.

Measuring pump pompe doseuse.

Measuring scoop mesurette *f.*

Measuring spoon cuillère-mesure *f.*

Mecca balsam baume de la Mecque.

Mechanical mécanique *adj.*

Mechanical strengths propriétés de résistance mécanique.

Mechanics mécanique *f.*

Mechanism mécanisme *m.*

Mechanistic study étude du mécanisme (*d'action*).

Meconic méconique *adj*

Meconin méconine *f.*

Media milieux *m., pl.*

Mediated by ayant pour origine, régulé par, à médiation, exercé par (l'intermédiaire de).

Medicated hydrophile *adj.* (*coton*) ; hygiénique *adj.* (*savon*) ; médicamenté *adj.*, médicamenteux *adj.* (*crayon*), médicinal *adj.* (*boisson*).

Medicinal médicinal *adj* ; officinal *adj.* (*plante*).

Medicinal composition médicament *m.*

Medicinals produits pharmaceutiques, remèdes *m., pl.*

Medicine médicament *m.*, remède *m.* ; médecine *f.*

Medium élément *m.*, matériau *m.* ; milieu *m.* ; support *m.*

Medium-sized moyen *adj.*, de dimension moyenne.

MEE oxyde d'éthyle et de méthyle.

Meet a condition remplir une condition.

Meet a demand répondre à un besoin.

Meet a requirement satisfaire à une exigence.

MEFA MeCCNU/fluorouracile/ adriamycine.

MEK méthyl-éthylcétone.

Melamine mélamine *f.*

Melanin mélanine *f.*

Melanis... = Melaniz...

Melanizing agent agent de pigmentation.

Melanocyte-stimulating hormone mélanostimuline *f.*, mélanotropine *f.*, hormone mélanotrope.

Melanophore-stimulating hormone = Melanocyte-stimulating hormone.

Melatonin mélatonine *f.*

Mellic mellique *adj.*

Mellitic = Mellic.

Mellophanic acid acide mellophanique (*benzènetétra-carboxylique-1, 2, 3, 4*).

Melphalan melphalan *m.*

Melt bain de fusion, produit fondu.

Melt flow index indice de fluidité à chaud (*ou* à l'état fondu).

Melt flow rate = melt flow index.

Melt-fused joint par fusion, réuni par fusion.

Melt index = **melt flow index.**

Melting fusion *f.*

Melting event processus de fusion.

Melting point point de fusion.

Melting pot creuset *m.*

Melting range intervalle de fusion.

Melting together fusion conjointe.

Melt processibility aptitude au traitement à l'état fondu.

Melt-processible transformable à l'état fondu.

Melt viscosity viscosité à l'état fondu.

Member chaînon *m. ;* élément (*en général*) *m.*, organe *m.* ; homologue *m.*

-membered -gonal (*cf. p. ex.* : **Eight-membered, Five-membered, Six-membered**).

Membered (x-~) à x chaînons (*cycle*).

Membrane membrane *f.*

Membrane diffusion diffusion membranaire, osmose *f.*

Membrane filter filtre à membrane, filtre microporeux.

Membrane pellet pastille membranaire (*centrifugation*).

Membrane porosity porosité membranaire.

Membrane structure structure membraneuse ; structure de la membrane, structure membranaire.

Membranous membraneux *adj.*

Menadione ménadione *f.*, vitamine K_3.

Menthane menthane *m.*

Menthene menthène *m.*

Menthol menthol *m.*

Meperidine péthidine *f.*, mépéridine *f.*

Mephenesin méphénésine *f.*

Mercaptal thioacetal *m.*

Mercaptan mercaptan *m.* (*ex.* : *méthylmercaptan*), thiol *m.*

Mercaptide thiolate *m.*

Mercaptole = **Mercaptal.**

Mercurial mercuriel *adj.*

Mercuric mercurique *adj.*

Mercurochrome mercurochrome *m.*, merbromine *f.*

Mercurous mercureux *adj.*

Mercury mercure *m.*

Mercury dropping electrode électrode à gouttes de mercure.

Mercury poisoning hydrargyrisme *m.*

Mesh maille *f.* (*nombre de mailles par pouce d'un tamis*) ; mesh (*granulométrie d'une poudre*).

Mesh band press presse à tamis.

Mesh screen toile filtrante.

Mesh size ouverture de maille (*tamis*).

Mesomer mésomère *m.*

Mesomeric mésomère *adj.*

Mesomerism mésomérie *f.*

Mesomerism-capable mésomérisable *adj.*

Mesotartaric mésotartrique *adj.*

Mesoxalic mésoxalique *adj.*

Mesoxalylurea mésoxalylurée *f.*, alloxane *m.*

Messenger messager *m.*

Mesure a position repérer une position.

Met méthionine *f.*

Metal métal *m.*

Metalation métallation *f.*

Metabolic fate sort métabolique.

Metabolism métabolisme *m.*

Metabolite métabolite *m.*

Metal coated métallisé *adj.*

Metal gauze toile métallique.

Metallic métallique *adj.*

Metallized dye colorant métallé.

Metalloid métalloïde *m.*

Metallo-organic organométallique *adj.*

Metallostatic head charge (*ou* pression) métallostatique.

Metal organic = Metallo-organic.

Meter mètre *m.* ; doseur *m.*, doseuse *f.*

Meter (to ~) doser, mesurer.

Meter A into (to ~) = meter A to (to ~).

Meter A to (to ~) ajouter une quantité mesurée de A à (*ou* dans).

Metered dose apparatus appareil doseur.

Metered in ajouté en quantité mesurée.

Metering apparatus appareil de mesure ; doseur *m.*

Metering pump pompe doseuse

Metering tank réservoir jauge *m.*

Metering valve valve doseuse.

Methaemoglobin = Methemoglobin

Methanoic formique *adj.*, méthanoïque *adj.*

Methanolysis methanolyse *f.*

Methemoglobin méthémoglobine *f.*

Methide méthylure *m.*

Methiodide iodométhylate *m.*

Methionic méthionique *adj.*

Methionine méthionine *f.*

Method méthode *f.*, procédé *m.*

Methoxide méthylate *m.*

Methyl méthyl (*nom.*), méthyle *m.*

Methyl alcohol alcool méthylique, méthanol *m.*

Methylated spirit alcool à brûler, méthanol *m.* ; alcool dénaturé.

Methyl chloride chlorure de méthyle.

Methylene blue bleu de méthylène.

Methylparaben p-hydroxybenzoate de méthyle.

Me-too drug copie de médicament existant, médicament identique.

MFI = Melt index.

MFP monofluorophosphate.

MFR = Melt flow rate.

MGBG bis (guanylhydrazone) du méthylglyoxal.

MHC = Major histocompatibility complex.

MHPG méthoxy-3 hydroxy-4 phénylglycol.

MI = Melt index.

MIBG m-iodobenzylguanidine.

Michael addition (réaction d') addition de Michael.

Michael reaction = Michael addition.

Microbeadlet microbille *f.*

Microbial microbien *adj.*

Microbial fungi champignons microscopiques.

Microcapsule microcapsule *f.*

Microchemistry microchimie *f.*

Microcrystalline microcristallin *adj.*

Micrometer micromètre *m.*

Micrometer syringe seringue micrométrique.

Micronis... = Microniz...

Micronizer microniseur *m.*

Micronizing micronisation *f.*, réduction en poudre fine.

Micron size particles particules micrométriques.

Microorganism micro-organisme *m.*

Microparticle microparticule *f.*

Microparticulate microparticulaire *adj.*, en fines particules.

Microscope microscope *m.*

Microscope slide lame de microscopie, lame porte-objet *m.*

Microsequenator microséquenceur *m.*

Microtiter plate plaque de microtitrage.

Microwave energy énergie hyperfréquence.

Microwave oven four à micro-ondes, four à ondes hyperfréquence.

Microwave plasma plasma à micro-ondes.

MIF facteur d'inhibition de la migration (*biologie moléculaire*).

Migrating group groupe migrant.

Mild conditions conditions douces.

Mild oxidation oxydation ménagée.

Mild reaction réaction modérée.

Milk lait *m.*

Milk centrifuge écrémeuse centrifuge.

Milk curdling enzyme présure *f.*, rennine *f.*

Milk diet régime lacté.

Milk glass verre opalescent.

Milk of lime lait de chaux.

Milk production enhancing galactopoïétique *adj.*

Milk sugar lactose *m.*

Milky laiteux *adj.*

Mill broyeur *m.*, moulin *m.*

Mill starch amidon industriel.

Mimesis = Mimicry.

Mimic (to ~) imiter, reproduire.

Mimicking imitation.

Mimicking of a drug imitation (*des effets*) d'un médicament.

Mimicking of a mechanism imitation (*ou* reproduction) d'un mécanisme d'action.

Mimicry (molecular ~) mimétisme *m.*

Mince (to ~) hacher.

Mineral minéral *m., adj.*

Mineral jelly pétrolatum *m.*, vaseline *f.*

Mineral oil huile minérale ; huile de vaseline épaisse.

Minerals éléments minéraux *(p. ex. : oligoéléments)* ; produits minéraux.

Mineral spirit essence minérale.

Mineral wax pétrolatum *m.*, vaseline *f.*

Mingle (to ~) incorporer, mélanger.

Minor amount proportion (*ou* quantité) moindre.

Minor tranquilizer tranquillisant *m.*, tranquillisant mineur.

Mint menthe *f.*

Minute menu *adj.*, minuscule *adj.*

Minute examination examen minutieux, examen très détaillé.

Minute particles particules très fines.

Mirror miroir *m.* ; spéculaire *adj.*, symétrique *adj.*

Mirror image image (*dans un*) miroir, image spéculaire.

Miscellaneous divers.

Miscibility miscibilité *f.*

Miscible miscible *adj.*

Misinterpretation interprétation erronée.

Mismatch mauvais appariement.

Mismatched incompatible *adj.*

Mismatched double-stranded RNA ARN bicaténaire incompatible.

Misreading lecture erronée.

Mist brouillard *m.*, voile *m.*

MIT = **Microisotacticity.**

Mites acariens *m., pl.*

Miticide acaricide *m.*

Mitotic inhibitor antimitotique *m.*

Mitotic poison = **Mitotic inhibitor.**

Mixability miscibilité *f.*

Mixed disulfide method procédé au disulfure mixte.

Mixed ether éther mixte.

Mixed melting point (essai de) point de fusion de mélange.

Mixed process procédé mixte.

Mixed reaction system mélange réactionnel.

Mixed solution mélange en solution, solution mixte.

Mixed solvent mélange de solvants.

Mixer mélangeur *m.*

Mixible miscible *adj.*

Mix in incorporer par mélange.

Mixing mélange *m.* (*action de mélanger*), mixtion *f.*

Mixing agent adjuvant de miscibilité.

Mixing head tête de mélange, tête mélangeuse

Mixing means dispositif de mélange, mélangeur *m.*

Mixing ratio rapport de mélange.

Mixing tank réservoir de mélange, réservoir mélangeur.

Mix of prereacted materials prémélange *m.*, prémix *m.*

Mixture mélange *m.*

MLS macrolide/lincosamide/ streptogramine.

MMO méthane monooxydase.

MMTA méthylmétatyramine.

MNNG N-méthyl-N-nitro-N-nitrosoguanidine.

MNU méthylnitrosourée.

MOB moutarde azotée/vincristine/ bléomycine.

Mobile phase phase mobile (*chromatographie*).

Model modèle *m.*

Modeling = **Modelling.**

Modelling représentation par modèle, modélisation *f.*

Modifying aid auxiliaire de modification.

MOG (= myelin oligodendrocyte glycoprotein) glycoprotéine d'oligodendrocyte de myéline.

Mohr's clip pince de Mohr.

Moiety fragment *m.* (*de molécule*).

Moistened humecté *adj.*, humidifié *adj.*, mouillé *adj.*

Moistener mouillant *m.*

Moisture humidité *f.*

Moisture balance balance d'humidité.

Moisture content teneur en eau, degré d'humidité.

Moisture content of gas teneur en humidité des gaz.

Moisture cream crème hydratante.

Moisture releasing humidifiant *adj.*, hydratant *adj.*

Moisture surge surgénérateur d'hydratation (*cosmétiques*).

Moisture trap piège à eau, piège condenseur.

Moisturise = **Moisturize.**

Moisturize (to ~) humidifier.

Molality molalité *f.*

Molar molaire *adj.*

Molarity molarité *f.*

Molar number nombre de moles.

Molar weight poids moléculaire.

Molasses mélasse *f.*

Mold matrice *f.*, moule *m.* ; moisissure *f.*

Mold (to ~) moudre, pétrir.

Moldability plasticité *f.*

Molded article pièce moulée.

Molding façonnage *m.*, moulage *m.*, pétrissage *m.*

Mold packing conditionnement préformé.

Mole mole *f.*, molécule-gramme *f.*

Molecular moléculaire *adj.*

Molecular chaperone molécule chaperon.

Molecular cluster agrégat moléculaire, amas moléculaire.

Molecular disease enzymopathie *f.*

Molecular formula formule brute.

Molecular mimicry mimétisme moléculaire.

Molecular rearrangement réarrangement moléculaire, remaniement moléculaire.

Molecular sieve tamis moléculaire.

Molecular swarms = Molecular clusters.

Molecular weight masse moléculaire.

Molecule molécule *f.*

Mole fraction fraction molaire.

Mole percent pourcentage en moles, pourcentage molaire.

Molten fondu.

Molybdenum molybdène *m.*

Moment moment *m.*

Momentum quantité de mouvement.

Monadic monoatomique *adj.*, monovalent *adj.*

Monitor appareil de contrôle, détecteur *m.* ; moniteur *m.* (*expérimentation clinique*).

Monitor (to ~) contrôler.

Monitor a reaction surveiller une réaction.

Monitoring contrôle *m.*, surveillance *f.*

Monitor the progress of suivre le déroulement de.

Monkey-nut oil huile d'arachides.

Monoamine oxidase inhibitor inhibiteur de la monoamine oxydase, IMAO *m.*

Monocarboxylic ester monoester *m.*

Monochromatic light lumière monochromatique.

Monochromator monochromateur *m.*

Monochromic monochrome *adj.*

Monoclinic system système monoclinique (*cristallographie*).

Monohydric alcohol alcool monohydroxylé, alcool monovalent, monoalcool *m.*

Monolithic crystal monocristal *m.*

Monomer monomère *m.*

Monomeric monomère *adj.*

Monoolefin monooléfine *f.*

Monovalent alcohol monoalcool *m.*, alcool monovalent.

Monoxide monoxyde *m.*, protoxyde *m.*

Montan wax cire de lignite.

MOP moutarde azotée/vincristine/procarbazine.

MOPEG méthoxy-3 hydroxy-4 phénylglycol.

MOPP MOP/prednisone.

MOPS acide morpholinopropanesulfonique.

More preferred compound composé plus particulièrement préféré.

Morin morine *m.*

Morning-after pill pilule « du lendemain » (*contraceptif*).

Morphia morphine *f.*

Morphine = Morphia.

Morphine addiction morphinomanie *f.*

Morpholine morpholine *f.*

Mortar mortier *m.*

Mortar mill broyeur à meules.

Mosaic mosaïque *adj.* (*structure*).

Mosquito controlling agent agent de démoustication.

Mosquito-repellent antimoustique *m.*, *adj.*

Moss starch = Lichen starch.

Mother liquid = Mother liquor.

Mother liquor eau mère *f.*, lessive mère *f.*

Mother solution solution mère *f.*

Mother tincture teinture mère *f.*

Mother water eau mère *f.*

Mothproofing antimite *adj.*

Mothproofing agent antimite *m.*

Motion mouvement *m.*

Motion energy énergie cinétique.

Motion sickness mal des transports.

Motor moteur *m.*

Motor activity activité motrice.

Mould... = Mold...

Mount (to ~) agencer, monter ; servir à monter ; porter, supporter.

Mounted monté *adj.*, serti *adj.*

Mounting plate plaque de montage, plateau de fixation.

Mouthpiece embout *m.*

Mouthrinse bain de bouche, collutoire *m.*

Mouthwash = Mouthrinse.

Moving-band production travail à la chaîne.

Moving bed reaction réaction en lit mobile.

MPA acétate de méthylprednisolone.

MPC métallophtalocyanine.

MPI isomérase de phosphate de mannose.

MPP méthyl-1 phényl-4 pyridine.

MPS mucopolysaccharide.

MPTP méthyl-1 phényl-4 tétrahydro-1,2,3,6 pyridine.

mRNA ARN messager, ARNm.

MSE = Mean square error.

MSF = Macrophage spreading factor.

MSG glutamate monosodique.

MSH = Melanocyte-stimulating hormone.

MTA désoxy-5'méthylthio-5'adénosine.

MTBE oxyde de tert-butyle et de méthyle.

mtDNA ADN mitochondrial.

MTH méthylthiohydantoïne.

MTHF acide méthyltétrahydrofolique.

MTHHF tétrahydrohomofolate de méthyle.

MTR méthylthioribose.

MTX méthotrexate *m.*

Mucic acid acide mucique.

Mucilage mucilage *m.*

Mucilaginous mucilagineux *adj.*

Mucin mucine *f.*

Mucoid mucoïde *m.*, *adj.*

Mucoitin mucoïtine *f.*

Muconic muconique *adj.*

Mucous muqueux *adj.*

Mucus-like mucoïde *adj.*

Mud boue *f.*

Muddy trouble *adj.* (*liquide*)

Muddy (to turn ~) se troubler (*liquide*).

Muffle moufle *m.*

Muffling amortissement *m.*

Mull pâte *f.*

Mulling porphyrisation *f.*

Multi-branched à ramifications multiples
(*hydrocarbure p. ex.*).

Multilayer multicouches.

Multilayer tablet comprimé multicouche.

Multilinker polylinker *m.*

Multi-membered à nombreux chaînons ;
polygonal *adj.*

Multiphase pluriphasé *adj.*, polyphasé *adj.*

Multiple chromatography
chromatographie répétée.

**Multiple drug addiction = Polydrug
addiction.**

Multiple drug treatment
polychimiothérapie *f.*

Multiplet multiplet *m.* (*spectrométrie*).

Multiple vitamin therapy
polyvitaminothérapie *f.*

Multiplied polyvalent *adj.*

Multiply (to ~) multiplier.

Multiplying multiplicateur *adj.*,
multiplicatif *adj.*

Multipurpose multivalent *adj.*, à usages
multiples.

Multistage en plusieurs étapes,
à plusieurs stades, multi-stades ;
à plusieurs étages.

Multistage atomizer atomiseur à étages
multiples.

Multistage reaction réaction à stades
multiples.

Multivalent compound composé
polyvalent.

Multivalued à valeurs multiples.

Multivariate analysis analyse
multifactorielle.

Muriatic acid acide chlorhydrique.

Muscle relaxant myorelaxant *m.*,
relaxateur musculaire, myorelaxateur
m., myorésolutif *m.*

Muscle-relaxing myorelaxant *adj.*

Mushroom champignon.

Mushroom poisoning intoxication
fongique.

Musk musc *m.*

Musky musqué *adj.*

Must moût *m.*

Mustard moutarde *f.*

Mustard gas gaz moutarde *m.*, ypérite *f.*

Mustard plaster sinapisme *m.*

Mustard tan brun légèrement olive.

Mutation mutation *f.*

MVPP méchloréthamine/vinblastine/
procarbazine/prednisone.

MW (= Molecular weight) MM (= masse
moléculaire).

Mydriatic mydriatique *adj.*

Myelin myéline *f.*

Myeloid myéloïde *adj.*

Myoglobin myoglobine *f.*

Myosin myosine *f.*

Myristic myristique *adj.*

Myristicin myristicine *f.*

Myristin myristine *f.*

Myristoin myristoïne *f.*

Myrtenol myrténol *m.*

N

N asparagine *f.* (*code à une lettre*).

NAC moutarde azotée/adriamycine/CCNU.

NAD déshydrogénase d'acide nicotinique ; nicotinamide-adénine dinucléotide.

NADABA acide N-adénosyldiaminobutyrique.

NADG nicotinamide-adénine dinucléotide glycohydrolase.

NADH nicotinamide-adénine dinucléotide réduit.

Nadic (R) methyl anhydride anhydride d'acide méthyl-Nadique (R) (isomères d'acide méthylbicyclo [2.2.1] heptènedicarboxylique- 2,3).

NADP phosphate de nicotinamide-adénine dinucléotide.

NADPH phosphate de nicotinamide-adénine dinucléotide réduit.

NAG N-acétylglucosaminidase.

Nail coating revêtement protecteur pour ongles.

Nail coating remover = **Nail polish remover**.

Nail polish vernis à ongles.

Nail polish remover = dissolvant pour ongles.

Nail varnish = **Nail polish**.

NANA acide N-acétylneuraminique.

NAPA N-acétylprocaïnamide.

Naphthalene naphtalène *m.*

Naphthalenic naphtalénique *adj.*

Naphthalic acid acide naphtalique, acide naphtalènedicarboxylique-1,8.

Naphthene naphtène *m.*

Naphthionic naphtionique *adj.*

Naphtho- naphto-.

Naphthoic acid acide naphthoïque, acide naphtalènecarboxylique.

Naphthol naphtol *m.*, naphtalénol *m.*

Naphthol red amaranthe *m.*, bordeaux S *m.*, rouge de naphtol.

Naphthylphenol = **Naphthol**.

Narcoleptic narcoleptique *m., adj.*

Narcotic narcotic *m., adj.*

Narcotine narcotine *f.*

Narrowed range (of values) intervalle resserré (*ou* plus étroit) (de valeurs).

Narrow-spectrum antibiotic antibiotique à spectre étroit.

Nasal spray pulvérisation nasale.

Nascent naissant *adj.*

Nascent hydrogen hydrogène naissant.

NAT N-acétyltransférase.

Native natif *adj.*, naturel *adj.*, à l'état naturel.

Native group groupe d'origine.

Native protein protéine native, protéine naturelle.

Natural naturel *adj.*

Nauseant nauséabond *adj.*

Nauseous nauséabond *adj.* ;
nauséeux *adj.*

NBT nitrobleu de tétrazolium (*colorant*).

NDMA nitrosodiméthylamine.

Near presque, proche, quasi.

Near-constancy quasi-constance *f.*

Near infrared proche infrarouge *m.*

Near neutral presque neutre.

Near ultraviolet proche ultraviolet.

Neat tel quel, pur *adj.* ; sans solvant.

Nebuliser = **Nebulizer.**

Nebulizer flacon aérosol *m.*, nébuliseur *m.*

Necessary (as ~) au besoin, si
nécessaire.

Neck col *m.*, goulot *m.*, tubulure *f.*

Necking rétrécissement *m.*

Necrotizing factor nécrotoxine *f.*

Need (according to ~) au besoin, si
nécessaire.

Need (in ~ of) nécessitant, qui nécessite.

Needle aiguille *f.*

Needle-like aciculaire *adj.*

Needle-shaped = **Needle-like.**

Needle valve robinet à pointeau, soupape
à aiguille.

Need not be identical ne pas être
nécessairement identique (*se dit p. ex.
d'un substituant par rapport à un autre*).

Negate (to ~) annuler.

Negative négatif *adj.*

Negative adaptation assuétude *f.*

Negatively affect (to ~) avoir un effet
négatif sur, nuire à.

Negligibly small suffisamment petit pour
être négligé.

Neighbor voisin *m.*, *adj.* (*groupe p. ex.*).

Neighborhood voisinage *m.*

Neighbour... = **Neighbor...**

Neodymium néodyme *m.*

Neomycin néomycine *f.*

Neoprene néoprène *m.*

Nephelometer néphélomètre *m.*

Nephelometry néphélémétrie *f.* (*ou
néphélométrie f.*) (*lumière diffusée*).

Nerve nerf *m.*

Nerve growth factor facteur de
croissance des neurones.

Nervous sedative neurosédatif *m.*,
sédatif nervin.

Nested emboîté *adj.*, encastré *adj.*,
incorporé *adj.*, logé *adj.*

Net filet *m.*, réseau *m.* ; final *adj.*, global
adj., net *adj.*

Net charge charge résultante, charge
totale (*d'un ion*).

Net consumption consommation
effective, consommation réelle (*d'un
réactif*).

Net effect effet global, résultat global.

Net-like structure structure réticulaire.

Net pH of a mixture pH résultant d'un
mélange.

Net plate plateau à mailles.

Net result résultat final (ou global),
résultat net, bilan *m.*

Netting réseau *m.* ; réticulation *f.*

Network réseau *m.*

Neurochemistry neurochimie *f.*

Neurologicals médicaments
neurologiques.

Neurotensin neurotensine *f.*

Neurotransmitter neuromédiateur *m.*,
neurotransmetteur *m.*

Neutral neutre *adj.*

Neutral (until ~) jusqu'à neutralité.

Neutrality neutralité *f.*

Neutron neutron *m.*

Next higher value valeur immédiatement supérieure.

Next lower value valeur immédiatement inférieure.

NGF = Nerve growth factor.

Niacin niacine *f.*, acide nicotinique.

Niacinamide niacinamide *m.*, nicotinamide *m.*, vitamine PP.

Niagara blue = Congo blue.

Nickel nickel *m.*

Nick translation déplacement de coupure (*génie génétique*).

Nicotine nicotine *f.*

Nicotine withdrawal agent antitabagique *m.*

Niobium niobium *m.*

Nitrate nitrate *m.*

Nitrate (to ~) nitrer.

Nitric nitric *adj.*

Nitric oxide oxyde azotique, bioxyde d'azote.

Nitride nitrure *m.*

Nitroamine nitramine *f.*

Nitroaniline nitraniline *f.*

Nitrocompound dérivé nitré.

Nitrogen azote *m.*

Nitrogen blanket couverture d'azote (*gaz de couverture*).

Nitrogen dioxide bioxyde d'azote, dioxyde d'azote.

Nitrogen monoxide protoxyde d'azote, monoxyde d'azote.

Nitrogen mustard moutarde à l'azote, moutarde azotée.

Nitrogenous azoté *adj.*

Nitrogenous substance substance azotée.

Nitrogen oxide oxyde d'azote.

Nitrogen pentoxide anhydride azotique, pentoxyde d'azote.

Nitrogen peroxide peroxyde d'azote.

Nitrogen tetroxide tétroxyde d'azote.

Nitrogen trioxide anhydrique azoteux, trioxyde d'azote.

Nitroglycerin nitroglycérine *f.*, nitroglycérol *m.*

Nitrohydrochloric acid eau régale.

Nitroindole nitroindole *m.*

Nitrometer azotomètre *m.*

Nitrosylation nitrosation *f.*

Nitrous nitreux *adj.*, azoteux *adj.*

Nitrous oxide protoxyde d'azote, oxyde nitreux.

NKHS = Normal Krebs-Henseleit solution.

Nl/h litres normaux par heure.

NMA N-méthylaspartate.

NMDA N-méthyl-D-aspartate.

NMN nicotinamide mononucléotide : normétanéphrine *f.*

NMR = Nuclear magnetic resonance.

NMR imaging imagerie par RMN.

NMT N-méthyltransférase.

Noble inerte *adj.*, noble *adj.*, rare *adj.*

Noble gas gaz noble, gaz rare.

Noble metal métal noble.

Node nodule *m.* ; nœud *m.*, point nodal.

Nodular nodulaire *adj.*

Nodule nodule *m.*

Noise muffling amortissement du bruit.

Nomenclature nomenclature *f.*

Nominal value valeur nominale, valeur théorique.

Nomogram abaque *m.*, nomogramme *m.*

Nomograph = **Nomogram**.

Nonadsorptive separation séparation sans adsorption.

Noncompetitive inhibitor inhibiteur non compétitif.

Non-aqueous non aqueux.

Non-compliance non-observance *f.*

Non-dimensional sans dimensions.

Non-directional non directif, omnidirectionnel adj.

Non-discoloring solide (*colorant*).

Non-drug approach démarche non médicamenteuse.

Nondusting ne formant pas des poussières.

Nonhazardous substance substance non dangereuse, substance inoffensive.

Non-invasive method méthode noninvasive (*ex. : gastrique*), non sanglante *(cardiovasculaire)*.

Non-metal métalloïde *m.*

Non-miscible non miscible.

Non-prescription drug médicament sans ordonnance.

Non-proprietary name dénomination commune, nom générique.

Nonprotein nitrogen azote non protéinique.

Nonprotonic aprotique *adj.*

Non-ring acyclique *adj.*

Non-sedating non sédatif *adj.*

Nonsteroidal antiinflammatory drug antiinflammatoire non stéroïdien.

Nonvalent de valence nulle.

Noradrenalin noradrénaline *f.*

Norit eluate factor acide folique.

Normalcy = **Normality**.

Normal deviate écart réduit.

Normality normalité *f.*

Normal strength acid acide à concentration normale.

Nose drops gouttes nasales.

Nose-irritant sternutatoire *adj.*

Notch cran *m.*, encoche *f.*, entaille *f.*

No-time method procédé dit « rapide ».

Novel nouveau (*invention*).

Novel product produit nouveau, produit original.

Novelty nouveauté *f.* (*invention*).

Novobiocin novobiocine *f.*

Novocaine novocaïne *f.*

Noxious nuisible *adj.*

Noxiousness nocivité *f.*

Nozzle ajutage *m.*, bec *m.*, buse *f.*, gicleur *m.*, tuyère *f.*

Nozzle needle aiguille d'injection.

NPN = **Nonprotein nitrogen**.

NPPase nitrophénylphosphatase.

NPPD nitrophénylpentadiène.

NPSH groupe sulfhydryle non protéique.

NPX norpropoxyphène *m.*

NQR = **Nuclear quadrupolar resonance**.

NSAI (D) = **Nonsteroidal antiinflammatory (drug)**.

NSP N-succinylpérimycine.

NSS solution salée normale.

NTA acide nitrilotriacétique.

NTG nitroglycérine.

NTP nucléoside triphosphatase.

Nuclear nucléaire *adj.*

Nuclear magnetic resonance résonance magnétique nucléaire.

Nuclear quadrupolar resonance résonance nucléaire quadripolaire.

Nucleating agent agent de nucléation.

Nucleation nucléation *f.*, production de germes.

Nuclei noyaux *m., pl.*

Nucleic acid acide nucléique.

Nuclein nucléine *f.*

Nucleophilic nucléophile *adj.*

Nucleoprotein nucléoprotéine *f.*

Nucleoside nucléoside *m.*

Nucleotide nucléotide *m.*

Nucleus noyau *m.*

Nucleus-seeking nucléophile *adj.*

Nuclide nucléide *m.*, nuclide *m.*

Null nul.

Null-point point zéro.

Number indice *m.*, nombre *m.*, numéro *m.* ;

Number average molecular weight masse moléculaire moyenne en nombre.

Number average particle size taille moyenne en nombre des particules.

Numbered numéroté *adj.*

Numbering dénombrement *m.*, numération *f.*, numérotage *m.*, numérotation *f.*

Numeral chiffre *m.*

Numerical numérique *adj.*

Numerical indication indication chiffrée.

Numerous nombreux *adj.*

Nutgall tannin acide (gallo) tannique.

Nutmeg oil essence de noix de muscade.

Nut oil huile de noix.

Nutrient aliment *m.*, nutriment *m.*, produit nutritif ; nutritif *adj.*

Nutrition alimentation *f.*, nutrition *f.*

Nutritional requirements besoins nutritionnels.

NUV = Near ultraviolet.

Nux vomica noix vomique, nux vomica.

NVM = Nonvolatile matter.

Nystatin nystatine *f.*

NZCC (= New Zealand China clay) kaolin de Nouvelle Zélande.

OAA acide oxalacétique.

OAT ornithine aminotransférase.

Objectionable odour mauvaise odeur, odeur inacceptable.

Objectionable residue résidu indésirable.

Object of an invention but d'une invention (*brevets*).

Obnoxious agressif *adj.*, désagréable *adj.*

Obtainable by reaction of accessible par réaction de, résultant de la réaction de.

Obtaining obtention *f.*

Occluded in enfermé dans, en inclusion dans, retenu dans.

Occur (to ~) apparaître, exister, se manifester.

OCT ornithine carbamoyltransférase.

Octahedral octaédrique *adj.*

Octahedron octaèdre *m.*

Octet octet *m.*

ODC ornithine décarboxylase.

Odd célibataire (*électron*) *adj* ; impair *adj.*

Odor odeur *f.*

Odor-causing odorant *adj.*, générateur d'odeur.

Odoriferous odorant *adj.*, odoriférant *adj.*

Odorless inodore *adj.*

Odor molecule molécule odorante.

Odorous substance substance odorante.

Odour... = Odor...

Oenanthic acid acide énanthique, acide n-heptanoïque.

Oenanthol heptanal *m.*

Oestr... = Estr...

Off-center pump pompe rotative.

Offensive odour odeur agressive.

Off-line treatment traitement autonome, traitement en différé, traitement à part.

Off-taste arrière-goût *m.*

Off-white blanchâtre, blanc sale.

OHDA hydroxydopamine.

Oil huile *f.*

Oil (to ~) graisser, lubrifier.

Oil bath bain d'huile.

Oil bleeding ressuage d'huile.

Oil cloth toile cirée.

Oil content of a gum teneur en huile d'une gomme.

Oil dropping coagulation en gouttes.

Oil free non gras, sans huile.

Oiling huilage *m.*

Oil-in-water-emulsion émulsion huile-dans-eau, émulsion huile/eau.

Oil of bitter almonds essence d'amandes amères.

Oil of mustard essence de moutarde, isothiocyanate d'allyle.

Oil of turpentine essence de térébenthine.

Oil of vitriol acide sulfurique.

Oil red = Cerasin red.

Oil-repellent lipophobe *adj.*,
  oléophobe *adj.*

Oil-soluble oléosoluble *adj.*

Oil wetting mouillabilité à l'huile.

Oily huileux *adj.*

Ointment onguent *m.*, pommade.

Ointment mill broyeur à pommade.

Oleandomycin oléandomycine *f.*

Oleandrin oléandrine *f.*

Olefin oléfine *f.*

Olefinic oléfinique *adj.*

Oleic acid acide oléique.

Olein oléine *f.*

Oleometer oléomètre *m.*

Oleophilic oléophile *adj.*

Oleophobic oléophobe *adj.*

Oleum oléum *m.*

Oligomer oligomère *m.*, oligo...
  (*cf. p. ex.* : **Carbonate oligomer**)

Oligomeric oligomère *adj.*

Oligomycin oligomycine *f.*

OMP = Outer membrane protein.

On-column injection injection à dépôt
  direct (*ou* à dépôt ponctuel)
  (*chromatographie*).

One-color monochromatique *adj.*

One-dimension (al) à une dimension,
  unidimensionnel *adj.*

One-packaged à conditionnement
  unitaire.

One-pack drug médicament à
  conditionnement unitaire.

One-pot reaction réaction en une seule
  étape, réaction en récipient unique.

One-shot treatment traitement par dose
  (*ou* injection) unique.

One-sided test = One-tail test.

One-tail test test à une borne, test
  unilatéral (*statistiques*).

One-way cock robinet à une voie, robinet
  à passage direct.

One-way pack emballage perdu.

One-way reaction réaction non
  équilibrée, réaction univoque.

One-way syringe seringue jetable,
  seringue à usage unique.

Onium salt sel d'onium.

On-line treatment traitement direct,
  traitement en continu, traitement en
  ligne.

On-off effects effets fluctuants (*ou*
  intermittents *ou* irréguliers).

ONPG ortho-nitrophényl-béta-D-
  galactopyranoside.

Onset démarrage *m.* (*d'une réaction*).

Onset of action début de l'action, délai
  d'action.

Onset of gelation time délai de
  gélification.

Onset of reaction démarrage de réaction.

On stream en fonctionnement, en marche.

On stream analysis analyse en continu.

On stream time temps de marche
  effective.

O/O emulsion émulsion huile-dans-huile,
  émulsion huile/huile.

Opacifying agent opacifiant *m.*

Opacity opacité *f.*

Opalescence opalescence *f.*

Opaque opaque *adj.*

Open atmosphere atmosphère ambiante.

Open chain chaîne ouverte.

Open flame flamme nue.

Opening ouverture *f.*

Opening of a ring ouverture de cycle.

Opening of a sieve ouverture de maille d'un tamis.

Open reading frame cadre de lecture ouvert, phase de lecture ouverte (*génie génétique*).

Open splitter diviseur de flux (*avec vanne ouverte à l'atmosphère*).

Operability facilité de mise en œuvre.

Operable means for moyen (s) pouvant être mis en œuvre pour.

Operate (to ~) faire marcher, faire fonctionner, mettre en œuvre.

Operated actionné *adj.*, fonctionnant *adj.*, qui fonctionne, qui travaille, réalisé *adj.*

Operated (electrically ~) actionné par l'électricité.

Operating conditions conditions de fonctionnement.

Operating deck plateforme de commande.

Operating panel panneau de commande.

Operating temperature température de service, température opérationnelle.

Operation fonctionnement *m.*, marche *f.*

Operation (in ~) en fonctionnement, en marche, en service.

Operational opérationnel *adj.*, en état de fonctionnement.

Operational (fully ~) pleinement opérationnel.

Operational troubles incidents de fonctionnements.

Operation of a method mise en œuvre d'un procédé.

Operative efficace *adj.*, opératoire *adj.*

Operative (fully ~) pleinement efficace.

Operatively fonctionnellement.

Ophtalmic ophtalmique *adj.*

Opiate narcotique *m.*, opiacé *m.*

Opioid analgesic analgésique morphinique.

Opium opium *m.*

Opium addiction opiomanie *f.*

Opposite opposé *adj.*

Opposite charge charge opposée.

Optical optique *adj.*

Optical activity activité optique.

Optical brightener azurant optique.

Optical brightening azurage optique, blanchiment optique.

Optical clarity transparence optique.

Optical grade pureté optique.

Optical quality pureté optique, qualité optique.

Optical resolution dédoublement des racémiques.

Optical resolving agent agent de dédoublement des racémiques.

Optical splitting dédoublement optique.

Optics optique *f.*

Optimally au mieux, de manière optimale.

Optional facultatif *adj.*, au choix.

Optional (the pH is ~) on peut choisir (le pH *p. ex.*).

Oral ampul ampoule buvable.

Oral application administration orale, administration per os.

Orally per os.

Oral route voie orale, per os.

Orange orange *adj.* (*couleur*) ; orange *f.* (*fruit*).

Orange red minium *m.*, oxyde rouge de plomb (Pb_3O_4).

Orbit orbite *f.*

Orbital orbitale *f.*

Orbital electron électron planétaire.

Orcein orcéine *f.*

Orchidic hormone testostérone *f.*

Orcin orcinol *m.*

Order ordre *m.*

Order (first ~ reaction) réaction du premier ordre.

Order of magnitude ordre de grandeur.

Order of precedence ordre de priorité (*nom.*).

Order of preference ordre de préférence.

Ordinate ordonnée *f.*

Ore minerai *m.*, minéral *m.*

Orectic orectique *m., adj.* (*stimulateur de l'appétit*).

ORF = Open reading frame.

Organ organe *m.*

Organic organique *adj.*

Organic chemist chimiste organicien.

Organic mercury compound organomercuriel *m.*

Organic phosphate insecticide insecticide organophosphoré.

Organics produits organiques.

Organis... = Organiz...

Organism organisme *m.*

Organizational chart organigramme *m.*

Organ-noxious organotoxique *adj.*

Organoaluminium organoaluminique *adj.*, organoaluminium *m.*

Organoaluminium compounds organoaluminiums *m., pl.*

Organoboron organoboré *m.*

Organocadmium organocadmien *m.*

Organolithium organolithique *m.*

Organomagnesium organomagnésien *m.*

Organometallic organométallique *adj.*

Organosilicon organosilicique *m.*

Organosodium organosodé *m.*, organosodique *m.*

Organosol organosol *m.*

Orientation machine aligneuse *f.*

Original d'origine ; vrai *adj.*

O-ring seal joint torique.

Orn ornithine *f.*

Ornithine ornithine *f.*

Orphan drug médicament orphelin.

Orthoformic ester orthoformiate d'éthyle.

Ortho-fused ortho-condensé *adj.*

Orthophosphoric acid acide orthophosphorique.

Orthosilicic acid acide orthosilicique.

Oscillate (to ~) osciller.

Oscillating conveyor transporteur à secousses.

OSD = Oxygen-selective detector.

Osmagent agent osmotique.

Osmate osmiate *m.*

Osmium osmium *m.*

Osmometer osmomètre *m.*

Osmopolymer polymère osmotique.

Osmosis osmose *f.*

Osmotic pressure pression osmotique.

Ossein osséine *f.*

OTA ornithine transaminase.

Otalgic antalgique auriculaire, otalgique *m., adj.*

OTC = Over-the-counter.

OTC ornithine transcarbamylase.

OTS ortho-toluènesulfonamide.

Ouabain ouabaïne *f.*

Ounce once *f.*

Outer extérieur *adj.*, externe *adj.*

Outer bed volume = Void volume.

Outer core noyau externe (*d'un comprimé*), enrobage (*comprimé*).

Outer electron électron périphérique.

Outer membrane protein protéine de la membrane externe.

Outer shell couche externe (*d'électrons*), enveloppe externe.

Outer-shell electron = Outer electron.

Outfit appareillage *m.*, dispositif *m.*

Outfit (to ~) équiper.

Outflow écoulement *m.*, débit *m.*

Outflow pressure pression d'écoulement.

Outgas (to ~) dégazer.

Outgrowth excroissance *f.*

Outlet sortie *f.*

Outline contour *m.*, profil *m.*

Outline (to ~) esquisser, tracer ; représenter, schématiser.

Out-of-phase déphasé *adj.*

Output débit *m.* ; production *f.* ; rendement *m.* ; puissance *f.*, signal de sortie (*mesure*).

Output of a measurement relevé d'une mesure.

Output stream courant de sortie, courant résultant.

Outrank (to ~) avoir le pas sur, avoir priorité sur, précéder.

Outside extérieur *adj.*, externe *adj.*

Outside electrons électrons externes, électrons périphériques.

OVA ovalbumine *f.*

Oven four *m.*

Oven-dried séché à l'étuve, séché au four.

Overage excès *m.*, surplus *m.*

Overall global *adj.*, hors-tout, total *adj.*

Over-all = Overall.

Overall density densité apparente, masse volumique apparente.

Overall length longueur hors-tout.

Overall preferred préféré par-dessus tout.

Overall reaction réaction globale.

Overall yield rendement global.

Over a period of en, en l'espace de.

Overcuring durcissement excessif, surcuisson *f.*

Overdosage surdosage *m.*

Overdose surdosage *m.*, trop forte dose ; dose nuisible ; surdose *ou* « overdose » (*toxicomanie*).

Overexposure surexposition *f.*

Overflow trop-plein *m.*

Overflow (to ~) déborder.

Overgrowth recouvrement (*cristaux*), excroissance *f.*

Overhead fraction fraction de tête (*distillation*).

Overhead view vue de dessus.

Overheating surchauffe *f.*

Overhydration hyperhydratation *f.*

Overlap (to ~) chevaucher, recouvrir.

Overlapping chevauchement *m.*, recouvrement *m.*, superposition *f.*

Overlapping of values recoupement de valeurs.

Overlapping sequence séquence chevauchante (*biologie moléculaire*).

Overload surcharge *f.*

Overnutrition suralimentation *f.*, surnutrition *f.*

Overoxidation suroxydation *f.*

Overpotential surtension *f.*

Oversaturation sursaturation *f.*

Overstaining surcoloration *f.*

Over-the-counter en vente libre, sans ordonnance, sans prescription.

Overweight excès de poids.

Overwhelming evidence preuve irréfutable.

Overwinding superenroulement *m.* (*biologie moléculaire*).

Ovulation controlling agent agent anovulatoire.

Ovulation suppressant = Ovulation controlling agent.

O/W emulsion émulsion huile-dans-eau, émulsion huile/eau.

Oww (= of water weight) du (*ou* par rapport au) poids d'eau.

Oxalic acid acide oxalique.

Oxalylurea oxalylurée *f.*, acide parabanique.

Oxamic oxamique *adj.*

Oxazine oxazine *f.*

Oxazole oxazole *m.*

Oxazolidinone oxazolidone *f.*

Oxidase oxydase *f.*

Oxidation oxydation *f.*

Oxidation potential pouvoir d'oxydation.

Oxidation rate vitesse d'oxydation.

Oxidation-reduction potential potentiel d'oxydoréduction, potentiel redox.

Oxidative oxydant *adj.*, dû à l'oxydation.

Oxidative cleavage coupure oxydante, coupure par oxydation.

Oxidative enzyme oxydase *f.*

Oxidative injury détérioration (*lésion*) due à l'oxydation.

Oxidative stabiliser stabilisant d'oxydation, antioxydant *m.*

Oxide oxyde *m.*

Oxidis... = Oxidiz...

Oxidization = Oxidation.

Oxidize (to ~) oxyder.

Oxidize back (to ~) réoxyder.

Oxidize off éliminer par oxydation.

Oxidizer oxydant *m.*

Oxidizing agent oxydant *m.*

Oxidoreductase oxydoréductase *f.*

Oxime oxime *f.*

Oxyacid oxyacide *m.*, oxacide *m.*

Oxyalkylation hydroxyalcoylation *f.*, hydroxyalkylation *f.*

Oxychloride oxychlorure *m.*

Oxygen oxygène *m.*

Oxygenate composé (hydrocarboné) oxygéné.

Oxygenated oxygéné *adj.*

Oxygen carrier vecteur d'oxygène.

Oxygen-selective detector détecteur (à ionisation de flamme) sélectif pour l'oxygène.

Oxyhalide oxyhalogénure *m.*

Oxyhemoglobin oxyhémoglobine *f.*

Oxyhydrate hydroxyde *m.*

Oxysalt oxysel *m.*

Oxytocic ecbolique *m.*, *adj.*, ocytocique *m.*, *adj.*

Oxytocin ocytocine *f.*

Ozogen eau oxygénée.

Ozonator = Ozonizer.

Ozone ozone *f.*

Ozonide ozonide *m.*

Ozonis... = Ozoniz...

Ozonization ozonization *f.*, ozonation *f.*

Ozonize (to ~) ozoniser.

Ozonizer ozoniseur *m.*

Ozonolysis ozonolyse *f.*

P proline *f.* (*code à une lettre*).

PAA acide phénylacétique ; polyacrylamide.

PAB para-aminobenzoate.

PABA acide para-aminobenzoïque.

Pacemaker pacemaker *m.*, régulateur *m.*

Pack berlingot *m.*, paquet *m.*, sachet *m.*

Pack (to ~) comprimer, tasser ; garnir (*colonne*).

Packaged device dispositif intégré.

Package insert = **Pack insert**.

Packaging conditionnement *m.*, emballage *m.*, empaquetage *m.*

Packaging line chaîne de conditionnement.

Packaging machine conditionneuse *f.*

Packaging rack conditionnement (*ou râtelier*) (*pour ampoule*).

Packaging tray = **Packging rack**.

Packed cell volume hématocrite *m.*

Packed column colonne à garnissage, colonne à remplissage.

Packed scrubber absorbeur à remplissage.

Packed tower = **Packed column**.

Packed with garni de, rempli de (*colonne de chromatographie*).

Packing empaquetage *m.* ; chargement *m.*, garnissage *m.*, remplissage *m.* ; arrangement cristallin.

Packing box presse-étoupe *m.*

Packing density densité de tassement.

Packing device dispositif d'empaquetage.

Packing index indice de tassement.

Packing line chaîne de conditionnement.

Packing ratio rapport de condensation (*biologie moléculaire*).

Pack insert prospectus (*de médicament*), notice d'accompagnement.

Pack together (to ~) s'agglomérer.

Pad compresse *f.*, tampon *m.* ; plage *f.*

Paddle ailette *f.* (*agitateur*), pale *f.*, palette *f.*

PAF = **Platelet activating factor**.

PAGE = **Polyacrylamide gel electrophoresis**.

PAGIF = **Polyacrylamide gel isoelectric focusing**.

PAH para-aminohippurate ; hydrocarbure aromatique polycyclique.

PAHA acide para-aminohippurique.

Pain douleur *f.*

Pain killer analgésique *m.*

Pain relieving analgésique *adj.*, qui calme la douleur.

Pain-removing analgésique *adj.*

Paint peinture *f.*

Pair couple *m.*, paire *f.*

Paired electron électron apparié.

Paired-ion chromatography = Ion-pair chromatography.

Paired t test = Student's paired t test.

Pairing appariement *m.*, association *f.*

Pair method méthode d'essai en double.

Palatability bon goût, sapidité *f.*

Palatable d'un goût agréable, sapide *adj.*

Palindrome palindrome *m.* (*biologie moléculaire*).

Palindromic sequence = Palindrome.

Palladium palladium *m.*

Pallet palette *f.*, plateau *m.*

Palletizer gerbeur *m.*, palettiseur *m.*

Palmitic palmitique *adj.*

Palmitin palmitine *f.*

Palmitoin palmitoïne *f.*

Palm kernel oil huile de palmiste.

Palm nut oil = Palm kernel oil.

Palm oil huile de palme.

PAM moutarde de phénylalanine, sarcolysine *f.*

Pan bac *m.*, bassin *m.* ; plateau *m.* (*balance*).

Pan coating dragéification à la turbine.

Pancreatic basic trypsin inhibitor aprotinine *f.*

Pancreatin pancréatine *f.*

Pan mill broyeur à meules verticales.

Pan mixer mélangeur à bac.

Pantothenic acid acide pantothénique, vitamine B_5.

PAO polyamine oxydase.

Papain papaïne *f.*

Papaveric papavérique *adj.*

Paper papier *m.*

Paper article *m.* (*de périodique*).

Paper chromatography chromatographie sur papier.

Paper filter filtre en papier.

PAPP para-aminopropiophénone.

PAPS phosphosulfate-5'de phospho-5'adénosine.

Parabanic acid acide parabanique, oxalylurée *f.*

Paraben p-hydroxybenzoate.

Parachor parachor *m.*

Paradoxically paradoxalement *adv.*

Paraffin paraffine *f.*

Paraffin jelly pétrolatum *m.*, vaseline *f.*

Parallel parallèle *f., adj.*

Parallel (to ~) être pareil à, être comparable à.

Parameter paramètre *m.*

Parasite parasite *m.*

Parasitic parasite *adj.*

Parasiticidal antiparasitaire *adj.*, parasiticide *adj.*

Parasiticide antiparasitaire *m.*, parasiticide *m.*

Parathyroid hormone hormone parathyroïdienne, parathormone *f.*, parathyrine *f.*

Parboiled précuit *adj.*

Paregoric élixir parégorique.

Parenteral parentéral *adj.*, produit parentéral.

Parenthesised value = Parenthesized value.

Parenthesized value valeur entre parenthèses.

Parr bomb bombe de Parr, bouteille de Parr.

Parr bottle bouteille de Parr.

Partially exhausted à vide partiel.

Participate in a reaction (to ~) participer à une réaction, prendre part à une réaction.

Particle particule *f.*

Particle size distribution distribution de tailles de particules.

Particular component constituant spécifique.

Particulars caractéristiques *f., pl.*

Particulate particulaire *adj.*, en particules.

Partition chromatography chromatographie de partage.

Partitioning partage *m.*

Partition law loi de distribution.

Partition pattern élément de séparation.

Partner associé *m.*, réactif associé, partenaire *m.*

PAS para-aminosalicylate ; acide periodique-Schiff (*réactif*).

PASA acide para-aminosalicylique.

Pass bon *adj.*, RAS (= rien à signaler) (*tableau de résultats*).

Pass a sieve traverser un tamis.

Passing grade qualité convenable.

Passivator passivant *m.*

Pass over (to ~) distiller, passer.

Pass over (to ~ at 150°) distiller (*ou passer*) à 150°.

Pasta pâte alimentaire.

Paste bouillie *f.*, magma *m.*, pâte *f.*

Paste-like pâteux *adj.*

Pasteuris... = Pasteuriz...

Pasteurization pasteurisation *f.*

Pasteurize (to ~) pasteuriser.

PAT polyamine acétyltransférase ; propylaminotétraline.

Patch emplâtre *m.*, pièce *f.*

Patch test épidermoréaction *f.*

Patent brevet *m.*

Patent application demande de brevet.

Patent claim revendication (*brevet*).

Patented breveté *adj.*

Patent pending brevet demande, brevet en cours de procédure.

Patent specification description (*ou* exposé) d'invention, mémoire descriptif (d'invention) ; fascicule brevet.

Paternoster paternoster *m.*, élévateur à godets.

Path cheminement *m.*, parcours *m.*, trajet *m.*, voie *f.*

Path length = Light path.

Pathogen agent pathogène.

Pathogenic pathogène *adj.*

Pathway mécanisme d'action, processus *m.*

Pattern diagramme *m.*, schéma *m.* ; dessin *m.*, image *f.*, motif *m.* ; modèle *m.*, type *m.* ; planning *m.*, programme *m.*

Pattern (to ~) prendre pour modèle.

Patterned after (*procédé*) calqué sur.

Patterning configuration *f.*, structuration *f.*

Pattern recognition reconnaissance de forme (*analyse mathématique*).

Pawl cliquet *m.*, doigt d'encliquetage.

PBB biphényle polybromé.

PBG porphobilinogène *m.*

PBI = Protein-bound iodine.

PBS = Phosphate buffered saline.

PBST PBS/triton/EDTA.

PCA para-chloroamphétamine.

PCB biphényle polychloré.

PCC phénol/m-crésol/chloroforme (*interphase*).

PCDD = Polychlorinated dibenzo-p-dioxins.

PCH hydrocarbure polycyclique.

PCM protéine carbométhylase.

PCMS acide para-chloromercuriphénylsulfonique.

PCP pentachlorophénol ; phencyclidine *f.* *ou* (phényl-1 cyclohexyl)-1 pipéridine.

PCPA acide para-chlorophénoxyacétique.

PCR = Polymerase chain reaction.

PCR primer amorceur de PCR.

PCT polychloroterphényle *m.*

PDB para-dichlorobenzène.

PDE phosphodiestérase.

PDG pyruvate déshydrogénase.

PDGA acide ptéryldiglutamique.

PDGF = Platelet-derived growth factor.

PEA phényléthylamine.

Peace pill phencyclidine *f.*

Peak pic (*courbe*), pointe *f.*, sommet *m.*

Peak apex sommet du pic (*chromatographie*).

Peak area = Band area.

Peak dosis dose maximale.

Peak flow-rate débit maximum, débit de pointe.

Peak-to-valley height profondeur de rugosité.

Peak value pic *m.*, valeur maximale (*courbe*).

Peanut arachide *f.*, cacahuète *f.*

Peanut butter beurre de cacahuètes.

Peanut oil huile d'arachide.

Pearl perle *f.*

Pearl moss = Irish moss.

Pearly nacré *adj.*, perlé *adj.*

Pear-shaped piriforme *adj.*

Pebble crusher broyeur à boulets.

Pebble mill = Pebble crusher.

Pectic pectique *f.*

Pectin pectine *f.*

Pectinic acid acide pectique.

Pectin sugar arabinose *m.*

Pediculocidal antipédiculaire *adj.*, antiphtiriasique *adj.*

Peeling desquamation *f.*

PEG = Polyethyleneglycol.

Peg goupille *f.*

Pellagra preventive factor = Antipellagra factor.

Pellet implant *m.* ; boulette *f.*, pastille *f.*

Pellet die pastilleuse *f.*

Pelleting machine = pellet die.

Pelletis... = Pelletiz...

Pelletization pastillage *m.*

Pelletize (to ~) pastiller, transformer en pastilles (*ou* en boulettes).

Pelletizer pastilleuse *f.*

Pellicle pellicule *f.*

Pellicular water eau d'hydratation.

Pellicule = Pellicle.

Pellitory pyrèthre *m.*

Pendant group groupe latéral, groupe présent (*sur une chaîne*).

Pendent group = Pendant group.

Pending demandé (*brevet*).

Pendulum pendule *m.*

Penicillanic pénicillanique *adj.*

Penicillin pénicilline *f.*

Pentahydric alcohol pentol *m.*

PEP phosphoénolpyruvate.

PEPC phosphoénolpyruvate carboxylase.

Peppermint camphor menthol *m.*

Peppermint oil essence de menthe poivrée.

Pepsin pepsine *f.*

Peptic enzyme pepsine *f.*

Peptis... = Peptiz...

Peptization peptisation *f.*

Peptizer peptisant *m.*, agent dispersant.

Peptonis... = Peptoniz...

Peptonization peptonification *f.*

Peracid peracide *m.*

Percent pour cent, centésimal *adj.*

Percolating filter filtre lent, filtre percolateur.

Percutaneous percutané *adj.*

Perform a function jouer un rôle, remplir une fonction.

Performance exécution *f.*, réalisation *f.* ; performance *f.*, résultat *m.*

Performance status indice fonctionnel.

Perform a reaction effectuer une réaction.

Perfume parfum *m.*

Peri-fused péri-condensé *adj.*

Periodic acid acide périodique.

Periodical périodique *adj.*

Periodide periodure *m.*

Peripheral périphérique *adj.*

Periwinkle alkaloids = Vinca alkaloids.

Permanently durablement *adv.*

Permeability permeabilité *f.*

Permeameter perméamètre *m.*

Permease perméase *f.*

Permeate perméat *m.*

Permeate (to ~) filtrer à travers, imprégner ; pénétrer dans ; faire pénétrer.

Permeation pénétration *f.* ; perméation *f.*, perméabilité biologique.

Permeative substance substance filtrante.

Perm-selective à perméabilité sélective (*membranes*).

Permucosal intramuqueux *adj.*

Peroxidase peroxydase *f.*

Peroxide peroxyde *m.*

Perpendicular perpendiculaire *adj.*

Perspective formula formule en perspective.

Perspiration transpiration *f.*

Pervaporation pervaporation *f.*, évaporation trans-membranaire.

Pervious perméable *adj.*

Perviousness perméabilité *f.*

Pessary ovule vaginal.

Pest petit animal nuisible, déprédateur *m.*, vermine *f.*

Pest-attractant leurre pour animaux nuisibles.

Pest control lutte contre la vermine.

Pest controlling agent agent antivermine, pesticide *m.*

Pesticide pesticide *m.*

Pestle pilon *m.* (*mortier*).

Pestle (to ~) broyer, piler.

Pest-repellent répulsif pour déprédateurs, répulsif antivermine *m.*.

Petcock purgeur *m.*, robinet de purge.

Petit-grain oil essence de petit-grain.

PETN tétranitrate de pentaérythritol.

Petri dish boîte de Petri.

Petrolatum vaseline *f.*

Petrol ether éther de pétrole.

Petroleum jelly = Petrolatum.

Petvalve purgeur *m.*, robinet de purge.

PFA acide phosphonoformique.

PFG = **Pulse field gradient.**

PFK phosphofructokinase.

PFT prednisone/fluoro-5 uracile/ taxomifène.

PG prostaglandine *f.*

PGA acide phosphoglycérique ; acide ptéroylglutamique (acide folique).

PGI phosphoglucose isomérase.

PGK phosphoglycérate kinase.

PGIyM phosphoglycéromutase.

PGM phosphoglucomutase.

PGX prostacycline *f.*

PHA phytohémagglutinine.

PH adjusting agent régulateur de pH.

Pharmaceutic aid adjuvant pharmaceutique.

Pharmaceuticals produits pharmaceutiques.

Pharmacodynamics pharmacodynamie *f.*

Pharmacological pharmacologique *adj.*

Pharmacological tool auxiliaire pharmacologique.

Pharmacology pharmacologie *f.*

Pharmacon principe actif, substance active.

Pharmacophore pharmacophore *m.*

Pharmacophoric pharmacophore *adj.*

Phase boundary interface *f.*, interphase *f.*

Phase-contrast microscope = **Phase microscope.**

Phase equilibrium équilibre des phases.

Phase lag retard de phase.

Phase microscope microscope à contraste de phase.

Phase out éliminer progressivement ; se séparer en formant une phase.

Phase rule règle des phases.

Phase shift déphasage *m.*

PHB polyhydroxybutyrate.

Phe phénylalanine *f.*

Phenacetin phénacétine *f.*

Phenanthrene phénanthrène *m.*

Phenanthridine phénanthridine *f.*

Phenate phénate *m.*

Phenol phénol *m.*

Phenolate phénolate *m.*

Phenolphthalein phénolphtaléine *f.*

Phenomenon phénomène *m.*

Phenoxide phénate *m.*, phénolate *m.*

Phenyl phényle *m.*, phényl (*nom.*).

Phenylated phénylé *adj.*

Phenylephrine phényléphrine *f.*

Phenylic acid acide carbolique, phénol *m.*

Phenytoin phénytoine *f.*, diphénylhydantoïne *f.*

Pheromone phéromone *f.*

pHi = **Isoelectric point.**

Phial fiole *f.*, flacon *m.* *cf.* : **Vial**).

pH-meter pH-mètre *m.*

Phosgene phosgène *m.*

Phosphate phosphate *m.*

Phosphate buffered saline solution salée tamponnée au phosphate.

Phosphide phosphure *m.*

Phosphoenolpyruvic acid acide phosphoénolpyruvique (acide phosphonooxy-2 propénoïque-2).

Phosphor luminophore *m.*

Phosphorated phosphoré *adj.*

Phosphor composition composition luminescente.

Phosphor host matrice luminophore.

Phosphoric phosphorique *adj.*

Phosphor luminescence luminescence d'un luminophore.

Phosphorothiolthionate phosphorodithioate.

Phosphorous phosphoreux *adj.*

Phosphorus phosphore *m.*

Phosphorus (red ~) phosphore rouge, phosphore amorphe

Phosphorus (white ~) phosphore blanc, phosphore (ordinaire)

Phosphorus (yellow ~) phosphore blanc, phosphore (ordinaire)

Photoactivator photosensibilisateur *m.*, sensibilisateur *m.*

Photoactive photosensible *adj.*, photochimique *adj.*

Photoaging vieillissement à la lumière.

Photocell cellule photoélectrique.

Photochemical photochimique *adj.*

Photochemistry photochimie *f.*

Photoinitiator amorceur photochimique.

Photo-ionization detector détecteur à photo-ionisation.

Photolysis photolyse *f.*

Photometry photométrie *f.*

Photon photon *m.*

Photon microscope = Light microscope.

Photoperiod durée d'illumination (*pour une réaction p. ex.*).

Photoreaction réaction photochimique.

Photosensitive drug reaction réaction médicamenteuse de photosensibilisation.

Photosensitizer photosensibilisateur *m.*

Photosynthesis photosynthèse *f.*

pH-sensor contrôleur de pH.

Phthalein phtaléine *f.*

Phthalein dye colorant phtaléine.

Phthalic phtalique *adj.*

Phthalide phtalide *m.*

Phthalimide phtalamide *m.*

Phylloquinone phylloquinone, vitamine K_1.

Physical physique *adj.*

Physical state état physique.

Physician médecin *m.*

Physicist physicien *m.*

Physics physique *f.*

Physiological conditions affections physiologiques, manifestations physiologiques.

Physiological saline sérum physiologique.

Physiological saline solution of solution, dans du sérum physiologique, de.

Phytin phytine *f.*

Phytochemistry phytochimie *f.*

Phytohormone auxine *f.* ; phytohormone *f.*

Phytopathologicals produits phytosanitaires.

Phytopharmacy phytopharmacie *f.*

PIA phénylisopropyladénosine.

Pickling macération *f.* ; décapage *m.*

Pictorial graphique *adj.*

Pie chart camembert *m.* (*diagramme à secteurs*).

Pie diagram = Pie chart.

Pilferproof inviolable *adj.* (*fermeture de récipient*).

Pill pilule *f.*

Pilot burner veilleuse *f.*

Pilot plant usine pilote, pilote *m.*

Pimaric pimarique *adj.*

Pimelic pimélique *adj.*

Pin broche *f.* ; goupille *f.* ; pointeau *m.*

Pinch clamp pince de Mohr.

Pinch clamp (screw ~) pince de Mohr
à vis.

Pinch cock = Pinch clamp.

Pinene pinène *m.*

Pin mill broyeur à broches.

Pipe conduite *f.*, flexible *m.*, tuyau *m.*

Pipeline conduite *f.*

Piperazine pipérazine *f.*

Piperideine pipéridéine *f.*,
tétrahydropyridine.

Piperidine pipéridine *f.*

Piperidinone pipéridone *f.*

Piperonal pipéronal *m.*, héliotropine *f.*

Pipe still alambic tubulaire *m.*

Pipette pipette *f.*

Pipette (to ~) pipetter.

Pipetting introduction à la pipette,
pipettage *m.*

Piston piston *m.*

PITC phénylisothiocyanate.

Pitch poix *f.*

Pitch (to ~) ensemencer.

Pitot tube tube de Pitot, tube de Venturi.

Pitressin pitressine *f.*

Pituitary gonadotropic hormone
gonadotrop (h) ine hypophysaire.

Pituitary hormone hormone
hypophysaire.

Pituitary hormone (anterior ~) hormone
antéhypophysaire.

Pituitary hormone (posterior ~)
hormone posthypophysaire.

Pituitary lipotropic hormone
= Lipotropin.

Pivalic pivalique *adj.*

Pivoted articulé *adj.*, sur pivot.

Pivoted beam fléau monté sur pivot.

Planar plan *adj.*, plane (*molécule*).

Planar chromatography = Flat bed
chromatography.

Plane plan *m.*

Plane chromatography = Planar
chromatography.

Planetary planétaire *adj.*

Planetary electron électron planétaire.

Planetary mixer mélangeur planétaire.

Plansifter tamis plan.

Plant installations *f., pl.*, usine *f.* ; plante *f.*,
végétal *m.*

Plant casein légumine *f.*, caséine
végétale.

Plant hormone auxine *f.*, phytohormone *f.*

Plant protecting phytoprotecteur *adj.*

Plant protection agent phytoprotecteur *m.*

Plant protective = Plant protecting.

Plant toxin phytotoxine *f.*

Plaque armature *f.*, plaque *f.*

Plaque-forming cell cellule formatrice de
plage.

Plasma plasma *m.*

Plasma converting factor facteur V.

Plasma detector détecteur à plasma.

Plasma etch rate taux de corrosion
plasmatique.

Plasma expander succédané du plasma.

Plasma grafting greffage par plasma,
greffage à l'aide d'un plasma.

Plasma irradiation irradiation par plasma.

Plasma polymerisation polymérisation
par plasma.

Plasmid plasmide *m.*

Plasmid DNA ADN plasmidique.

Plasmid marker plasmide marqueur, marqueur plasmidique.

Plasmid mediated par l'intermédiaire d'un plasmide.

Plasmid vector vecteur plasmide.

Plasminogen plasminogène *m.*

Plasminogen activator activateur du plasminogène.

Plasmolysis plasmolyse *f.*

Plaster plâtre *m.*

Plastic plastique *adj.*

Plasticis... = Plasticiz...

Plasticizer plastifiant *m.*

Plastic material matière plastique, matière synthétique.

Plastics matières plastiques, matières synthétiques.

Plate plaque *f.*, plateau *m.*

Plate column colonne à plateaux.

Plated galvanisé *adj.*, métallisé *adj.*

Platelet plaquette *f.*

Platelet activating factor facteur d'activation des plaquettes.

Platelet aggregation inhibitor antiagrégant plaquettaire.

Platelet count numération plaquettaire.

Platelet-derived growth factor facteur mitogénique plaquettaire.

Platelet inhibiting drug = Platelet aggregation inhibitor.

Platelet powder poudre en paillettes.

Platelike tabulaire *adj.*

Plate number nombre de plateaux (*distillation, chromatographie*).

Plate theory théorie des plateaux.

Plate tower = Plate column.

Plating dépôt par électrolyse ; étalement *m.*, ensemencement *m.* (*culture bactérienne*).

Plating efficiency pouvoir d'étalement, pouvoir d'ensemencement (*colonies bactériennes*).

Platinum platine *m.*

Platinum metal platine métallique ; métal du groupe du platine.

Platinum metal compound composé d'un métal du groupe du platine.

PLD phospholipase D.

Pleated plissé *adj.*, gauche (*structure*).

Pleated sheet feuillet plissé.

Plenum chambre *f.*

Plot courbe *f.*, graphique *m.*, tracé *m.*

Plot (to ~) tracer.

Plotter traceur de courbe.

Ploughshare mixer mélangeur à socs de charrue.

PLP phosphate de pyridoxal.

Plug obturateur *m.*, tampon *m.* ; noix *f.*

Plug (to ~) bloquer, boucher.

Plug filter tampon filtre.

Plugging of a filter bouchage d'un filtre.

Plunger piston *m.*

Plurality of plusieurs, (un) certain nombre de, (une) multitude de, (une) diversité de, divers, (un) ensemble de, de multiples.

PMB polymyxine B.

PMG phosphonométhylglycine.

PMR = Proton magnetic resonance.

PMS = Postmarketing surveillance.

PMSG = Pregnant mare serum gonadotropin.

PMT phénol O-méthyltransférase.

Pneumatic pneumatique *adj.*

Pneumatic jig crible (à piston) pneumatique.

p-NPGB p'-guanidobenzoate de p-nitrophényle.

POCA acide [(chloro-4 phényl)-5 pentyl]-2 oxirannecarboxylique-2.

Pointer aiguille *f.*, indicateur *m.*, flèche *f.* (*balance*).

Point out (to ~) indiquer, signaler.

Poise équilibre *m.*

Poison poison *m.*

Poison gas gaz toxique.

Poisoning empoisonnement *m.*, intoxication *f.*

Poisoning of a catalyst empoisonnement d'un catalyseur.

Poisonous intoxiquant *adj.*, toxique *adj.*

Poisonous gas gaz toxique.

Polarimeter polarimètre *m.*

Polarity polarité *f.*

Polarography polarographie *f.*

Pollutant polluant *m.* ;

Polonium polonium *m.*

Poly-A acide polyadénylique.

Polyacrylamide gel electrophoresis électrophorèse sur gel de polyacrylamide.

Polyacrylamide gel isoelectric focusing électrofocalisation sur gel de polyacrylamide.

Polyahls composés polyfonctionnels à atomes d'hydrogène actif.

Polybasic acid polyacide *m.*

Poly-C acide polycytidylique.

Polycarbonate oligomer oligocarbonate *m.*

Polycondensation product polycondensat *m.*

Polycyclic polycyclique *adj.*

Polydentate ligand groupe à plusieurs liaisons coordinées.

Polydrug abuse polytoxicomanie *f.*

Polyene fatty acid acide gras polyénique, acide gras polyinsaturé.

Polyethoxylated polyéthoxylé *adj.*

Polyethylene ether poly (oxyéthylène) *m.*

Polyfunctional compound composé polyfonctionnel.

Polyfunctional isocyanate polyisocyanate *m.*

Poly-G acide polyguanylique.

Polyhydric alcohol polyalcool *m.*, polyol *m.*

Polyhydric phenol polyphénol *m.*

Poly-I acide polyinosinique.

Polymer polymère *m.*

Polymerase chain reaction réaction en chaîne de la polymérase.

Polymer block séquence de polymère.

Polymeric polymère *adj.*, polymérisé *adj.*

Polymeris... = Polymeriz...

Polymerization polymerization.

Polymerize (to ~) polymériser ; se polymériser.

Polymorphic polymorphe *adj.*

Polyolefin polyoléfine *f.*

Polypeptide transforming growth factor facteur de croissance polypeptidique transformant.

Polypropoxylated polypropoxylé *adj.*

Polyradical radical polyvalent.

Poly-T acide polythymidylique.

Poly-U acide polyuridylique.

Polyvalent polyvalent *adj.*, poly (*en combinaison*).

Polyvalent alcohol polyol *m.*

Polyvalent isocyanate polyisocyanate *m.*

POM = Prescription-only medicine.

POMC pro-opiomélanocortine *f.*

Pool bassin *m.*, réserve *f.*

Pooled serum mélange de sérums.

Pools fractions groupées (*chromatographie*).

Popcorn maïs soufflé, « popcorn ».

POPOP (phénylène-1,4)-2,2'-bis (phényl-5 oxazole).

Poppet-valve clapet *m.*, soupape en champignon.

Poppy pavot *m.*

Popular drug médicament bien connu, médicament très répandu.

Porcelain porcelaine *f.*

Pore pore *m.*

Porous poreux *adj.*

Porphyrin porphyrine *f.*

Portionwise par portions.

Position energy énergie potentielle.

Possible antiviral antiviral potentiel.

Posterior pituitary hormone hormone posthypophysaire.

Postmarketing surveillance pharmacovigilance *f.*

Postoperative postopératoire *adj.*

Post-treatment posttraitement *m.*

Potash carbonate de potassium.

Potassium potassium *m.*

Potassium exchanged échangée contre du potassium (*zéolite*).

Potassium sparing diuretic diurétique d'épargne potassique.

Potato spirit alcool de pommes de terre.

Potato spirit oil alcool isoamylique.

Potency puissance *f.*

Potency of an enzyme pouvoir d'une enzyme.

Potent puissant *adj.*

Potential potentiel *m., adj.*

Potential across the cell tension aux bornes de la pile.

Potential barrier barrière de potentiel.

Potential for corrosion pouvoir corrosif éventuel.

Potentiate (to ~) potentialiser.

Potentiation potentialisation *f.*

Potentiator potentialisateur *m.*

Potentiometer potentiomètre *m.*

Potlife temps de stockage, vie en pot (*ou* durée de conservation en pot).

Pot mill broyeur à billes.

Pot temperature température du réacteur, température du récipient.

Pot-time temps de stockage.

Pouch poche *f.*, sac *m.*

Poultice cataplasme *m.*

Pouring rate vitesse de coulée.

Pouring time temps de coulée.

Pour point point de coulage, point de solidification ; température d'écoulement.

Powder poudre *f.*

Powdered en poudre, pulvérisé *adj.*, pulvérulent *adj.*

Powdery poudreux *adj.*, en poudre, pulvérulent *adj.*

Power énergie *f.*, pouvoir *m.*, puissance *f.*

Powered actuator commande à moteur ; dispositif de servocommande.

Power plant centrale énergétique.

PPA acide polyphosphorique ; phénylpropanolamine.

ppb (= parts per billion) ppb (parties par billion = parties par milliard).

pphp = parts per hundred parts.

PPI préproinsuline.

PPL (= pig pancreatic lipase) lipase pancréatique du porc.

ppm (= parts per million) ppm (parties par million).

PPTS para-toluènesulfonate de pyridinium.

PQQ pyrroloquinoléinequinone.

Practicable process procédé réalisable en pratique.

Practicable range intervalle pratique (*p. ex. de température*).

Practical use fonctionnement *m.*, mise en œuvre *f.*, mise en pratique, mise en service.

Practice pratique *f.*, usage pratique.

Practice an invention (to ~) mettre en pratique une invention.

Practice of an invention réalisation pratique d'une invention.

Praseodymium praséodyme *m.*

Precede (to ~) avoir le pas (*ou* la priorité) sur, précéder.

Precedence priorité *f.*

Precedence over (to take ~) avoir priorité sur.

Precipitate (to ~) précipiter ; faire précipiter.

Precipitated (X is ~) on fait précipiter X, X précipite.

Precipitation vessel cuve de décantation, décanteur *m.*

Precipitator précipitateur *m.*

Precipitin précipitine *f.*

Precoated plate plaque préenduite, plaque prête à l'emploi (*chromatographie*).

Precoating préenrobage *m.*

Precoat vacuum filtration filtration sous vide avec précouche.

Precursor précurseur *m.*

Predator-repelling qui éloigne les prédateurs.

Predicted (normal) value = Predictive value.

Predictive model modèle expérimental.

Predictive value valeur prévisionnelle, valeur théorique.

Pre-emergency pesticide pesticide de pré-émergence.

Preformed compound composé préalablement formé.

Preformed mold plaquette thermoformée (*conditionnement*).

Pregnancy hormone hormone de grossesse.

Pregnancy test diagnostic de grossesse, test de grossesse.

Pregnant enceinte *adj.*

Pregnant mare serum sérum de jument gravide.

Preheating préchauffage *m.*

Prehnitic préhnitique *adj.*

Preparation préparation *f.* (*synthèse, préparation pharmaceutique*).

Preparative chromatography chromatographie préparative.

Preparative process procédé de préparation.

Prepared plate plaque prête à l'emploi (*chromatographie*).

Prescored ampul ampoule autocassable.

Prescribed prescrit *adj.*, spécifié *adj.*

Prescribed amount proportion (*ou* quantité) définie.

Prescription balance trébuchet *m.*

Prescription drug = Prescription-only medicine.

Prescription item = Prescription-only medicine.

Prescription-only sur ordonnance (*médicament*).

Prescription-only medicine médicament vendu sur ordonnance.

Prescription schedule mode de prescription.

Preservation conservation *f.*

Preservation of a structure conservation d'une structure.

Preservative conservateur *m.*

Preserved contenant des conservateurs.

Presetting préréglage *m.*

Press presse *f.*

Press (to ~) comprimer ; exprimer, presser.

Press-coated tablet comprimé enrobé à sec.

Pressure poussée *f.*, pression *f.*

Pressure application établissement d'une pression.

Pressure bottle autoclave, *m.*, récipient sous pression.

Pressure control réglage de pression ; maintien de la pression.

Pressure control means dispositif de réglage de pression.

Pressure equalization compensation de pression.

Pressure gauge manomètre *m.*

Pressure gradient gradient de pression.

Pressure indicator = Pressure gauge.

Pressure pack conditionnement aérosol, conditionnement pressurisé.

Pressure pad coussin de pression.

Pressure pick-up capteur de pression.

Pressure sore preventing antiescarres.

Pressure swing adsorption adsorption avec variation de pression.

Pressure transmitter transmetteur de pression.

Pressure vessel autoclave *m.*, récipient sous pression.

Pressurised = pressurized.

Pressurized pressurisé *adj.*, sous pression, soumis à la pression.

Pretreating prétraitement *m.*

Pretreatment = Pretreating.

Prevent (to ~) empêcher, éviter.

Preventing anti-, qui empêche. inhibiteur *adj* ;

PRF = Prolactin-releasing factor.

PRH = Prolactin-releasing hormone.

Primary primaire *adj.*

Primary isomer isomère principal.

Primary phosphate dihydrogénophosphate *m.*

Primed primé *adj.* (*nom.*).

Primer amorce *f.* (*ADN*), amorceur *m.*, initiateur *m.*

Primer-binding site site de fixation à l'amorce.

Primer coating couche d'accrochage, couche de base, couche de primaire.

Primer for DNA sequencing amorceur pour la séquenciation de l'ADN.

Primer pheromone phéromone d'amorçage.

Priming dosis dose d'attaque.

Priming of a pump amorçage d'une pompe.

Principle principe *m.*

Printer enregistreur *m.*, imprimante *f.*

Prion prion.

Prior art art antérieur, état antérieur de la technique (*brevets*).

PRL prolactine *f.*

Pro proline *f.*

Probabilistic assessment estimation (*ou* évaluation) probabiliste.

Probability probabilité *f.*

Probe essai *m.* ; sonde *f.*

Procaine procaïne *f.*

Procedure façon de procéder, mode opératoire ; protocole *m.*

Process opération *f.*, processus *m.* ; procédé *m.*, technique *f.* ; traitement *m.*

Process (to ~) élaborer, mettre en œuvre, traiter, usiner.

Processability aptitude au traitement, ouvrabilité *f.*, possibilité de mise en œuvre, usinabilité *f.*

Process burner brûleur industriel.

Process chromatography chromatographie automatique, chromatographie industrielle.

Process design conception de procédé, étude de procédé.

Process diagram schéma opérationnel, schéma de procédé.

Processed travaillé *adj.*, reconstitué *adj.*

Processed foods aliments élaborés.

Processed gene gène remanié.

Processed meat viande reconstituée.

Process flow déroulement de la fabrication.

Process flow chart schéma de fabrication.

Process flow scheme = **Process flow chart**.

Process flow sheet = **Process flow chart**.

Processing conditionnement *m.*, élaboration *f.*, fabrication *f.*, manipulation *f.*, mise en forme *f.*, opérations *f., pl.*, technique *f.*, technologie *f.*, traitement *m.*, transformation *f.*, travail *m.*, usinage *m.*

Processing aid auxiliaire de transformation.

Processing arrangement organisation de la production.

Processing characteristics caractéristiques (*ou* propriétés) technologiques (*ou* d'usinage).

Processing conditions conditions de fonctionnement, conditions opératoires.

Processing equipment installation de traitement.

Processing period durée d'utilisation (*cf.* **Pot life**).

Processing procedure = **Process flow chart**.

Processing run opération de traitement, passe de traitement.

Processing stage étape du procédé, stade opératoire.

Processing step étape d'élaboration, étape de transformation, stade opératoire.

Process operations processus opératoires.

Process unit unité de fabrication.

Prodigiosin prodigiosine *f.*

Prodrug précurseur *m.* (*médicament*), promédicament *m.*

Produce produit *m.* (en *général*), produit naturel, denrée *f.*

Product produit *m.*

Productivity productivité *f.*, rendement *m.*, rendement de fabrication.

Product liability risques présentés par un produit.

Product recovery yield taux de récupération en produit.

Product surface tache du produit (*chromatographie*).

Product yield rendement en produit.

Proferment proenzyme *f.*, proferment *m.*, zymogène *m.*

Profibrinolysin = Plasminogen.

Profitability rentabilité *f.*

Progestational progestatif *adj.*

Progestational hormone progestérone *f.*

Progestative = **Progestational**.

Progestin progestérone *f.*

Programmer programmateur *m.*

Progress of a reaction déroulement d'une réaction.

Progress report état d'avancement (*des travaux, d'une étude, etc.*).

Project projet *m.*

Project (to ~) projeter, se projeter.

Project forward (to ~) être en avant du plan.

Projection formula formule en projection.

Prolactin-releasing factor facteur libérateur de prolactine.

Prolactin-releasing hormone hormone libératrice de prolactine.

Prolamine pyrrolidine *f.*

Prolamins prolamines (*ex.* : **Gliadins, Hordeins, Zeins**).

Prolan gonadotrophine *f.*

Proline proline *f.*

Promote (to ~) accélérer, activer, favoriser, promouvoir, stimuler.

Promoted catalysé *adj.*

Promoted (acid ~) catalysé par un acide.

Promoter activateur *m.*, promoteur *m.*

Promotion accélération *f.*, activation *f.*, stimulation *f.*

Prompt emission émission instantanée.

Prompt neutrons neutrons instantanés.

Proof preuve f.

...proof à l'abri de, à l'épreuve de, résistant à (*cf. p. ex.* : **Waterproof, weatherproof**).

Proofing time temps d'épreuve.

Proofreading correction d'épreuve (*biochimie*).

Propargyl propargyl (*nom.*) (= propyn-2-yl), propargyle *m.* (groupe).

Propellant propergol *m.*, propulseur *m.*, gaz propulseur.

Propeller agitateur en hélice, agitateur à pales.

Propenol propénol *m.* (*ou* propène-2 ol-1).

Proper density densité appropriée.

Property caractéristique *f.*, propriété *f.*

Prophylactic agent prophylactique ; préservatif *m.*

Propoxide propylate *m.*

Proprietary spécialité *f.* (*pharmaceutique*) ; breveté *adj.*, protégé *adj.* (*propriété industrielle*).

Proprietary compound composé légalement protégé, composé de marque.

Proprietary name nom de marque, nom commercial, marque commerciale.

Proprietary process procédé exclusif, procédé protégé.

Prosthetic group groupe prosthétique.

Protein protéine *f.*, protide *m.*

Proteinaceous protéinique *adj.*

Protein binding analysis dosage avec protéines liantes.

Protein-bound iodine iode protidique du sang.

Protein coat coque (*ou* enveloppe) protéinique, capside *f.*

Protein electrophoretogram protéinogramme *m.*, protidogramme *m.*

Proteinogram protéinogramme *m.*, protidogramme *m.*

Proteolysis protéolyse *f.*

Prothrombin prothrombine *f.*, thrombinogène *m.*

Protocatechuic protocatéchique *adj.*

Protomer protomère *m.*

Proton proton *m.*

Protonated protoné *adj.*

Proton magnetic resonance résonance magnétique du proton.

Prototroph prototrophe *adj.*

Protrated release libération prolongée, libération retardée.

Protrude (to ~) saillir, faire saillie.

Protruded package garnissage en saillie.

Provide (to ~) fournir ; mettre en œuvre ; proposer (brevet).

Provided in aménagé dans.

Provided that à condition que.

Provided with additionné de, à base de ; muni de, pourvu de ; solidaire de (*appareillage*).

Provide for (to ~) prévoir.

Proviso clause *f.*, réserve *f.*, stipulation *f.*

Provitamin provitamine *f.*

Proximate analysis analyse immédiate.

PRPP phosphoribosylpyrophosphate.

PRT phosphoribosyltransférase.

Prussian blue bleu de Prusse.

PSP phénolsulfonephtaléine.

PST phénolsulfotransférase.

PTA acide phosphotungstique.

PTC = Positive temperature coefficient.

PTC behaviour effet PTC.

Pteridine ptéridine *f.*

Pterins ptérines.

Pteroylglutamic acid acide ptéroylglutamique, acide folique.

PTFE polytétrafluoroéthylène.

PTFE fleece membrane de PTFE.

PTH phénylthiohydantoïne.

PTK protéine tyrosine kinase.

Ptomaine ptomaïne *f.*

PTT phosphinothricine tripeptide.

PTU propylthiouracile.

Ptyalin ptyaline *f.*

PTZ pentylènetétrazole *m.*

Pucker (to ~) gauchir, plisser.

Puckered coudée, fléchie, gauche (*configuration structurale*).

PUFA acide gras polyinsaturé.

Puff boursouflure *f.*, nodule *m.* (*biologie moléculaire*).

Puffing agent agent gonflant.

Pulley poulie *f.*

Pulling from a melt tirage de cristaux à partir d'un bain fondu.

Pulp pâte *f.*, pulpe *f.*

Pulse impulsion *f.*, pulsation *f.* ; légumineuses (*plantes*).

Pulse-chase labeling marquage par impulsion-lavage.

Pulse field gradient gel electrophoresis électrophorèse sur gel en champ pulsé.

Pulse labeling marquage (*radioisotopes*).

Pulse of feed quantité pulsée de matière première.

Pulverising = **Pulverizing**.

Pulverizing atomisation *f.* ; micronisation *f.*, réduction en poudre fine.

Pumice ponce *f.*

Pump pompe *f.*

Pump (to ~) pomper.

Punch (to ~) perforer, poinçonner.

Punch card carte perforée.

Punching tool poinçon.

Punch-press (single ~) presse mono-poinçon (*pour comprimés*).

Pungent épicé *adj.*, piquant *adj.* (*goût, odeur*).

Purine purine *f.*

Purine base base purique.

Purpose but *m.*, propos *m.* (*d'une invention*).

Purpose of an invention objectif d'une invention, propos d'une invention.

Purposes (to all intents and ~) pratiquement *adv.*, tout se passe comme si.

Purpurin purpurine *f.*

Push button bouton-poussoir *m.*

Push-fit capsule capsule emboîtable, gélule *f.*

Push-through package plaquette *f.* (*conditionnement*).

Putative agent agent potentiellement actif.

Putative effects effets potentiels.

Putrefactive alkaloid ptomaïne *f.*

Putrescine putrescine *f.*

PVA poly (alcool vinylique).

PVC poly (chlorure de vinyle).

PVDF poly (fluorure de vinylidène).

PVP poly (vinylpyrrolidone).

Pyocyanin pyocyanine *f.*

Pyonometer pyonomètre *m.*

Pyran pyran (n) e *m.*

Pyrazine pyrazine *f.*

Pyrazole pyrazole *m.*

Pyren pyrène *m.*

Pyrethrum pyrèthre *m.*

Pyridazine pyridazine *f.*

Pyridine pyridine *f.*

Pyridinecarboxaldehyde aldéhyde pyridinecarboxylique.

Pyridinic pyridique *adj.*

Pyrimidine pyrimidine *f.*

Pyrocarbonic acid acide pyrocarbonique, acide dicarbonique.

Pyrocatechin pyrocathéchol *m.*

Pyrocatechol = **Pyrocatechin**.

Pyrogallic acid pyrogallol *m.*

Pyrogen pyrogène *m.*

Pyrogenic pyrogène *adj.*

Pyroligneous pyroligneux *adj.*

Pyrolysis pyrolyse *f.*

Pyromellitic pyromellique *adj.* (*ou* pyromellitique)

Pyrometer pyromètre *m.*

Pyromucic pyromucique *adj.*

Pyrophosphorous pyrophosphoreux *adj.*

Pyroracemic acid acide pyruvique.

Pyrotartaric pyrotartrique *adj.*

Pyrrole pyrrole *m.*

Pyrrolidine pyrrolidine *f.*

Pyruvic pyruvique *adj.*

Pyrylium pyrylium, pyranylium

PZI protamine-zinc-insuline (*suspension*).

Q glutamine *f.* (*code à une lettre*).

q (= **Quadruplet**) quadruplet *m.* (*spectrométrie*).

QCTM = **Quality control test method.**

QNS (= **quantity not sufficient**) quantité insuffisante.

Quadruplet quadruplet *m.*

Quadrupolar quadripolaire *adj*

Qualitative qualitatif *adj.*

Qualitative analysis analyse qualitative.

Qualitative determination détection qualitative *f.*, identification *f.*

Quality control contrôle de qualité.

Quantified chiffré *adj.*, quantifié *adj.*

Quantitative quantitatif *adj.*

Quantitative analysis analyse quantitative, dosage *m.*, dosimétrie *f.*

Quantitative assay dosage *m.*

Quantitative determination dosage *m.*

Quantitative ratio proportion *f.*

Quantum quantum *m.*

Quantum chemistry chimie quantique.

Quantum state état quantique.

Quaternary quaternaire *adj.*

Quaternary ammonium salt sel d'ammonium quaternaire.

Quench refroidissement brusque ; faire cesser (*une réaction*).

Quencher modérateur *m.* (*catalyseur*).

Quenching extinction *f.* ; trempe *f.*

Quercetin quercétine *f.*

Quercitrin quercitrine *f.*

Quick fermentation fermentation accélérée.

Quicklime chaux vive.

Quick run filter filtre rapide.

Quinaldic quinaldique *adj.*

Quinalizarin quinalizarine *f.*

Quinazolinone quinazolone *f.*

Quinic quinique.

Quinidine quinidine *adj.*

Quinine quinine *f.*

Quininic quininique *adj.*

Quinoid quinonique *adj.*, quinoïde *adj.*

Quinol hydroquinone *f.*

Quinoline quinoléine *f.*

Quinolinic quinoléique *adj.*

Quinone quinone *f.*

Quinoxaline quinoxaline *f.*

R

R arginine *f.* (*code à une lettre*).

Racemase racémase *f.*

Racemate racémate *m.*

Racemate cleavage dédoublement de racémate.

Racemate mixture mélange racémique.

Racemic racémique *adj.*

Racemic modification racémique *m.*

Racemise = Racemize.

Racemize (to ~) racémiser ; se racémiser.

Rack râtelier *m.* (*p. ex. pour éprouvettes ou tubes à essai*).

Rack-and-pinion crémaillère *f.*

Rack-bar = Rack-and-pinion.

Rack work mécanisme à crémaillère.

Radial chromatography = Circular chromatography.

Radial engine moteur en étoile.

Radiant heat chaleur rayonnante.

Radiation radiation *f.*, rayon *m.*, rayonnement *m.*

Radiation chemistry radiochimie *f.*

Radiation damage radiolésion *f.*

Radiation induced amorcée par rayonnement (*polymérisation, réaction*).

Radiation protective agent agent radioprotecteur.

Radiation sensitive sensible au rayonnement.

Radiation sensitizing agent agent radiosensibilisant, radiosensibilisateur *m.*

Radiation sickness mal des radiations.

Radiation therapy radiothérapie *f.*

Radical radical *m.* ; radicalaire *adj.*

Radical starter amorceur de radicaux, générateur de radicaux.

Radioactive radioactif *adj.*

Radioactive element élément radioactif, radioélément *m.*

Radioactive fallback retombées radioactives.

Radioactive labeling radiomarquage *m.*

Radioallergosorbent test essai radioallergologique par allergosorbant.

Radioassay dosage par radioéléments.

Radiochemical radiochimique *adj* ; produit (chimique) radioactif.

Radiochemicals produits radiochimiques.

Radiochemistry radiochimie *f.*

Radiodiagnostics produits de contraste.

Radioelement élément radioactif, radioélément *m.* (*ex. : radioiode*).

Radioimaging radiocliché *m.*, radioimagerie *f.*

Radioimmunoassay dosage (*ou* méthode) radioimmunologique.

Radioimmunosorbent test essai radioimmunologique par sorbant.

Radioiode iode radioactif, radio-iode *m.*

Radioiodinated serum albumin albumine sérique radio-iodée.

Radiolabeled marqué *adj.* (*isotopiquement*).

Radiolabeling marquage isotopique.

Radiolabelling = Radiolabeling.

Radiolysis radiolyse *f.*

Radionuclide radionucléide *m.*

Radionuclide imaging image scintigraphique.

Radio-opaque opaque aux radiations.

Radiopaque = Radio-opaque.

Radiopaque agent agent de contraste.

Radiopharmaceuticals produits radiopharmaceutiques, produits pharmaceutiques marqués.

Radioreceptor assay dosage radioisotopique de récepteurs.

Radiosensitive radiosensible *adj.*, sensible aux radiations.

Radiosensitizer potentialisateur des radiations.

Radiotherapy radiothérapie *f.*

Radiotracer marqueur isotopique (*radioactif*), traceur isotopique.

Radium radium *m.*

Radius rayon *m.* (*mathématiques*).

Radon radon *m.*, émanation du radium.

Raffinate stream courant de raffinat.

Raise against (to ~) produire contre (*anticorps/antigène*).

Raised to produit contre (*anticorps/antigène*).

Rake conveyor convoyeur à râteau.

Rancid rance *adj.*

Rancidity rancissement *m.*

Random non ordonné *adj.*, au hasard, quelconque *adj.*

Random array répartition au hasard.

Random copolymer copolymère statistique.

Random error erreur aléatoire.

Randomis... = Randomiz...

Randomization échantillonnage au hasard, échantillonnage statistique, randomisation *f.*

Randomize répartir (en groupes constitués) au hasard.

Randomized aléatoire *adj.*

Randomly branched ramifié au hasard, ramifié de façon aléatoire.

Random pattern structure non orientée.

Random sample échantillon aléatoire.

Random sampling = Randomization.

Random test essai au hasard, essai randomisé.

Random variable variable aléatoire.

Range échelle *f.*, étendue *f.*, éventail *m.*, gamme *f.*, intervalle *m.*, zone *f.*

Range (broad ~) large gamme, large éventail.

Range of (in the ~) de l'ordre de (*une seule valeur mentionnée*) ; compris entre (*deux valeurs*), dans l'intervalle de.

Range of hydrocarbons domaine des hydrocarbures.

Range within normal limits varier dans les limites de la normale.

Rank (to ~) classer, ordonner ; se classer.

Rank (to ~ above) se classer avant, passer avant.

Rank (to ~ first) se classer en premier.

Rank log test test rang log (*statistiques*).

Rape oil huile de colza.

Rare earths terres rares.

Rare element élément des terres rares.

Rare gas gaz rare.

Raschig ring anneau Raschig.

Rash éruption *f.* (*peau*), rubéfaction *f.*

Rasp râpe *f.*

RAST = Radioallergosorbent test.

Ratchet encliquetage *m.* ; cliquet *m.*, rochet *m.*

Rat controlling agent agent de dératisation, raticide *m.*

Rate allure *f.*, vitesse *f.* ; degré *m.* ; taux *m.* ; cadence *f.*

Rate constant constance de vitesse.

Rated value valeur estimée.

Rate-limiting step étape limitante de la réaction, étape contrôlant la vitesse.

Rate of 10 % (at a ~) à raison de 10 %.

Rate of flow = Flow rate.

Rate of speed vitesse de déplacement.

Rate theory théorie cinétique.

Rating appréciation *f.*, échelle d'appréciation, estimation *f.*, notation *f.*

Ratio rapport *m.*, taux *m.*

Rationale analyse *f.* (*ou* base *f.* ou exposé *m.*) raisonné (e) *ou* rationnel (le), fondement *m.*

Ratio of A to B proportions relatives de A et de B, proportion de A par rapport à B.

Ratio of two compounds proportions relatives de deux composés.

Rat poison raticide *m.*

Raw brut *adj.*, cru *adj.*, grossier *adj.*

Raw material matière première.

Ray raie *f.*, rayon *m.*

RCD Ringer/citrate/dextrose (*tampon*).

Reach of children (keep out of ~) ne pas laisser à la portée des enfants.

React (to ~) réagir, entrer en réaction ; faire réagir.

Reactable réactif *adj.*

Reactant réactif *m.*, substance réactive, substance participant à la réaction.

Reacted mixture mélange ayant réagi.

Reacting dose dose déclenchante.

Reaction réaction *f.* ; mélange réactionnel (*US*).

Reaction (first order ~) réaction du premier ordre.

Reaction chromatography chromatographie réactionnelle (*chromatographie associée à des réactions chimiques*).

Reaction example exemple de synthèse.

Reaction formula équation de réaction, équation réactionnelle.

Reaction kettle réacteur *m.*

Reaction mixture mélange réactionnel.

Reaction product of produit de la réaction de.

Reaction rate vitesse de réaction.

Reaction solvent solvant réactionnel.

Reaction stage in two steps stade réactionnel en deux étapes.

Reaction step étape d'une réaction.

Reaction vessel cuve de réaction ; réacteur *m.*

Reactivation réactivation *f.*, régénération *f.* (*catalyseur*).

Readily soluble facilement soluble.

Reading relevé *m.*, valeur indiquée, valeur lue (*instrument*).

Reading frame cadre de lecture (*génie génétique*).

Readjustment spring ressort de rappel.

Readout signal signal lu.

Readthrough poursuite de la lecture, lecture ininterrompue (*génie génétique*).

Reagent réactif *m.*, réactif analytique.

Reagent grade pureté analytique, qualité « réactif ».

Reagent grade compound composé pur pour analyse.

Reagent kit coffret de réactif, trousse de réactif.

Reagent strip bandelette de papier réactif.

Reappraisal réestimation *f.*, réévaluation *f.*

Rearrangement remaniement *m.* (*d'une structure*) ; réarrangement *m.*, transposition *f.*

Reasons beyond our control (for ~) pour des raisons indépendantes de notre volonté.

Reassignment réattribution *f.*, révision *f.* (*de structure*).

Reboiler rebouilleur *m.* (*distillation*).

Recall antigen antigène de rappel.

Receiver récepteur *m.*

Receptacle récipient *m.*

Receptivity affinité *f.* (*colorants, encre*).

Receptor récepteur *m.*

Receptor (alpha ~) récepteur alpha.

Receptor molecule molécule réceptrice.

Recipe formule *f.* (*composition d'un mélange*), recette *f.*

Recipient patient sous (*médicament, placebo*), receveur *m.*

Reciprocal of dilution inverse *m.* de dilution.

Reciprocal value valeur inverse.

Reciprocating movement mouvement alternatif, va-et-vient *m.*

Reciprocating screen tamis à mouvement alternatif.

Reclaim régénéré *m.*, produit régénéré.

Reclaiming récupération *f.* ; régénération *f.*

Reclotting phenomenon thixotropie *f.*

Recognition site site de reconnaissance (*récepteurs*).

Recoil choc en retour ; recul *m.* ; continuer à tourner (*bulles de gaz dans un liquide*).

Recoil force force de rappel.

Recoil motion mouvement de rotation (*bulles*).

Recombinant recombinant *adj.*, recombiné *adj.*

Recombinant DNA ADN recombinant, ADN recombiné.

Recombinant DNA technology génie génétique.

Recombinant interleukin interleukine recombinante.

Recombinant plasmid plasmide recombiné.

Recombination recombinaison *f.*

Record enregistrement *m.* ; document *m.*, référence *f.*

Record (to ~) enregistrer, noter (*des résultats*).

Record a temperature (to ~) relever une température.

Recorder enregistreur *m.*

Recording barometer baromètre enregistreur.

Record linkage croisement de fichiers.

Recovery obtention *f.*, récupération *f.*, taux de récupération.

Recovery yield taux de récupération.

Recrystallize from (faire) recristalliser dans (*un solvant*).

Rectifier rectificateur *m.*

Recurring récurrent *adj.*, périodique *adj.*

Recurring units motifs récurrents.

Recycling recyclage.

Reddening rougeur *f.*, rubéfaction *f.*

Redesigning restructuration *f.*

Redispersion remise en dispersion.

Redox system rédox *m.*, système d'oxydo-réduction.

Reduced property propriété affaiblie.

Reduced stability stabilité réduite, stabilité plus faible.

Reducer réducteur *m.*

Reducible réductible *adj.*

Reducing réducteur *adj.*

Reducing enzyme réductase *f.*

Reducing sugar sucre réducteur.

Reductant réducteur *m.*

Reductase réductase *f.*

Reference numeral chiffre repère, nombre repère (*dessin, schéma*).

Reference size taille de référence, taille normalisée.

Reference to (in ~) par rapport à.

Referred to in évoqué dans.

Refilling rechargement *m.*

Refining épuration *f.*, raffinage *m.*

Reflectance coefficient de réflexion

Reflectometry réflectométrie *f.*

Reflux faire bouillir à reflux.

Reflux condenser condenseur à reflux.

Refluxed chauffé à reflux, porté à reflux.

Refluxing chauffage à reflux.

Refluxing head dispositif de reflux.

Reflux to a vessel renvoyer par reflux dans un récipient.

Refolding renaturation *f.* (*protéines*).

Reformed reconstitué *adj.*

Refracting réfringent *adj.*

Refraction réfraction *f.*

Refraction index indice de réfraction.

Refractive réfringent *adj.*

Refractive index = Refraction index.

Refractive index detector = Refractometric monitor.

Refractometer réfractomètre *m.*

Refractometric monitor détecteur réfractométrique.

Refractometry réfractométrie *f.*

Refractory réfractaire *adj.*

Refrigerate (to ~) refroidir.

Refrigerator réfrigérateur *m.*

Refuse refus *m.* (*tamisage*).

Regaining récupération *f.*

Regenerate (to ~) régénérer.

Regiochemistry régiochimie *f.*

Regiocontrol contrôle régiochimique, contrôle de la régiospécificité.

Regioselectivity régiosélectivité *f.*

Registered trade mark marque (commerciale) déposée.

Registering enregistrement *m.*

Registration = Registering.

Regiospecificity régiospécificité *f.*

Regular régulier *adj.*

Regular size package conditionnement de modèle courant.

Regulate (to ~) régler.

Regulate a synthesis régler une synthèse.

Regulate conditions fixer des conditions, stipuler des conditions.

Regulator régulateur *m.*

Reheating réchauffage *m.*

Related art état de la technique (*brevets*).

Related patent brevet apparenté.

Relation rapport *m.*, relation *f.*

Relationship = Relation.

Relative front value valeur R$_f$.

Relatively rotating tournant l'un (les uns) par rapport à l'autre (aux autres).

Relative standard deviation coefficient de variation.

Relaxant relaxateur *m.*

Releasably de façon démontable (*appareillage*).

Release dégagement *m.*, libération *f.*

Release factor facteur de libération (*ou* terminaison) (*biologie moléculaire*).

Release mechanism mécanisme de déclenchement.

Release of a drug libération d'un médicament (*dans l'organisme*).

Releaser pheromone phéromone de déclenchement.

Release spring ressort de rappel.

Releasing factor substance libératrice (*d'hormone*).

Reliability fiabilité *f.* ; répétabilité (*chromatographie*).

Relief valve soupape de sûreté.

Reload recharger *f.*

Remainder résidu *m.*, reste *m.*

Remission-inducing rémittent *adj.* (*médicament*).

Remnant résidu *m.*

Remote control handling manipulation à distance, télécommande *f.*, télécontrôle *m.*

Removable amovible *adj.*, démontable *adj.*

Removal enlèvement *m.*, séparation *f.*, élimination *f.*

Remove (to ~) chasser (*un solvant*), éliminer ; séparer.

Remover agent d'élimination ; décapant *m.*

Removing cream crème démaquillante.

Renewal régénération *f.*

Renin rénine *f.*

Rennet présure *f.*

Rennin = rennine *f.*

Renumber (to ~) renuméroter.

Repair régénération *f.*, réparation *f.*

Repeat répétition *f.* (*génétique*).

Repeating units motifs répétitifs.

Repellency répulsion *f.*

Repellent répulsif *m.*, *adj.*

Repelling répulsif *adj.*, qui repousse, qui éloigne.

Replace (to ~) remplacer, substituer.

Replace P for Si remplacer Si par P.

Replenish (to ~) recompléter, reconstituer, regarnir.

Replicate (to ~) se répliquer.

Replicate samples échantillons identiques, échantillons multiples.

Replicating réplication *f.*

Replicative réplicatif *adj.*

Replicative vector vecteur de réplication (*génétique*).

Replotting nouveau tracé.

Report faire état ; document *m.*, rapport *m.*

Reported in grams indiqué en grammes.

Reported in literature mentionné dans la littérature.

Reported to be indiqué comme étant.

Reported to improve censé améliorer, mentionné comme améliorateur.

Repository drug médicament retard.

Repository preparation préparation retard.

Representative reaction schéma réactionnel.

Repress (to ~) diminuer, freiner, ralentir ; régresser, rétrograder.

Repressed solubility solubilité en régression.

Repressor protéine de répression, répresseur *m.*

Repressor protein = **Repressor.**

Reprocessing retraitement *m.*

Reproducibility reproductibilité *f.*

Require (to ~) exiger, nécessiter.

Requirement condition requise, condition nécessaire, exigence *f.* ; nécessité *f.*

Requirements (to meet the ~) satisfaire aux exigences.

Research recherche *f.*

Researcher chercheur *m.*

Reserpine réserpine *f.*

Reset (to ~) recaler, remettre à zéro.

Resetting remise à zéro (*d'un instrument*).

Residence time temps de séjour.

Residual résiduaire *adj* ; résiduel *adj.*

Residual effect effet rémanent.

Residue résidu *m.*, reste *m.*

Residue on ignition cendres résiduelles.

Residuum = **Residue.**

Resilient élastique *adj.*

Resin résine *f.*

Resin acids acides résiniques.

Resin oil huile de résine.

Resinous résineux *adj.*

Resistance gene gène de résistance.

Resolution dédoublement *m.* (*racémique*).

Re-solution redissolution *f.*

Resolvable dédoublable *adj.* (*racémique*).

Resolving agent agent de séparation.

Resolving power pouvoir séparateur, pouvoir de résolution.

Resonance résonance *f.*

Resonate (to ~) résonner, entrer en résonance.

Resorcin résorcine *f.*, résorcinol *m.*

Resorcinolphthalein fluorescéine *f.*

Respiratory stimulant analeptique respiratoire.

Response réponse *f* ;

Response factor coefficient de réponse.

Resting state état de repos.

Restoration régénération *f.*

Restoration material matériau pour restauration (*dentaire p. ex.*).

Restraining autacoid = **Chalonic autacoid.**

Restricted coupé *adj.* (*plasmide*).

Restricted diffusion chromatography = **Gel-permeation chromatography.**

Restriction restriction *f.* (*enzyme*).

Restriction endonuclease endonucléase de restriction.

Restriction map carte de restriction (*biologie moléculaire*).

Restrictor réducteur *m.*

Result résultat *m.*

Result (to ~) résulter.

Result from (to ~) découler de, être la conséquence de, résulter de.

Result in (to ~) avoir pour résultat, conduire à, entraîner, provoquer, se manifester par, se traduire par.

Resuspend (to ~) remettre en suspension.

Retained fraction fraction retardée, fraction retenue.

Retained properties propriétés résiduelles.

Retaining pin goupille de fixation.

Retainings résidus de tamisage.

Retardation factor = R_f **value.**

Retentate produit retenu.

Retention rétention f., retenue f.

Retention factor = R_f **value.**

Reticle réticule m.

Reticular réticulaire adj.

Reticule = **Reticle.**

Reticulin réticuline f.

Retinene rétinène m.

Retinoic acid acide rétinoïque (cf. : **Vitamin A acid**).

Retinol rétinol m., vitamine A_1.

Retort cornue f.

Retrieval recherche documentaire, recherche rétrospective.

Retron rétron m.

Retroposon rétroposon m.

Retrotransposon rétrotransposon m.

Return cam came de renvoi.

Return condenser condenseur à reflux, déflegmateur m.

Return spring ressort de rappel.

Return valve valve de retour.

Reversal point point d'inversion, point de renversement.

Reverse inverse adj., rétro-, réverse adj.

Reverse (to ~) renverser (une inhibition).

Reversed phase chromatography chromatographie à polarité de phases inversée, chromatographie en phase inverse (ou inversée).

Reversed-phase ion-pair partition = **RPIPP** (chromatographie).

Reverse flow contre-courant m.

Reverse osmosis osmose inverse.

Reverse peptide rétropeptide m.

Reverse phase = **Reversed phase.**

Reverse pinacol rearrangement transposition rétropinacolique.

Reverse reaction réaction inverse.

Reverse transcriptase transcriptase inverse, transcriptase réverse.

Reversing = **Inside-out turning.**

Reversing gear mécanisme inverseur.

Reversion reconversion f., réversion f.

Review compte rendu m., recension f. ; revue f.

Review (to ~) analyser, passer en revue, récapituler.

Review article article de fond.

Review of results compte rendu des résultats ; révision des résultats.

Revivification réactivation f. régénération f. (catalyseur).

Revolution révolution f., tour m.

Revolution counter compte-tour, tachymètre m.

Revolve (to ~) tourner ; faire tourner.

Revolving rotatif adj., tournant adj.

Rewetting réhumidification f.

Rewind (to ~) rebobiner.

RFLP (restriction fragment length polymorphism) polymorphisme en longueur des fragments de restriction.

Rfm rifampicine f.

R$_f$ value R$_f$ *m.*, coefficient de rétention frontale, facteur de rétention (*chromatographie*).

RH humidité relative.

Rhamnetin rhamnétine *f.*

Rhenium rhénium *m.*

Rheology rhéologie *f.*

Rheumatic rhumatismal *adj.*

Rhodium rhodium *m.*

Rhodopsin rhodopsine *f.*

Rhombohedral rhombohédrique *adj.*

Rhythmic rythmique *adj.*

RIA = **Radioimmunoassay.**

Rib cannelure *f.*, nervure *f.*

Ribbed cannelé *adj.*, nervuré *adj.*

Ribbon ruban *m.*

Ribbon blender mélangeur à ruban.

Riboflavin lactoflavine *f.*, riboflavine *f.*, vitamine B$_2$.

Ribonic acid acide ribonique.

Ribonuclease ribonucléase *f.*

Ribonucleic ribonucléique *adj.*

Ribonucleoside ribonucléoside *m.*

Ribonucleotide ribonucléotide *m.*

Ribosomal RNA ARN ribosomique, ARNr.

Ricinoleic ricinoléique *adj.*

Ricinolein ricinoléine *f.*

Ricinolic acid acide ricinoléique

Ricinus oil huile de ricin.

Rider cavalier *m.* (*balance*).

Rider-weight = **Rider.**

RI detector = **Refractometric monitor.**

Right angle scatter diffraction de la lumière à 90 °C.

Right-handed droit (*énantiomère*).

Right-handed helix hélice avec pas à droite.

Rig life durée de vie d'un équipement.

RIL = **Recombinant interleukin.**

Ring anneau *m.*, bague *f.*, cycle *m.*, noyau *m.*

Ring burner brûleur en couronne.

Ring chromatography chromatographie circulaire.

Ring cleavage ouverture de cycle.

Ring closure cyclisation *f.*

Ring experiments essais groupés.

Ring flipping inversion de conformation.

Ring formation cyclisation *f.*

Ring fusion annelation *f.*, condensation de cycles.

Ring member chaînon de cycle.

Ring opening décyclisation *f.*, ouverture de cycle.

Ring system système cyclique, noyau *m.*

Ring test essai (*ou* épreuve) de précipitation interfaciale (*immunochimie*).

Rinse solvant de rinçage (ayant servi à rincer).

Rinse (to ~) rincer.

Rinsing rinçage *m.*

Ripening mûrissement *m.*

RISA = **Radioiodinated serum albumin assay.**

Rise in temperature ascension de la température.

Rise of contaminants augmentation (du taux) des impuretés.

Riser colonne ascendante.

Rising agent levure chimique.

Rising salt = **Rising agent.**

Risk assessment estimation (*évaluation*) du risque.

RIST = **Radioimmunosorbent test.**

RNA acide ribonucléique, ARN.

RNA-editing correction de l'ARN.

RNA-hybridization hybridation par ARN.

RNA probe sonde d'ARN.

RNase ribonucléase *f.*

RNP ribonucléoprotéine.

RNR ribonucléotide réductase.

RO = **Reverse osmosis.**

Roast (to ~) griller, torréfier ; calciner.

Roasting dish têt à rôtir *m.*

Rocker balancier *m.*, culbuteur *m.*

Rocket immunoelectrophoresis immunoélectrophorèse en fusée.

Rocking rotation (*spectrométrie*).

Rocking screen tamis à balancement.

Rod baguette *f.*, bâtonnet *m.*, tige *f.*

Rodenticide rodenticide *m.*

Rodlike bacilliforme *adj.*, en bâtonnets.

Rod-shaped = **Rodlike.**

Roentgenography spectrographie aux rayons X.

Roll coating enduction à cylindres.

Roller cylindre *m.*, rouleau *m.*, tambour *m.*

Roller mill broyeur à cylindres.

Roller pan mixer mélangeur à cylindres.

Rolling roulement *m.*

Roll up behavior comportement à l'enroulement.

Room air air ambiant.

Room temperature température ambiante.

Root racine *f.*

Rose oil essence de rose.

Rosette rosette *f.*, touffe *f.* (*cristaux*).

Rosin colophane *f.*

Rosin acids acides résiniques.

Rot pourriture *f.*

Rot (to ~) pourrir.

Rotarod tige tournante.

Rotary rotatif *adj.*, rotatoire *adj.*

Rotary bowls (centrifuge with ~) centrifugeuse à tambours rotatifs.

Rotary engine moteur rotatif.

Rotary evaporation évaporation par rotation.

Rotary evaporator évaporateur rotatif.

Rotary press presse rotative (*pour comprimés*).

Rotary pump pompe rotative.

Rotary vacuum filter filtre rotatif sous vide.

Rotatably en rotation.

Rotate (to ~) tourner ; faire tourner.

Rotated (is ~) tourne, est animé d'un mouvement de rotation.

Rotated at tournant à (*une vitesse donnée*).

Rotate end-over-end imprimer un mouvement de bascule, faire basculer (mélangeur).

Rotating carousel chariot tournant.

Rotating field champ tournant.

Rotating pump pompe de circulation, pompe rotative.

Rotating strip column colonne à bande tournante, colonne à plateau tournant.

Rotating vane aube tournante.

Rotatory rotatoire *adj.*

Rotatory power pouvoir rotatoire.

Rotenone roténone *f.*

Rotomer rotomère *m.*

Rouge rouge *m.* (*cosmétiques*).

Rough approximation approximation grossière.

Rough estimate évaluation approximative.

Round filter filtre rond (*en papier*).

Route mécanisme *m.*, voie d'accès.

Routinely de manière classique.

Royal jelly gelée royale.

RP chromatography = Reversed phase chromatography.

RPIPP chromatographie par appariement d'ions en phase inversée.

rRNA = Ribosomal RNA.

RT = Room temperature.

RU unité rat ; R (unité Roentgen).

Rubber caoutchouc *m.*

Rubefacient rubéfiant *m.*

Rubidium rubidium *m.*

Rubin fuchsine *f.*

Rule règle *f.*

Rule (to ~) régler.

Run opération *f.*, passe *f.*, passage *m.*, série *f.* ; course *f.* (*d'un piston*) ; cycle de marche.

Runability comportement sur machine, ouvrabilité *f.*, usinabilité *f.*

Run a blank faire un essai à blanc.

Run an oxidation effectuer une oxydation.

Run a reaction (to ~) faire réagir.

Run controls réaliser des témoins.

Running away emballement *m.* (*réaction*).

Runnings fractions (*de distillation*).

Runnings (first ~) têtes *f., pl.* (*distillation*).

Runnings (last ~) queues *f., pl.* (*distillation*).

Runnings (medium ~) cœur *m.* (*distillation*).

Rupturable container récipient frangible.

Rust rouille *f.*

Rust (to ~) rouiller.

Rustless inoxydable *adj.*

Rustproof = Rustless.

Ruthenium ruthénium *m.*

Rutin rutine *f.*, vitamine P.

R$_x$ drug = Prescription drug.

S

S (*cf.* : **S factor**, **S phase**).

S sérine *f.* (*code à une lettre*).

s = **Singlet**.

Saccharic saccharique *adj.*

Saccharimeter saccharimètre *m.*

Saccharin saccharine *f.*

Saccharin sodium saccharinate de sodium, saccharine soluble.

Saccharin soluble saccharine soluble.

Saccharose saccharose *m.*

Sachet pochette *f.*, sachet *m.*

Saddle packing anneaux Raschig.

Safely employed utilisé en toute sécurité.

Safety sécurité *f.*, sûreté *f.* ; bonne tolérance, innocuité d'emploi.

Safety appliance dispositif de sécurité.

Safety bottle flacon de garde.

Safety criteria critères de tolérance.

Safety margin marge de sécurité.

Safety test essai d'innocuité

Safety tube tube de sûreté.

Safety valve soupape de sûreté.

Saffron safran *m.*

SAH S-adénosylhomocystéine.

Sal salicylate, salicylique.

Salicylic acid acide salicylique.

Saline sérum physiologique, solution salée.

Saliva salive *f.*

Salivary amylase ptyaline *f.*

Salivation inhibitor antisalivaire *m.*

Salt sel *m.*

Salted salé *adj.*

Salt-forming salifiable *adj.*

Salting in salification *f.*

Salting out relargage *m.*

Salt-like salin *adj.*

Salt out (to ~) relarguer.

Saltpeter salpètre *m.*, nitrate de potassium.

Salt solution solution de sel, solution saline.

Salt substitute succédané de sel, sel de régime.

Salt water eau salée.

Salvage récupération *f.*, sauvegarde *f.*

Salvage pathway voie de récupération (*réaction des acides nucléiques*).

SAM S-adénosylméthionine.

SAMD S-adénosylméthionine décarboxylase.

SAM-DC = SAMD.

Sample échantillon *m.*, spécimen *m.* ; prélèvement *m.*, prise d'essai *m.* ; faire des prélèvements, prélever des échantillons.

Sample cup coupelle (*ou* nacelle) d'échantillon.

Sample for analysis prise d'essai pour analyse.

Sampler échantillonneuse *f.*

Sample streaking dépôt linéaire, dépôt en bande continue (*chromatographie*).

Sampling échantillonnage *m.*, prélèvement *m.* ; injection (*ou* introduction) d'un échantillon (*chromatographie*).

Sampling cock robinet de prélèvement, robinet de prise (*d'échantillon*) ; vanne d'injection *ou* d'échantillonnage (*chromatographie*).

Sampling error erreur de prélèvement.

Sampling loop = Sampling valve.

Sampling pump pompe d'échantillonnage.

Sampling thief = Sampling cock.

Sampling valve = Sampling cock.

Sand sable *m.*

Sandalwood bois de santal.

Sandarac (gomme) sandaraque.

Sand bath bain de sable.

Sand mill broyeur à sable.

Sandpaper papier-émeri, papier de verre.

Sandwich assay essai en sandwich.

Sandwich tablet comprimé multicouches.

Sanguifacient hématopoïétique *adj.*,

Sanguinopoietic = Sanguifacient.

Santalwood = sandalwood.

Sap suc *m.*

Sapogenin sapogénine *f.*

Saponification value indice de saponification.

Saponify (to ~) saponifier.

Saponin saponine *f.*

SAR relation structure-activité.

Sarcolactic sarcolactique *adj.*

SAS salicylazosulfapyridine.

SAS (= sterile aqueous suspension) suspension aqueuse stérile.

SAS = Surface-active substance.

Sat saturé *adj.*

Satisfy a condition satisfaire à une condition.

Satisfy a relationship obéir à une relation (ou une équation).

Satisfy the needs répondre aux besoins.

Satisfy the requirements répondre (*ou* satisfaire) aux exigences.

Saturated saturé *adj.*

Saturated calomel electrode électrode au calomel saturée.

Savor goût *m.* saveur *f.*

Savour = Savor.

Saw tooth crusher broyeur à dents de scie.

SBP (= BSP) sulfobromophtaléine.

sc = small cytoplasmic (*cf.* **scRNA, scRNP**).

Scabicide antiscabieux *m.*

Scalding ébouillantage *m.*

Scale incrustation *f.*, dépôt *m.*, tartre *m.* ; échelle *f.*, graduation *f.* ; plateau *m.* (*balance*).

Scale (in ~) à l'échelle.

Scale (on a x g scale) pour x g du produit de départ.

Scale beam fléau de balance.

Scale down diminuer proportionnellement.

Scaled up production production à grande échelle (à échelle industrielle).

Scales balance *f.*

Scale unit division d'échelle.

Scale up augmenter proportionnellement.

Scaling écaillage *m.*, exfoliation *f.*

Scaling up développement d'un procédé, développement à une plus grande échelle.

Scandium scandium *m.*

Scanning examen (minutieux), exploration *f.* ; échographie *f.* ; scintigraphie *f.*

Scanning electron (ic) microscope microscope électronique à balayage.

Scanning electron (ic) microscopy microscopie électronique par balayage.

Scar-healing cicatrisant *adj.*

Scarlet red rouge écarlate, Soudan IV.

Scatol scatole *m.*

Scatter (to ~) diffuser.

Scattered data données éparses.

Scattered light lumière diffuse.

Scattering diffusion ; dispersion *f.*

Scavenger accepteur *m.*, capteur *m.*, piège *m.* ; épurateur *m.* ; inhibiteur *m.*

Scavenger agent = Scavenger.

SCCM = Standard cubic centimeter per minute.

SCE = Saturated calomel electrode.

Scent odeur *f.*, parfum *m.*

Scent spray vaporisateur *m.* (*à parfum*).

SCFH = Standard cubic feet per hour.

SCFM = Standard cubic feet per minute.

Schedule plan *m.*, planning *m.*, programme *m.*

Scheduled programmé *adj.*

Scheduling ordonnancement *m.*, programmation *f.*

Schematically shown représenté schématiquement, schématisé *adj.*

Schiff base base de Schiff.

Scientific scientifique *adj.*

Scientist scientifique *m.*

Scintigraphic imaging représentation scintigraphique.

Scintillation counter compteur à scintillation, scintillomètre *m.*

Scintillation spectrometer spectromètre à scintillation.

Scintillation spectrometry scintigraphie *f.*

Scleroprotein scléroprotéine *f.*

SCMC S-carboxyméthylcystéine.

Scoop auget *m.*, godet *m.*, petite pelle.

Scope (beyond the ~ of) au-delà des limites de.

Scoop chain élévateur à godets.

Scope ampleur *f.*, étendue *f.*, portée *f.* ; oscilloscope *m.*

Score encoche *f.*, entaille *f.*, incision *f.* ; score *m.*

Scored tablet comprimé sécable.

Scoring incision *f.*

Scoring of results cotation de résultats.

Scrambled ribonuclease ribonucléase « brouillée ».

Scraper racloir *m.*

Scraping blade racleuse *f.*

Scratch (to ~) récurer.

Screen écran *m.* ; crible *m.*, tamis *m.*

Screen analysis analyse granulométrique, granulométrie *f.*

Screen filter filtre-tamis *m.*

Screen for size (to ~) calibrer, classer par taille.

Screening analyse, *f.*, détection *f.* ; dépistage *m.* ; criblage *m.* screening *m.*, tri *m.*

Screening antigen antigène de criblage.

Screening drum crible rotatif.

Screening machine trieuse *f.*

Screening of a group masquage d'un groupe.

Screw vis *f.*

Screw cap bouchon à vis.

Screw clamp pince de Mohr.

Screw clip = **Screw clamp**.

Screw conveyor convoyeur à vis, vis d'Archimède, vis sans fin.

Screw feeding alimentation par vis sans fin.

Screw pinch clamp pince de Mohr à vis.

Screw press filtre presse *m.*

Screw stopper bouchon fileté.

Screwthread filetage *m.*

scRNA petit ARN cytoplasmique.

scRNP petite RNP cytoplasmique.

Scrubber absorbeur *m.*, épurateur *m.*, laveur *m.*

Scrubbing lavage *m.*

SCU (= single-chain urokinase) urokinase à chaîne unique.

Scummer antimousse *m.*

Scumming encrassement *m.*

Scummings efflorescences *f., pl.* ; mousses *f., pl.* ; scories *f., pl.*

SCU-PA activateur du plasminogène du type urokinase à chaîne unique.

SDDS 2-sulfamoyl-4,4'-diamino-diphénylsulfone.

SDS dodécylsulfate de sodium.

SD-SK (SDSK) streptodornase-streptokinase.

SDS-PAGE = Sodium dodecylsulphate-polyacrylamide gel electrophoresis.

Sea sickness mal de mer.

Seal joint *m.* ; fermeture *f.*, obturateur *m.*

Seal (to ~) sceller ; clore ; fermer hermétiquement.

Sealant matériau d'étanchéité, matériau d'obturation.

Seal coating vernissage *m.* (*galénique*).

Sealed clos *adj.*, scellé *adj.*

Sealed package emballage hermétique.

Sealed room enceinte close.

Sealing fermeture hermétique, scellage *m.*

Sealing gasket garniture d'étanchéité.

Sealing liquid liquide d'étanchéité.

Sealing strip bande soudée (*conditionnement pharmaceutique*).

Seal-packaged en emballage hermétique (*ou* scellé).

Seam seal joint scellé.

Searcher chercheur *m.*

Seasoning assaisonnement *m.*, condiment *m.*

Seat assise *f.* ; chaise *f.* (*d'un coussinet*), siège *m.* (*mécanique*).

Seaweed algues marines.

Sebacate sébaçate *m.*

Sebacic sébacique *adj.*

SEC = Size exclusion chromatography.

Secondary secondaire *adj.*

Secondary phosphate monohydrogénophosphate.

Secretin sécrétine *f.* ; gastrine *f.* (cf. **Gastric secretin**).

Section (in ~) (en) coupe (*représentation*).

Secular stability stabilité à long terme.

Secure (to ~) fixer.

SED = Side-effects of drugs.

Sedating sédatif *adj.*

Sedation threshold seuil de sédation.

Sedative calmant *m., adj.*, sédatif *m., adj.*

Sedative-hypnotic nooleptique *m.*, *adj.*

Seed graine *f.*, semence *f.*

Seed (to ~) ensemencer.

Seed beads perles germes.

Seed crystal germe cristallin.

Seepage suintement *m.*

Selection of plasmids isolement des plasmides.

Selection rate taux de sélectivité.

Selectively permeable à perméabilité sélective (*membrane*).

Selectivity of (a compound) sélectivité en faveur (d'un composé).

Selenide séléniure *m.*

Selenium sélénium *m.*

Self-adherent auto-adhésif *adj.*, autocollant *adj.*

Self-contained unit installation autonome ; unité incorporée.

Self-determinant déterminant *m.* autonome.

Self-fermentation autolyse *f.*

Self-governing autonome *adj.*

Self-heating échauffement spontané.

Selfing autoreproduction *f.* (*biologie moléculaire*).

Selfish DNA ADN égoïste.

Selfish gene gène égoïste.

Self-maintained autoentretenu *adj.*

Self-medication automédication *f.*

Self-propelled automoteur *adj.*

Self-rating autoévaluation *f.*

Self-registering autoenregistrement *m.*

Self-regulating autorégulation *f.*

Self-replication autoréplication *f.*, autoreproduction *f.*

Self-standing indépendant *adj.*

Self-sufficient autonome *adj.*, autosuffisant *adj.*

Self-sustained = Self-maintained.

SEM = Scanning electronic microscopy.

SEM = Standard error of the mean.

Semicarbazide semicarbazide *m.*

Semicarbazine semicarbazine *f.*

Semicarbazone semicarbazone *f.*

Semiconductor semiconducteur *m.*

Semilogarithmic paper papier semilogarithmique.

Senior author auteur principal (*d'une publication*).

Sense strand brin signifiant (*biologie moléculaire*).

Sensing détection *f.*

Sensing means moyen de détection.

Sensitiser = Sensitizer.

Sensitive sensible *adj.*

Sensitivity sensibilité *f.*

Sensitization sensibilisation *f.*

Sensitizer sensibilisateur *m.*

Sensor capteur *m.*, détecteur *m.*, sonde *f.*

Separable device dispositif démontable.

Separable flask ballon séparable, ballon démontable.

Separate compounds composés individuels.

Separate phase phase distincte, phase indépendante.

Separating drum crible rotatif, trommel *m.*

Separating power = Resolving power.

Separation of a mixture résolution d'un mélange (*en ses constituants*).

Separatory funnel ampoule à décanter (*ou* à décantation).

Septum septum *m. (membrane de chromatographie).*

Sequenator séquenceur *m.*

Sequence séquence *f.,* série *f.,* succession *f.*

Sequence analysis analyse de séquence.

Sequenced séquencé *adj ;*

Sequenced (to be ~) avoir sa séquence propre d'acides aminés.

Sequenced (this protein has not yet been ~) la séquence de cette protéine n'a pas encore été établie.

Sequence rule règle séquentielle, règle de Cahn, Ingold et Prelog.

Sequencing détermination des séquences, séquençage *m.*

Sequencing primer amorceur de séquençage.

Sequential introduction introduction successive *(d'acides aminés p. ex.).*

Sequentiate (to ~) soumettre à un séquençage, séquencer.

Sequentiation séquençage *m.*

Sequestering agent chélateur *m.,* séquestrant *m.*

Sequestrene séquestrène *m.*

Serial dilution method méthode de dilutions successives.

Serial number numéro de série ; numéro de dépôt *(ou :* d'enregistrement *ou* de procès-verbal) *(brevets).*

Serial product produit en série.

Series série *f.*

Serine sérine *f.*

Serine protease protéase à sérine.

Serotonin sérotonine *f.*

Serum sérum *m.*

Serum albumin sérum-albumine *f.,* séroalbumine *f.*

Serum-free asérique *adj.*

Serum globulin sérum-globuline *f.,* séroglobuline *f.*

Serum glutamic-oxalacetic transaminase transaminase glutamique oxaloacétique du sérum.

Serum glutamic-pyruvic transaminase transaminase glutamique pyruvique du sérum.

Serum ornithine carbamoyltransferase ornithine carbamyltransférase du sérum.

Serum protein sérum-protéine *f.,* séroprotéine *f.*

Serviceable en état de fonctionner.

Service life durée de vie en service.

Set a temperature controller régler un régulateur de température.

Set forth (to ~) indiquer, présenter.

Set of conditions jeu de conditions.

Set of weights série de poids.

Set pattern schéma établi *(ou* systématique).

Setting réglage *m. (appareil)* ; durcissement *m.,* prise *f.,* solidification *f.*

Setting point point de solidification.

Setting up mise en place.

Settling décantation *f.,* dépôt *m.,* précipitation *f.,* sédimentation *f.* ; filtration *f.,* filtration par flottation.

Settling out séparation par sédimentation.

Settling plant installation de décantation.

Settling tank bac de décantation, réservoir de décantation.

Severe conditions conditions difficiles, conditions dures.

Severe heating chauffage intense.

Severity sévérité *f.*, condition de sévérité réactionnelle.

Sewage eaux d'égout.

Sewer collecteur *m.*, égout *m.*

Sex attractant leurre sexuel (*insecticides*).

Sex hormone hormone sexuelle.

S factor biotine *f.*

SGOT = **Serum glutamic-oxalacetic transaminase.**

SGPT = **Serum glutamic-pyruvic transaminase.**

SGTX surugatoxine *f.*

Shade nuance *f.*, teinte *f.*, ton *m.*

Shading hachurage *m.*

Shaft arbre de transmission, tige *f.*

Shaker secoueuse *f.*

Shaker conveyor transporteur à secousses.

Shaking table table vibrante.

SHAM acide salicylhydroxamique.

Shampoo shampo (o) ing *m.*

Shampoo (to ~) shampouiner.

Shampooing shampo (o) ing *m.*

Shape forme *f.*

Shaped façonné *adj.*

Shaping façonnage *m.*

Shared partagé *adj.*, mis en commun.

Shared antigen = **Group antigen.**

Sharing of electrons mise en commun d'électrons.

Sharp color couleur vive.

Sharp distribution distribution étroite (*statistiques*).

Shaving cream crème à raser.

Shaving soap savon à raser.

Shear cisaillement *m.*

Shear (to ~) cisailler.

Shearing cisaillement *m.*

Sheath gaine *f.*

Sheathing gainage *m.*

Sheave poulie *f.*

Shedding diffusion *f.*, dissémination *f.*, émission *f.*, sécrétion *f.*

Sheet filter filtre à plaques.

Sheet-like zone zone de forme plane (*détection par bioaffinité*).

Shelf dryer séchoir à plateaux.

Shelf life durée de conservation, stabilité au stockage.

Shell coque *f.* ; couche *f.* (*électronique*) ; tunique (*de capsule*) *f.*

Shellac gomme-laque *f.*

Shell centrifuge centrifugeuse à racloir.

Shielding blindage *m.*, écran *m.*, protection *f.*

Shift décalage *m.*, déplacement *m.*, glissement *m.*

Shifting = **Shift.**

Shimmer reflet *m.*

SHMT sérine hydroxyméthyltransférase.

Shock absorber amortisseur *m.*

Shoe sabot *m.* (*de machine*) (*cf.* **Feedshoe**).

Short-acting de courte durée d'action (*médicament*).

Shortage pénurie *f.*

Short-beam balance balance à court fléau.

Shortcoming défaut *m.*, imperfection *f.*

Shortening additif de cuisson (*chimie alimentaire*), corps gras (*alimentation*).

Short-lived de courte durée de vie, fugace *adj.* (*radicaux libres*).

Short-path distillation distillation-éclair *f.*, distillation moléculaire.

Short-range order ordre à courte distance (*structure*).

Short-stroke à faible course (*ex. : piston*).

Shot injection *f.*, piqûre *f.*

Shotgun test essai réalisé au hasard, essai « pêche à la ligne ».

Shoulder bride *f.* (*mécanique*) ; épaulement *m.* (*courbe par ex.*).

Shovel pale *f.*

Show a drop in yield (to ~) accuser (*ou* faire apparaître) une chute de rendement.

Show a high yield présenter un rendement élevé.

Showering aspersion *f.*

Show excellent performance se montrer très performant.

Show great improvement présenter une nette amélioration.

Showing of results présentation de résultats.

Shred brin *m.*

Shrinkage contraction *f.*, réduction de volume, retrait *m.*, rétrécissement *m.*

Shrinking = Shrinkage.

Shrink-packaging conditionnement sous film rétractable.

Shrink-wrapping = shrink-packaging.

Shrink-wrapping machine machine à banderoler sous tension.

Shutter obturateur *m.*, volet *m.*

Shuttle navette *f.* ;

Shuttle (acetyl-group ~) navette des groupes acétyle.

Shuttle plasmid plasmide navette *m.*

Shuttle vector vecteur navette.

Sialic acid acide sialique.

Siccative siccatif *m.*

Sickening écœurant *adj.*, malodorant *adj.*, nauséabond *adj.*

Side de côté, latéral *adj.*

Side arm condenser condenseur à branche latérale.

Side chain chaîne latérale.

Sidecut = Sidecut stream.

Sidecut stream courant latéral.

Sidedness asymétrie *f.*

Side effect effet secondaire.

Side product produit secondaire, sous-produit *m.*

Side reaction réaction secondaire.

Side stream coupe latérale (*distillation*) ; courant latéral.

Side view vue de côté, vue latérale.

Sideview = side view.

Sieve tamis *m.*

Sieve analysis granulométrie *f.*

Sieve drum crible rotatif, trommel *m.*

Sieve plate plaque de porcelaine, plaque poreuse.

Sieve shaker tamis vibrant.

Sieving tamisage *m.*

Sieving (forced ~) tamisage sous pression, tamisage forcé.

Sifter crible *m.*, tamis plat.

Sifting criblage *m.*

Sigma blade mixer mélangeur à vis hélicoïdale.

Signal peptide peptide signal *m.*, préséquence *f.*, séquence leader *f.*

Signal protein protéine signal *f.*

Signal recognition particle particule de reconnaissance de la séquence signal.

Signal recognition protein protéine de reconnaissance de la séquence signal.

Signal sequence séquence signal *f.*

Significance signification *f.* (*statistiques*), valeur significative.

Significance level seuil de significativité.

Significant important *adj* ; significatif *adj.* (*chiffre, valeur, etc.*).

Significative important *adj.* ; significatif *adj.* (*statistiques*).

Silencer élément bloqueur (*séquence d'ADN*).

Silent electrode électrode de référence.

Silent mutation mutation silencieuse.

Silica silice *f.*

Silica fume « fumée de silice », poudre de silice ultrafine.

Silicagel gel de silice.

Siliceous siliceux *adj.*

Silicic anhydride = **Silica**.

Silicide siliciure *m.*

Silicon silicium *m.*

Silicone silicone *f.*

Silicone grease graisse de silicone.

Silicone-treated siliconé *adj.*

Siloxides dérivés oxysilylés.

Silt boue *f.*, dépôt *m.*, limon *m.*, vase *f.*

Silver poisoning argyrisme *m.*

Silytated silylé *adj.*

Simmering ébouillantage *m.*

Simulated products succédanés *m., pl.*

Simultaneous simultané *adj.*

Single célibataire *adj.* (*électron*), simple *adj.*, singulier *adj.*, unique *adj.*

Single-beam spectrophotometer spectrophotomètre monofaisceau.

Single-blind test essai en simple insu.

Single bond liaison simple.

Single-branch à ramification unique.

Single crystal cristal unique, monocristal *m.*

Single-dose vial ampoule monodose.

Single-drug addiction monotoxicomanie *f.*

Single-drug therapy monochimio-thérapie *f.*

Single electron électron célibataire.

Single hardness monodureté *f.*

Single-phase monophasé *adj.*

Single-ring system système mononucléaire.

Single-shelled à une seule couche, monocouche.

Single-stage reaction réaction en un seul stade.

Single-step reaction = **Single-stage reaction**.

Single-stranded à une seule nappe (*hélice*).

Single-stranded DNA ADN monocaténaire, ADN à simple brin.

Singlet singlet *m.*, singulet *m.* (*spectrométrie*).

Singly bonded = **singly bound**.

Singly bound fixé par une simple liaison.

Singly branched = **Single-branch**.

Sink évier *m.*

Sink-float separation séparation par plongeants et flottants.

Sinter (to ~) fritter.

Sintered density densité à l'état fritté.

Sinter-glass filter filtre en verre fritté.

Siphon siphon *m.*

Site centre *m.*, site *m.*

Site-directed ciblé *adj.* (*médicament, thérapeutique*).

Six-membered ring cycle hexagonal.

Six-ring = **Six-membered ring.**

Size dimension *f.*, grandeur *f.*, taille *f.*

Size (to ~) calibrer.

Size classification calibrage *m.*, classement par tailles, classement granulométrique.

Size distribution range intervalle de classement granulométrique.

Size exclusion chromatography chromatographie d'exclusion (*cf.* **Gel-permeation chromatography**).

Size range intervalle de tailles.

Sizing calibrage *m.*, classement granulométrique ; encollage *m.*

SK streptokinase *f.* ; substance K.

Skeletal de squelette.

Skeletal structure squelette *m.* (*chimique*).

Skeletal vibration vibration de squelette (*spectrographie IR*).

Skeleton = **Skeletal structure.**

Skew gauche *adj.*, semi-décalé *adj.* (*conformation*).

Skew characteristics caractéristiques de distorsion.

Skew eclipsed semi-occultée (*conformation*) (*stéréochimie*).

Skilled qualifié *adj.*

Skilled artisan spécialiste *m.*, homme de l'art (*brevets*).

Skilled in the art spécialisé *adj.* ; spécialiste *m.*, homme de l'art.

Skim (to ~) décrasser ; écrémer.

Skimmer antimousse *m.*

Skin peau *f.* ; film *m.*, pellicule *f.*

Skin-compatible dermocompatible *adj.*, à tolérance cutanée.

Skin dosis dose cutanée.

Skin factor = **S factor.**

Skinning desquamation *f.*

Skirt bord *m.*, bordure *f.*, jupe *f.* (*mécanique*).

SK-SD (SKSD) streptokinase-streptodornase.

Slack éteindre (*la chaux p. ex.*).

Slacklime chaux éteinte.

Slake = **Slack.**

Slakelime = **Slacklime.**

Slate tan gris légèrement olive.

Sleep hormones hormones du sommeil (encéphalines et endorphines).

Sleep inducer hypnagogue *m.*, narcotique *m.*, soporifique *m.*

Sleeping pill somnifère *m.*

Sleep peptides = **Sleep hormones.**

Sleeve chemise *f.*, douille *f.*, gaine *f.*, manchon *m.*

Slice lamelle *f.*, tranche *f.*

Slidable coulissant *adj.*

Slide curseur *m.* ; lamelle de verre ; diapositive *f.*

Slide (to ~) coulisser, glisser.

Slide test essai sur lame.

Slide valve vanne à tiroir.

Slime bitume *m.* ; boue *f.*, limon *m.*, vase *f.*

Slime tank bassin de décantation.

Slip additive lubrifiant *m.*

Slitter découpeuse *f.*

Slop boue *f.*

Sloping incliné *adj.*

Sloping plate plateau incliné.

Slot fente *f.*, gorge *f.*

Slotted tablet comprimé sécable.

Slow down calmer *ou* ralentir (*une réaction*).

Slow rate vitesse lente.

Slow reacting substance substance à réaction différée.

Slow-release drug médicament retard (*ou* m. à libération prolongée).

SLR factor = Streptococcus lactis R factor.

Sludge boue *f.*, dépôt *m.*

Sludge cock robinet de vidange.

Slugging engorgement *m.*

Sluice rigole *f.* ; vanne *f.*

Slurry boue *f.*, bouillie *f.*, pâte *f.*, suspension (épaisse) *f.*

Slurry (to ~) mettre en suspension.

SMF streptozotocine/mitomycine C/5-fluorouracile.

Smoke fumée *f.*

Smoking fumage *m.*

Smoking deterrent antitabagique *m., adj.*

Smoky fuligineux adj.

Smoothly régulièrement *adv.* (*réaction*).

sn = Small nuclear (*cf.* **snRNA, snRNP**).

Snapback DNA palindrome *m.* (*génie génétique*).

Snap-on cap couvercle à enclenchement.

Snap-on closure fermeture à cliquet.

Sneezing sternutatoire adj.

snRNA petit ARN nucléaire.

snRNP petite RNP nucléaire.

Snuff poudre nasale.

Snug fitting ajustement à frottement doux.

SOAI = Sulfur dioxide oxidation and absorption index.

Soak (to ~) imprégner, tremper.

Soap savon *m.*

Soap bubble meter débitmètre à film de savon.

Soap splitting désaponification *f.*

Socket cavité *f.*, évidement *m.* ; douille *f.*, manchon *m.* ; prise *f.* (*murale*).

SOCT = Serum ornithine carbamoyltransferase.

SOD superoxyde dismutase.

Soda carbonate de sodium.

Soda lime chaux sodée.

Soda lye lessive de soude.

Sodamide amidure de sodium.

Soda water eau bicarbonatée, eau de Seltz, eau gazeuse.

Sodium sodium *m.*

Sodium dodecylsulphate-polyacrylamide gel electrophoresis électrophorèse sur gel de dodécylsulfate de sodium et de polyacrylamide.

Sodium exchanged échangée contre du sodium (*zéolite*).

Sodium hydroxide hydroxyde de sodium, soude *f.*

Sodium tetraborate borax *m.*, tétraborate de sodium.

Soft acid acide mou.

Soft base base molle.

Soft capsule capsule molle.

Soft CFC CFC doux, CFC peu agressif.

Soft-core tablet comprimé à noyau mou.

Soft drug drogue douce (*toxicomanie*).

Softener adoucisseur *m.* (*eau*) ; émollient *m.*

Softening agent plastifiant ; attendrisseur *m.* (*aliments*).

Softening point point de ramollissemnt.

Soft extract extrait mou.

Soft PVC PVC plastifié.

Soft water eau douce.

Soja bean oil = **Soy bean oil.**

Sol colloïde *m.*, sol *m.*

Solid bowl centrifuge centrifugeuse à bol plein.

Solid content teneur en matière solide, teneur en solides.

Solid contents fractions solides.

Solid green vert malachite.

Solid line ligne en trait plein.

Solid state état solide.

Solubility parameter paramètre de solubilité.

Soluble content teneur en (produits) solubles.

Soluble tartar tartrate de potassium.

Solute produit dissous, soluté *m.*

Solution mixing mélange en solution.

Solvate produit de solvatation, solvate *m.*

Solvation solvatation *f.*

Solvent solvant *m.*

Solvent borne en phase solvant.

Solvent extraction extraction par solvant.

Solvent precipitation précipitation par solvant.

Solvent regain capacité d'adsorption de solvant (*d'un gel sec*).

Solvent solution solvants associés.

Solvent system système à solvant (s), système solvant.

Solvolysis solvolyse *f.*

Somatotropic hormone = **Somatotropin.**

Somatotropin somatotrop (h) ine *f.*, hormone de croissance, hormone somatotrope.

Somatotropin-release inhibiting factor somatostatine *f.*

Somatotropin-releasing factor somatocrinine *f.*

Sonication traitement par ultrasons.

Sonication product produit de traitement aux ultrasons.

Sonicator appareil à ultrasons.

Soot noir de fumée *m.*

Soot black noir de fumée *m.*

Sorbate produit de sorption, sorbat *m.*

Sorbed retenu *adj.*, sorbé *adj.*

Sorbent absorbant *m.* ; adsorbant *m.*, sorbant *m.*

Sorbent solution solution absorbante, solution d'absorbant.

Sorbitan sorbitan (n) e *m.*

Sort (to ~) classer, trier.

Sorting triage *m.*

Sour acide *adj.*, aigre *adj.*

Sowing ensemencement *m.*

Soxhlet extractor extracteur de Soxhlet.

Soy soja *m.*

Soya = **Soy.**

Soy bean oil huile de soja.

SP substance P.

Spaced between placé entre.

Space-filling models modèles compacts.

Space group groupe spatial.

Spacer bras espaceur (d'ARN), bras espaceur, segment intercalaire (*ou* intermédiaire).

Space-saving compact *adj.*, non encombrant, permettant un gain de place.

Spalling effritement *m.*

Spalling agent agent de désintégration (*de calculs*).

Spangle paillette *f.*

Sparge pipe tube d'aspersion.

Sparingly soluble difficilement (*ou* à peine *ou* très peu *ou* très légèrement) soluble.

Spark étincelle *f.*

Sparkling pétillant adj.

Sparkling drink boisson pitillante.

Sparkling wine vin mousseux.

Sparteine spartéine *f.*

Spasmogenic spasmogène *adj.*

Spasmolytic spasmolytique *adj., m.,* antispasmodique *m., adj.*

Spastic spasmodique *adj.*

Spatula spatule *f.*

Speciality spécialité *f.*, médicament *m.*

Species espèce *f.*, variété *f.*

Specific spécifique *adj.* (*poids, volume, vitesse, etc.*).

Specific area = Specific surface area.

Specification formulation *f.* (*chimie*) ; description *f.* (*ou* exposé *m.*) d'invention, mémoire descriptif (*d'invention*).

Specifications cahier des charges.

Specific gravity poids spécifique.

Specific rotation pouvoir rotatoire spécifique.

Specifics caractéristiques *f., pl.,* spécificité *f.*

Specific surface area aire spécifique.

Speckled fluorescence fluorescence mouchetée.

Spectinomycin spectinomycine *f.*

Spectral sensitizer colorant sensibilisateur.

Spectrography spectrographie *f.*

Spectrometer spectromètre *m.*

Spectrum spectre *m.* ; éventail *m.,* gamme *f.*

Spectrum analysis analyse spectrale.

Specular spéculaire *adj.*, dans un miroir (*isomère*).

Spent usé *adj.* (*catalyseur, huile, solvant, etc.*)

Sperm sperme *m.*

Spermaceti oil huile de blanc de baleine ; huile de spermaceti.

Sperm oil = Spermaceti oil.

S phase phase S (*synthèse de l'ADN*).

Spheroidal sphéroïde *adj.*

Spice épice *f.*

Spicy aromatique *adj.* (*odeur*).

Spigot ergot *m.*

Spike clocher *m.*, pic *m.*, pointe *f.* (*courbe, tracé*) ; ajout *m.* (*chromatographie*).

Spiked dopé *adj.* (*préparation*), surchargé *adj.* (*chromatographie*).

Spike potential potentiel de pointe.

Spiking temperature clocher de température, pic thermique.

Spill (to ~) renverser, répandre (*un liquide*) ; se renverser.

Spills projections *f., pl.* (*matières projetées*).

Spin rotation *f.*, spin *m.*

Spindle axe *m.*, broche *f.*, mandrin *m.*, tige *f.*

Spin-dry essorer (à la machine).

Spin dryer essoreuse centrifugeuse.

Spinning band column colonne à bande tournante.

Spinoff of technology retombées (*ou* sous-produits) de la technologie.

Spiral en hélice, hélicoïdal *adj.*, spiral *adj.*

Spiral condenser condenseur à serpentin.

Spiran spirane *m.*

Spirit alcool m., eau-de-vie *f.*, essence *f.*, esprit *m.* (*vieux*) (*cf. p. ex.* : **Wood spirit**).

Spirit of ammonia ammoniaque *f.* (solution aqueuse d'ammoniac), alcali *m.* volatil.

Spirit of camphor alcool camphré.

Spirit of ether liqueur d'Hoffmann.

Spirit of salt acide chlorhydrique, esprit de sel (*vieux*).

Spirit of turpentine = Oil of turpentine.

Spirit of wine alcool éthylique, esprit de vin (*vieux*).

Spirits spiritueux *m., pl.*

Spirituous liquors liqueurs alccoliques, spiritueux *m., pl.*

Splice épissure *f.*

Splicing épissage *m.* (des protéines).

Split (to ~) cliver couper, rompre, scinder, séparer.

Split a molecule into its constituents (to ~) scinder une molécule en ses constituants.

Split injection injection à débit divisé (*chromatographie phase gaz*).

Split off (to ~) éliminer (par scission) ; se séparer, se scinder.

Split peptide bonds (to ~) rompre des liaisons peptidiques.

Split product produit de dégradation.

Splitter = Effluent splitter.

Splitter colonne de fractionnement.

Splitting dédoublement *m.*

Spoilage détérioration *f.*

Spoil properties altérer les propriétés.

Sponge éponge *f.*, mousse *f.*

Sponge (to ~) éponger.

Sponge iron fer spongieux.

Sponge-like spongieux *adj.*

Sponge mixing mélange pouliche.

Spongy = Sponge-like.

Spongy platinum mousse de platine.

Spot déposer des taches (*chromatographie*).

Spot probe sondage *m.*

Spotter applicateur *m.* (*chromatographie*).

Spot test essai à la tache (*chomatographie sur couche mince*) ; essai par touche, procédé à la touche ; essai (*ou* test) ponctuel.

Spray atomisation *f.*, nébulisation *f.*, pulvérisation *f.*

Spray coating enrobage par projection (*ou* pulvérisation) (*comprimés*).

Spray disc disque de pulvérisation.

Spray-dryer atomiseur *m.*

Spray-drying séchage par atomisation.

Sprayer atomiseur *m.*, pulvérisateur *m.* ; vaporisateur *m.*

Spray gun pistolet puivérisateur.

Spraying pulvérisation *f.*

Spraying head tête de pulvérisation.

Spray nozzle buse *f.*, gicleur *m.*

Spray tower tour d'arrosage.

Spreader = Spreading device.

Spreading propagation *f.*

Spreading device dispositif d'étalement, étaleur *m.* (*chromatographie*).

Spreading factor hyaluronidase *f.*

Spreadsheet tableur *m.*

Spring ressort *m.*

Spring clip pince à ressort.

Sprinkle (to ~) projeter.

Sprinkler tête d'extincteur.

Sprinkling pipeline conduite à dispositif de projection.

Sputtering pulvérisation *f.*

Sputtering apparatus dispositif de pulvérisation.

Square feet pieds carrés.

Square foot pied carré *m.*

Square meter mètre carré.

Square root racine carrée.

Squeezed out exprimé *adj.*, expulsé *adj.* (*liquide*).

Squeezer pince-tube *m.*

Squeezing compression *f.*

Squiggle trait ondulé (*formule*).

Squirt giclée *f.* (*liquide*).

SR-drug = **Slow-release drug**.

SRIF = **Somatotropin-release inhibiting factor**.

sRNA ARN soluble.

SRP = **Signal recognition protein**.

SRS = **Slow reacting substance**.

SRS-A substance à réaction différée de l'anaphylaxie.

ss = **Single-strand (ed)**.

ssDNA = **Single-stranded DNA**.

SSA acide sulfosalicylique.

SSCPE solution salée normalisée/citrate/ phosphate/EDTA.

SSD succinate semialdéhyde déshydrogénase.

SSDMAE succinylsuccinate de diméthylaminoéthanol.

Stabilis... = Stabiliz...

Stabilize (to ~) stabiliser.

Stabilized against stabilisé vis-à-vis de.

Stable against stable vis-à-vis de.

Stack (to ~) empiler.

Stacked plot tracé tridimensionnel.

Stack filters filtres empilés.

Stage étape *f.* (*d'une opération*). stade *m.* (*cf. aussi :* **Reaction stage**) ; platine (*d'un appareil, p. ex. d'un microscope*).

Staged par étape, échelonné *adj.*

Staged catalysts catalyseurs multizones.

Stagewise par étapes, successif *adj.*

Staggered décalé *adj.*, opposé *adj.* (*conformation*).

Stain colorant *m.* (*histologie*), tache *f.*

Stain (to ~) colorer, teindre, teinter.

Staining coloration *f.*

Staining solution solution colorante.

Staining spot tache colorée.

Stainless steel acier inoxydable.

Stamping emboutissage *m.*, estampage *m.*, matriçage *m.*, poinçonnage *m.*

Stand support *m.*

Standard critère *m.* ; échelle *f.* ; étalon *m.*, norme *f.* ; normalisé *adj.*, standard.

Standard amount quantité normalisée.

Standard calibrator étalon de référence.

Standard compound composé de référence.

Standard conditions conditions normales, conditions atmosphériques normales.

Standard cubic centimeter per minute centimètres cubes normaux par minute.

Standard cubic feet per hour pieds cubes normaux par heure.

Standard cubic feet per minute pieds cubes normaux par minute.

Standard curve courbe d'étalonnage.

Standard deviation écart standard, écart-type *m.*

Standard dosis dose normalisée, dose standard.

Standard error erreur type.

Standard error of the mean écart à la moyenne.

Standard experiment essai type.

Standard institute institut de normalisation.

Standardis... = Standardiz...

Standardize (to ~) étalonner, normaliser.

Standard of stability critère de stabilité.

Standards (according to ~) suivant les normes.

Standards (up to ~) conformément aux normes.

Standard technique technique classique, technique normale.

Standard temperature and pression température et pression normales.

Standard test essai normalisé.

Standard weight poids étalon ; poids normal.

Standing wave onde stationnaire.

Staple agrafe *f.* ; fibre *f.*

Star anise anis étoilé, badiane *f.*

Starburst en étoile (*structure*).

Starburst branching ramification dendrimérique, ramification « starburst ».

Starburst molecule dendrimère *m.,* molécule « starburst ».

Starch amidon *m.* ; empois *m.* ; fécule *f.* (*de pommes de terre*).

Starch equivalent équivalent d'amidon.

Starch paste empois d'amidon.

Starch sugar dextrose *m.*

Starchy amylacé *adj.*, d'amidon.

Star polymer dendrimère *m.*, polymère « starburst ».

Star-shaped en forme d'étoile, étoilée (*structure*).

Start codon codon de début, codon initiateur.

Starting material matière première, produit de départ.

Start of a reaction début (*ou* démarrage) d'une réaction.

Start reaction réaction inductrice, réaction d'induction.

Start up (to ~) amorcer, faire démarrer (*une opération*).

State état *m.*, phase *f.*

Stated another way en d'autres termes, vu sous un autre angle.

Stationary phase phase stationnaire (*chromatographie*).

Stationary wave = Standing wave.

Statistically significative statistiquement significatif.

Statistical sampling = Random sampling.

Steady flow écoulement permanent, écoulement stationnaire.

Steady state état d'équilibre, régime permanent, régime à l'équilibre.

Steady state reading indication stable (*d'un appareil de mesure*), valeur à l'équilibre.

Steam vapeur d'eau.

Steam (to ~) traiter à la vapeur, vaporiser.

Steam autoclaving stérilisation à la vapeur.

Steam distillation entraînement à la vapeur.

Steam header collecteur de vapeur.

Steam jet ejector éjecteur de vapeur.

Steam trap purgeur de vapeur, séparateur d'eau.

Steam volatile entraînable à la vapeur.

Stearic stéarique *adj.*

Stearin stéarine *f.*

Steel acier *m.*

Steelyard balance romaine, balance à poids curseur.

Steeping macération *f.*, mouillage *m.*, trempage *m.*

Stem douille *f.*, tige *f.*

Stem-graduated à tige graduée (*thermomètre*).

Stencil pochoir *m.*

Step étape *f.*, stade *m.* (*cf. aussi :* **Reaction step**).

Step (at this ~) à ce stade.

Step time durée du cycle.

Stepwise elution élution par éluants successifs.

Stereocenter centre chiral.

Stereochemistry stéréochimie *f.*

Stereohindrance empêchement stérique.

Stereoisomer stéréoisomère *m.*

Stereoisomeric stéréoisomère *adj.*

Stereoisomerism stéréoisomérie *f.*

Steric stérique *adj.*

Sterically hindered stériquement encombré.

Steric bulk encombrement stérique.

Steric hindrance empêchement stérique, encombrement stérique.

Sterilant stérilisant *m.*

Sterilis... = Steriliz...

Sterilization stérilisation *f.*

Sterilize (to ~) stériliser.

Sternutatory agent sternutatoire *m.*

Steroid stéroïde *m.*

Sterol stérol *m.*, hydroxystéroïde *m.*

Stick bâtonnet *m.*, crayon *m.*

Stick (to ~) attacher (*pâte*), coller.

Sticking adhérence *f.*

Sticky collant *adj.*, poisseux *adj.*

Sticky ends extrémités cohésives (*acides nucléiques*).

Stilbestrol = Diéthylstilbestrol.

Still alambic *m.*, appareil de distillation, cornue *f.*, matras *m.*

Still bottoms queues de distillation.

Stimulant stimulant *m.*, tonique *m.*

Stir a mixture to solution agiter un mélange jusqu'à obtenir une solution.

Stirring agitation *f.*

Stirring mixer malaxeur-brasseur *m.*

Stirring rod agitateur *m.*, barreau aimanté (*agitateur*).

Stirrup étrier *m.* (*balance*).

Stock culture culture mère.

Stock gas gaz de combustion, gaz de fumée.

Stock solution solution mère.

Stoichiometric amount proportion stoechiométrique.

Stoichiometric requirements conditions stoechiométriques.

Stoichiometry stoechiométrie *f.*

Stone calcul *m.* (*biliaire, hépatique, rénal*).

Stone breaking agent litholytique *m.*, lithotriptique *m.*, lithotritique *m.*

Stop a reaction arrêter une réaction, faire cesser une réaction.

Stopcock key robinet à boisseau.

Stop codon codon d'arrêt.

Stop-flow chromatography technique (chromatographique) du flux interrompu.

Stopper bouchon *m.*, pointeau d'arrêt *m.*

Stoppering bouchage *m.*

Storability durée de conservation, stabilité au stockage.

Storage stockage *m.*

Storage solution solution mère.

Storage test essai de conservation.

Storage stability = **Storability**.

Storax styrax *m.*

Stored blood sang conservé, sang pour transfusion.

Stormy fermentation coagulation rapide (*du lait*).

Stove étuve *f.*

STP = **Standard temperature and pression**.

STPD (= **Standard temperature and pression, dry)** température et pression normales, à sec.

Straight chain chaîne linéaire.

Straight-chain à chaîne droite, acyclique *adj.*, linéaire *adj.*

Strain contrainte *f.*, tension *f.* ; souche *f.*

Strain (to ~) passer, tamiser.

Strained ring cycle contraint, cycle sous tension.

Strainer filtre *m.*, tamis *m.* ; épurateur *m.*

Strain gauge jauge de contrainte.

Straining tamisage *m.*

Strand brin *m.*

Stratum couche *f.*, strate *f.*

Stream courant *m.*, flux *m.*, jet de liquide.

Streamline flow = **Laminar flow**.

Stream splitter diviseur de courant, diviseur de flux.

Strength résistance mécanique.

Strength of a dye force d'un colorant, pouvoir tinctorial.

Strength of an acid force d'un acide.

Strength of a solution concentration d'une solution (*en un soluté*).

Streptococcus lactis R factor acide folique.

Stress contrainte *f.*, tension *f.* ; stress *m.*

Stretching allongement *m.*, élongation *f.*, extension *f.*

Stretching vibration vibration de valence (*spectrographie IR*).

Stringent condition condition stringente (*hybridation*).

Strip bande *f.*, ruban *m.*

Strip chart enregistrement *m.* (*ou* tracé *m.*) sur bande.

Strip chart recorder bande enregistreuse, enregistreur à bande.

Strip chromatography chromatographie sur bande.

Stripe bande *f.*, raie *f.*

Strip packing conditionnement sous bande plastique.

Stripped entraîné *adj.* ; rectifié *adj.*

Stripped mixture mélange rectifié.

Stripped of débarrassé de.

Stripped off séparé par entraînement.

Stripper déflegmateur *m.*, stripper *m.*

Stripping entraînement *m.* (*distillation*) ; distillation primaire ; épuration *f.*, purification *f.*

Stripping column colonne de rectification.

Stroke pump pompe à piston.

Strong conditions conditions sévères.

Strong demand forte demande, nécessité impérieuse (*pour un produit*).

Strong need = **Strong demand**.

Strontia strontiane *f.*, oxyde de strontium.

Strontium strontium *m.*

Strophanthidine strophantidine *f.*

Strophanthine strophantine *f.*

Structural formula formule développée.

Structural material élément structural.

Structural member = Structural material.

Structural support élément support, support structurel

Structural unit maille *f.*, motif *m.*, unité structurale.

Structural water eau de constitution.

Structure-directing structurant *adj.*

Structure elucidation élucidation (*ou* détermination) d'une structure.

Structure formation formation de structure, structuration *f.*

Structureless amorphe adj.

Structure modelling modélisation structurale.

Student's paired t test test t de Student par séries appariées (*statist.*).

Study drug médicament à l'étude, médicament objet de l'étude.

Stuffer fragment fragment de remplissage, fragment superflu (*biologie moléculaire*).

Stuffing box presse-étoupe *m.*

Stupefacient stupéfiant *m.*

STX saxitoxine *f.*

Styphnic acid acide styphnique (2, 4, 6-trinitrorésorcinol).

Subatmospheric subatmosphérique *adj.*

Subbing substrat *m.*

Subbing layer couche de base

Subclaim sous-revendication *f.*

Subcloning sous-clonage *m.*

Subcontractor sous-traitant *m.*, façonnier *m.*

Subject index index par sujet, index des sujets

Sublimate sublimat *m.*, sublimé *m.*

Sublimate (to ~) sublimer.

Sublimated sublimé *adj.*

Sublimed = Sublimated.

Subliminar dose dose subliminaire.

Suboxide sous-oxyde *m.*

Subscript indice (*d'une formule*) *m.*

Subsequent reaction réaction consécutive, réaction ultérieure.

Subsequently par la suite.

Substance abuse = Drug abuse.

Substantial amount quantité (*ou* proportion) importante (*ou* notable).

Substantially abondamment *adv.*, dans une large mesure, fortement *adv.*, essentiellement *adv.*, substantiellement *adv.* ; en substance.

Substantially free of pratiquement débarrassé de, pratiquement exempt de.

Substantially free of ions pratiquement non ionique.

Substantially free of water essentiellement anhydre, pratiquement anhydre.

Substituent substituant *m.*

Substituent for produit de remplacement de.

Substitute produit de remplacement, succédané *m.*, substitut *m.*, succédané *m.*

Substitute A for B remplacer B par A (substituer A à B).

Substitute compound composé de remplacement.

Substituted substitué *adj.*

Substituted derivative dérivé de substitution.

Substituted for A (is ~) remplace A.

Substituted on fixé par substitution sur.

Substituted with remplacé par, substitué par.

Substitute initiator substitut d'amorceur.

Substrate substrat *m.*

Substructure sous-structure *f.*

Subthreshold dose dose subliminaire.

Subunit sous-unité *f.*

Successfully avec succès, efficacement *adv.*

Succinic succinique *adj.*

Suck dry sécher par aspiration.

Sucking pump pompe aspirante.

Sucrose saccharose *m.*

Suction aspiration *f.*, succion *f.*

Suction bottle flacon à vide.

Suction filter filtre entonnoir, entonnoir de Büchner.

Suction funnel = Suction filter.

Suction header collecteur sous vide.

Suction pump pompe aspirante.

Suds depressor antimousse.

Sugar sucre *m.*

Sugar alcohol alcool de sucre.

Sugar coated dragéifié *adj.*

Sugar coated tablet comprimé dragéifié, dragée *f.*

Sugar coating dragéification *f.*

Sugared sucré *adj.*

Sugar lipid glycolipide *m.*

Sugar protein glycoprotéine *f.*

Suggest a mechanism postuler un mécanisme.

Suggest that (to ~) émettre l'hypothèse ; laisser supposer que.

Suicide inhibitor inhibiteur suicide, inhibiteur irréversible (*de type*) suicide.

Suitable for use utilisable *adj.*

Sulfamoyl sulfamyl ; sulfamyle (*groupe*).

Sulfate sulfate *m.*

Sulfhydryl sulfhydryle (*groupe*), mercapto (*groupe*) (-SH).

Sulfide sulfure *m.*

Sulfidizer agent sulfurant *m.*

Sulfite sulfite *m.*

Sulfocyanogen thiocyanogène *m.*

Sulfonamide sulfamide *m.*

Sulfone sulfone *f.*

Sulfonic sulfonique *adj.*

Sulfonyl chloride chlorure de sulfonyle, sulfochlorure.

Sulfur soufre *m.*

Sulfurate (to ~) soufrer ; sulfurer.

Sulfur deactivation désactivation par le soufre (*catalyseurs*).

Sulfur dichloride dioxide = Sulfuryl chloride.

Sulfur dioxide anhydrique sulfureux.

Sulfuretted hydrogen hydrogène sulfuré, acide sulfhydrique, sulfure d'hydrogène.

Sulfur hydride = Hydrogen sulfide.

Sulfuric sulfurique *adj.*

Sulfuric acid conjugation sulfoconjugaison *f.*

Sulfuric ether diéthoxyéthane *m.*, éther (ordinaire) *m.*, éther diéthylique.

Sulfurous sulfureux *adj.*

Sulfur trioxide anhydrique sulfurique.

Sulfuryl bromide bromure de sulfuryle (SO_2Br).

Sulfuryl chloride chlorure de sulfuryle (SO_2Cl).

Sulfuryl fluoride fluorure de sulfuryle (SO_2F).

Sulfuryl ion ion sulfonyle (-SO$_2$-).

Sulph... = Sulf...

Sultam sultame *m.*

Sun damaging vieillissement à la lumière.

Sunflower oil huile de tournesol.

Sunlamp lampe à UV.

Sunscreen agent antisolaire *m.*

Superatmospheric suratmosphérique *adj.*

Supercoil superhélice *f.* (*ADN*).

Supercoiling superenroulement *m.* (*ADN*).

Supercooling surfusion *f.*

Supercritical chromatography = Hyperpressure chromatography.

Superheat surchauffe *f.*, apport supplémentaire (*ou* excès) de chaleur.

Superheating surchauffage *m.*, surchauffe *f.*

Superimposable superposable *adj.*

Superior in quality de qualité excellente.

Superior material matériau de grande qualité (de qualité excellente).

Supernatant liquid liquide surnageant.

Supernate (to ~) surnager.

Superoxide superoxyde *m.*

Supersaturated sursaturé *adj.*

Superscript exposant (*d'une formule*) *m.*

Supersede (to ~) annuler et remplacer.

Supersonic waves ultrasons *m., pl.*

Supertwisted supertorsadé *adj.* (*ADN*)

Supertwisting superenroulement *m.*, supertorsion *f.* (*ADN*).

Supplement (to ~) compléter.

Supplemented medium milieu complété (*cultures*).

Supplemented with additionné de, complété par.

Supply apport *m.*, fourniture *f.*

Supplying ratio rapport d'admission (*de produits introduits*).

Supply into a reactor (to ~) introduire dans un réacteur.

Supportive therapy traitement d'appoint, traitement de soutien.

Suppository suppositoire *m.*

Surface-active agent agent tensioactif.

Surface-active performance performance (*ou* activité) tensioactive.

Surface analgesic analgésique de contact.

Surface area aire spécifique.

Surface conditions caractéristiques de surface.

Surface-impregnated d'(*ou* en) imprégnation superficielle.

Surface tension tension superficielle.

Surfactant tensioactif *m.*

Surgery chirurgie *f.*

Surgical chirurgical *adj.*

Surgical adhesive colle chirurgicale.

Surgical gut catgut *m.*

Surprisingly de manière inattendue (*ou* surprenante) (*brevets*).

Surrogate substitut *m.*, succédané *m.*

Surrounding medium milieu environnant, environnement *m.*

Surroundings environnement *m.*

Survey aperçu *m.*, survol *m.*, tour d'horizon.

Survival taux de survie.

Survival time durée de vie, temps de survie.

Suspected amount quantité (*ou* proportion) supposée.

Suspected protein protéine (dont la présence est) soupçonnée.

Suspected to contain censé (*ou* supposé) contenir, susceptible de contenir.

Suspended en suspension.

Suspending agent agent (*ou* auxiliaire) de mise en suspension.

Suspending medium milieu de suspension.

Suspension aid = **suspending agent**.

Sustainable durable *adj.*, durablement viable.

Sustained prolongé *adj.*

Sustained release libération prolongée.

Sustained-release drug médicament à libération prolongée.

SV = **Saponification value**.

Swab prélèvement *m.* (*bactérien*) ; tampon d'ouate.

Sweet doux *adj.*, sucré *adj.* (*goût*).

Sweet almond oil essence d'amandes douces.

Sweetener édulcolorant *m.*

Sweetening édulcolorant *adj.*

Sweetening agent édulcolorant *m.*

Sweetness caractère sucré.

Sweet orange oil essence d'oranges douces.

Swelling power pouvoir gonflant.

Swing (to ~) osciller.

Swing bed lit oscillant (*catalyseur*).

Swing reactor réacteur escamotable.

Swing stopper bouchon basculant.

Swirl tourbillon *m.*

Swirling brassage *m.*

Swirling stream courant tourbillonnaire.

Swiss blue bleu de méthylène.

Switch permutation *f.* ; transition *f.*

Swivel pivot *m.*, rotule *f.*

Symmetry symétrie *f.*

Sympathicolytic sympathicolytique *ou* sympatholytique *m.*, *adj.*

Sympathicomimetic sympathicomimétique *ou* sympathomimétique *m.*, *adj.*

Sympatholytic = **Sympathicolytic**.

Sympathomimetic = **Sympathicomimetic**.

Synchronous synchrone *adj.*

Synergetic synergique *adj.*

Synergic = **Synergetic**.

Synergistic = **Synergetic**.

Synergy synergie *f.*

Synthesis synthèse *f.*

Synthesis... = **Synthesiz...**

Synthesize (to ~) synthétiser.

Synthetase synthétase, *f.*, ligase *f.*

Synthetic formulation préparation (pharmaceutique) reconstituée.

Synthetic method procédé de synthèse.

Synthetic procedure mode de synthèse, procédé de synthèse.

Synthetic resinous material matériau à base de résine synthétique.

Synthetise = **Synthesize**.

Synthetize = **Synthesize**.

Synthon synthon *m.*

Syringability manipulabilité avec une seringue.

Syringe seringue *f.*

Syringe pump pompe-seringue *f.*

Syrup sirop *m.*

Systemic systémique *adj.*, à action générale (*médicament*).

T thréonine *f.* (*code à une lettre*) ;
thymidine *f.* ; thymine *f.*

t (= Triplet) triplet *m.* (*spectrométrie*).

T4 ligase ligase de T4.

Tab attache *f.*, languette *f.*, oreille *f.*, patte *f.*

Table table *f.*, tableau *m.*

Table salt chlorure de sodium.

Tablespoon cuillerée à soupe (*dose*).

Tablespoonful = Tablespoon.

Tablet comprimé *m.*

Tablet adsorbent adsorbant pour
comprimés.

Tablet compressing machine pastilleuse
f., presse à comprimer.

Tablet core noyau de comprimé.

Tablet line chaîne (*de fabrication*) des
comprimés.

Tablet press pastilleuse *f.*, presse à
comprimés.

Tablet punching découpage des
comprimés à la presse.

Tabletting fabrication de comprimés,
compression *f.* (*galénique*), mise en
comprimés.

Tachometer compte-tours *m.*,
tachymètre *m.*

Tack pouvoir adhésif, pouvoir collant.

Tackifier agent adhésif, agent collant.

Tackiness adhésivité *f.*, caractère adhésif
(*ou* collant) ; viscosité *f.*

Tacky poisseux *adj.*, visqueux *adj.*

Tag étiquette *f.*, marque *f.* ; marqueur *m.*

Tagged atom atome marqué.

Tagged compound produit marqué.

TAGH triiodothyronine/acides
aminés/glucagon/héparine.

Tail fraction fraction de queue
(*distillation*).

Tailing = Fronting (of a peak).

Tailing addition en bout de chaîne.

Tailing reducer réducteur de traînée
(*chromatographie*).

Tailings queues *f., pl.*, résidu *m.*
(*distillation*).

Tailored à façon.

Tailored to adapté à.

Tails = Tailings.

Talc talc *m.*

Talcum powder talc en poudre.

Tall oil tallol *m.*

Tallow suif *m.*

TAME ester méthylique de
toluènesulfonylarginine.

Tamed iodine iodophore *m.*

Tamp (to ~) comprimer, tasser.

Tamper retardateur *m.*

Tamper-evident closure fermeture à
indication de spoliation.

**Tamper-indicating closure = Tamper-
evident closure.**

Tamperproof inviolable *adj.* (*fermeture*).

Tamping bourrage *m.*

Tan tan (*couleur*).

Tan (to ~) tanner.

Tandem repeat répétition en tandem (*d'une séquence*).

Tangle enchevêtrement *m.*

Tank bac *m.*, chambre *f.*, cuve *f.*, réservoir *m.*

Tank furnace four à cuve.

Tank life durée de conservation.

Tannic acid acide tannique, tannin *m.*

Tannin tan (n) in *m.*

Tanning tannage *m.*

Tanning gel gel de bronzage.

Tantalum tantale *m.*

Tantamount to équivalent à.

TAO triacétyloléandomycine.

Tap robinet *m.*, vanne *f.*

TAP triamino-2,5,6-1H-pyrimidinone-4.

Tape bande *f.*, ruban *m.*

Tapered conique *adj.* (*filetage*).

Tapered dose dose décroissante.

Tapered joint joint conique.

Tapered thread pas conique.

Tape transmitter transmetteur à bande.

Tap funnel entonnoir à robinet, ampoule à brome.

Tapped fileté *adj.*

Tap water eau de conduite, eau du robinet, eau du réseau, eau de ville.

Tar goudron *m.*

Tare tare *f.*

Tare (to ~) tarer.

Tare bottle flacon à tarer.

Target cible *f.*

Target (to ~) cibler.

Targeted ayant comme cible, destiné à, visant.

Targeted (brain-~ drug) médicament pour le cerveau.

Targeted drug = Target-oriented drug.

Targeting ciblage *m.*

Target-oriented drug médicament ciblé (*ou* orienté), médicament « missile ».

Taring tarage *m.*

Tar-like goudronneux *adj.*

Tarnishing ternissement *m.*

Tar oil huile de goudron.

Tarry goudronneux *adj.*

Tartar tartre *m.*

Tartar emetic émétique *m.* (*tartrate d'antimoine et de potassium*).

Tartaric tartrique *adj.*

Tartronylurea tartronylurée *f.*, acide dialurique.

Taste goût *m.*, saveur *f.*

Taste enhancer exaltateur du goût, condiment *m.*

Tastelessness insipidité *f.*

Taste stimulant condiment *m.*

TAT tyrosine aminotransférase.

Taurine taurine *f.*

Taurocholic acid acide taurocholique.

Tautomer tautomère *m.*

Tautomeric tautomère *adj.*

Tautomerism tautomérie *f.*

TBG = Thyroxine-binding globulin.

TBG solution de Gey tamponnée par Tris.

TBP phosphate de tributyle.

TBS solution salée tamponnée par Tris.

tbs = Tablespoon.

tbsp = Tablespoon.

TBX thromboxane *m.*

TCA acide taurocholique ; acide trichloroacétique.

TCDD = Tetrachlorodibenzo-p-dioxin.

TCE trichloroéthylène.

T-connection joint en T, raccord en T.

TCP (= Tricresyl phosphate) phosphate de tricrésyle.

TCP tranylcypromine *f.*

TCT thyrocalcitonine *f.*

TCTFE trichloro-1,1,2 trifluoro-1,2,2 éthane.

td (= Triplet doublet) triplet dédoublé (*spectrométrie*).

TDC acide taurodésoxycholique.

TDH thréonine déshydrogénase.

TDI toluène diisocyanate.

TDM dimycolate de tréhalose.

TDP diphosphate de thymidine.

TDT transférase de désoxynucléotide terminal.

Tea thé *m.*

Tear larme *f.*

Tear (to ~) déchirer.

Tearable package conditionnement déchirable.

Tear-exciting lacrymogène *adj.*

Tear gas gaz lacrymogène.

Tear-open wrapping = Tearable package.

Tear-producing lacrymogène *adj.*

Tear strip bande à arracher, ruban de fermeture.

Teaspoon cuillerée à café (*dose*).

Teaspoonful = Teaspoon.

Technetium technétium *m.*

Technical prejudice obstacle technique.

Technological breakthrough progrès technologique.

Technology technologie *f.*

TED Tris/EDTA/dithiothréitol (*tampon*).

Tee T *m.*, raccord (*ou* raccordement) en T.

Tee connection = Tee.

Tee junction = Tee.

Teel oil huile de sésame.

Tee-piece = Tee-junction.

Teeth dents *f., pl.*

Telechelic polymer polymère téléchélique (à fonctions terminales).

Telecontrol télécommande *f.*

Telluride tellurure *m.*

Tellurium tellure *m.*

Telogen télogène *m.* (*ex.* : CCl_4).

Telomer télomère *m.*

TEM = Transmision electron microscopy.

Temperature behavior comportement en fonction de la température.

Temperature-controlled réglé en température, à température contrôlée.

Temperature stress tension thermique.

Tempering durcissement *m.*, recuit *m.*, trempe *f.*

Template agent structurant, groupe structurant ; matrice *f.* (acides nucléiques) ; gabarit *m.* (*plaque de chromatographie*) ; modèle *m.*

Template synthesis synthèse assistée.

Templating agent agent structurant.

Templet = Template.

Temporal separation séparation dans le temps (*ex. : séparation chromatographique*).

Tenth-normal décinormal *adj.*

Tepid tiède *adj.*

Teratogen tératogène *m.*

Teratogenic tératogène *adj.*

Terbium terbium *m.*

Terebenthene térébenthène *m.*, bétapinène *m.*

Terephthalal... téréphtalylidène...

Terephthalic téréphtalique *adj.*

Terminator terminateur *m.*, agent de terminaison de chaîne (*génétique*).

Termolecular trimoléculaire *adj.*

Ternary ternaire *adj.*

Terpene terpène *m.*

Terpenoid terpénique *adj.*

Terpin terpine *f.*

Terpineol terpinéol *m.*

Terra alba argile *f.*

Terramycin terramycine *f.*

Tertiary tertiaire *adj.*

Tertiary phosphate phosphate *m.*, phosphate neutre.

Tervalent trivalent *adj.*

Test essai *m.*, méthode *f.*, test *m.* ; diagnostic *m.* épreuve *f.*, expérience *f.*, réaction *f.*

Test bench banc d'essai.

Test compound composé d'essai.

Test dose dose d'épreuve.

Tester expérimentateur *m.*

Test for (to ~) analyser, évaluer, déceler la présence de, effectuer la réaction de (*alcaloïdes p. ex.*).

Test for alkaloids (to ~) déceler la présence d'alcaloïdes ; détection de la présence d'alcaloïdes.

Test glass éprouvette *f.*, verre à pied.

Testicular hormone testostérone *f.*

Testing procedure protocole d'essai *m.*

Testing stand banc d'essai.

Test kit nécessaire (*ou* trousse) d'essai.

Test machine machine d'essais.

Test meal repas d'épreuve.

Test method méthode d'essai, méthode de mesure.

Testosterone testostérone *f.*

Test paper papier indicateur, papier réactif.

Test piece échantillon *m.*, éprouvette *f.* (d'essai), pièce *f.* d'essai.

Test procedure = Testing procedure.

Test run essai de fonctionnement.

Test slide lame d'essai.

Test strip bande d'essai (*analyse biologique*).

Test tube tube à essais.

Test-tube brush goupillon *m.*

Tetracaine tétracaïne *f.*

Tetracycline tétracycline *f.*

Tetrafluoroboric (tetra) fluo (ro) borique *adj.*, borofluorhydrique *adj.*

Tetrahedral tétraédrique *adj.*

Tetrahedron tétraèdre *m.*

Tetrahydric alcohol tétraalcool *m.*, tétrol *m.*

Tetralin tétraline *f.*, tétrahydronaphtalène *m.*

Tetramethyllead plomb tétraméthyle *m.*

Tetrazo mixture mélange de tétrazo.

Texture structure *f.*, texture *f.*

Texturing configuration *f.* (*d'une surface p. ex.*).

TFP trifluopérazine *f.*

T$_g$ température de transition vitreuse.

TGA acide thioglycolique.

TGS trichlorogalactosaccharose.

Thallium thallium *m.*

THAM tris (hydroxyméthyl) aminométhane.

Thawing décongélation *f.*, dégel *m.* ; liquéfaction *f.* (*de cristaux*).

Thaw point point de rosée.

THBP tétrahydro-7,8,9,10 benzo [a] pyrène.

THC tétrahydrocannabinol *m.*

Thebaic extraxt extrait thébaïque, extrait opiacé.

Thebaine thébaïne *f.*

Theelin œstrone *f.*

Theft sampler sonde pour prélèvement d'échantillons.

Theine caféine *f.*

Thenyl thényl (*ou* thiénylméthyl) (*nom.*), thényle (*ou* thiénylméthyle) (*groupe*).

Theobroma oil huile de cacao.

Theobromine théobromine *f.*

Theophylline théophilline *f.*

Theoretical théorique *adj.*

Theory théorie *f.*

Therapeutic armamentarium arsenal thérapeutique.

Therapeutic index = **Chemotherapeutic index**.

Therapeutics thérapeutique *f.*

Therapist thérapeute *m.*

Therapy thérapie *f.*, thérapeutique *f.*

Theriaca électuaire *m.*, thériaque *f.*

Thermal calorifique *adj.*, thermique *adj.*

Thermal dilution thermodilution *f.*

Thermally expansible thermodilatable *adj.*

Thermally insulated calorifugé *adj.*

Thermic = **Thermal**.

Thermic balance bolomètre *m.*

Thermoanalysis analyse thermique.

Thermochemistry thermochimie *f.*

Thermodynamics thermodynamique *f.*

Thermoforming machine emboutisseuse *f.*

Thermolysis thermolyse *f.*

Thermometer thermomètre *m.*

Thermometer bulb cuvette de thermomètre.

Thermometer sheath gaine thermométrique.

Thermosetting thermodurcissable *adj.*

Thevetin thévétine *f.*

THF tétrahydrofurane *m.*

THFA acide tétrahydrofolique

Thiamin aneurine *f.*, thiamine *f.*, vitamine B$_1$.

Thianaphthene = **Thionaphthene**.

Thiapyrylium thiopyrylium (*groupe*).

Thiaxanthene thioxanthène *m.*

Thickener concentrateur m ; épaississant *m.*

Thickening concentration par évaporation, réduction par évaporation.

Thickening agent épaississant *m.*

Thick extract extrait solide.

Thickness épaisseur *f.*

Thickness gauge jauge d'épaisseur.

Thief tube tube d'épaisseur, sonde d'échantillonnage.

Thienyl thiényl (*nom.*), thiényle (*groupe*).

Thimble bague *f.*, bride *f.*, virole *f.* ; cartouche *f.* (*d'extracteur*).

Thin extract extrait mou.

Thin-layer chromatography chromatographie sur couche mince, CCM.

Thinned dilué *adj.*

Thinner diluant *m.*

Thinning dilution *f.*

Thinning of a dispersion éclaircissement d'une dispersion.

Thio thio (*nom.*) (-S-).

Thioalcohol thioalcool *m.*, thiol *m.*

Thioctic thioctique *adj.*

Thiocyanic thiocyanique *adj.*, sulfocyanique *adj.*

Thiocyanogen thiocyanogène *m.*, sulfocyanogène *m.*

Thiol thiol *m.*, thioalcool *m.*

Thiolation sulfuration *f.*

Thiolcarbonate thiocarbonate *m.*

Thionaphthene benzo [b] thiophène *m.*, thianaphtène *m.*

Thioneine thionéine *f.*

Thionyl bromide bromure de thionyle (SOBr$_2$).

Thionyl chloride chlorure de thionyle (SOCl$_2$).

Thionyl fluoride fluorure de thionyle (SOF$_2$).

Thionyl ion ion sulfinyle (-SO-).

Thiophene thiophène *m.*

Thiosugar thiosaccharide *m.*

Thiourea thiourée *f.*

Thiozine ergothionéine *f.*

THIP tétrahydro-4,5,6,7 isoxazolo [5,4-c] pyridinol-3.

Thistle bulb entonnoir à robinet.

Thistle funnel = Thistle bulb.

Thiuram thiurame *m.*

Thixotropy thixotropie *f.*

Thomas balsam baume de Tolu.

Thoria thorine *f.*, oxyde de thorium.

Thorium thorium *m.*

Thorough mixing mélange intime.

Thorough washing lavage intensif.

Thr thréonine *f.*

Thread fil *m.*, filetage *m.* ; colonne *f.* (*thermomètre*).

Threadless stopper bouchon non fileté.

Threadlike filiforme *adj.*

Threaric acid acide L- (+)-tartrique.

Three-colored trichrome *adj.*

Three-dimensional tridimensionnel *adj.*

Threefold triple adj., en trois parties.

Threefold screw axis axe hélicoïdal d'ordre trois.

Three-necked flask flacon à trois cols, tricol *m.*

Three-phase triphasé *adj.*

Three-way cock robinet à trois voies.

Three-way tap = Three-way cock.

Threonine thréonine *f.*

Threshold seuil *m.*

Threshold dose dose liminaire.

Threshold substance substance avec seuil (d'excrétion).

Threshold value = Liminal value.

Throat-irritant tussigène *adj.*

Throatless sans étranglement (*se dit d'un récipient, d'un tube, etc.*).

Throat of a tube col de cygne.

Throat-type à col de cygne.

Throatwash gargarisme *m.*

Thrombin thrombine *f.*

Thrombinogen thrombinogène *m.*, prothrombine *f.*

Thromboplastin thromboplastine *f.*

Throttle régulateur *m.*

Throughput capacité *f.*, débit *m.*, production *f.*, rendement *m.*

Throwaway container emballage à jeter, emballage perdu.

Thrust butée *f.*, poussée *f.*

Thujone thuyone *f.*

Thymene thymène *m.*

Thymin = thymopoietin.

Thymine thymine *f.* (= méthyl-5 uracile).

Thymol thymol *m.*

Thymopoietin thymopoïétine *f.*

Thyrocalcitonin calcitonine *f.*, thyrocalcitonine *f.*

Thyroid-binding globulin thyréoglobuline *f.*

Thyroid hormone hormone thyroïdienne.

Thyroid hormone-releasing hormone = Thyrotropin releasing hormone.

Thyroid inhibitor antithyroïdien *m.*

Thyroid-stimulating hormone = Thyrotropic hormone.

Thyroiodine iodothyrine *f.*

Thyrotoxin thyrotoxine *f.*

Thyrotropic hormone thyrotrop (h) ine *f.*, thyréostimuline *f.*

Thyrotropin = Thyrotropic hormone.

Thyrotropin releasing factor hormone libératrice de thyréostimuline, thyréolibérine *f.*

Thyrotropin releasing hormone = Thyrotropin releasing factor.

Thyroxine thyroxine *f.*

Thyroxine-binding globulin globuline fixant (*ou* fixatrice de) la thyroxine.

Tight-lidded hermétiquement clos.

Tightly packed dense *adj.*, compact *adj.*, serré *adj.*

Tightness étanchéité *f.*

Tiglic acid acide tiglique *ou* acide (E)-méthyl-2-butèn-2-oïque).

Tiglinic = Tiglic.

Til oil = Teel oil.

Tilt (to ~) basculer.

Time temps *m.*, durée *f.*

Time (in ~) au cours du temps, dans le temps, en fonction du temps (*ex. : évolution d'une technologie au cours du temps*).

Time (to ~) chronométrer.

Time-consuming process procédé laborieux.

Time-controlled explosion system forme retard à explosion (membranaire) contrôlée.

Time course study étude chronologique, étude cinétique.

Timed à libération échelonnée (*ou* prolongée *ou* retardée)**.**

Time-dependent dépendant du temps, fonction du temps.

Time-dependent inhibitor inhibiteur dépendant du temps.

Time-dependent kinetics chronopharmacocinétique *f.*

Time-of-flight method méthode à temps de vol (*spectrométrie de masse*).

Time on stream temps de marche effective.

Timer minuterie *f.*

Time-released form forme à libération prolongée, forme retard.

Time sequence chronologie *f.*, déroulement chronologique.

Timing chronologie *f.*, ordre de déroulement ; chronométrage *m.*

Timing layer couche de retard.

Timing of additions rythme des additions.

Tin bac *m.*, boîte en fer ; étain *m.*

Tincturation préparation d'une teinture.

Tincture teinture *f.*

Tinning étamage *m.*

Tinting strength pouvoir colorant.

Tiny amount très petite quantité.

TIP = Translation inhibitory factor.

Tip (to ~) basculer.

Tissue factor thromboplastine tissulaire, facteur III.

Tissue paper papier mousseline, papier de soie.

Tissue plasminogen activator activateur du plasminogène tissulaire.

Tissular tissulaire *adj.*

TIT triiodothyronine.

Titania oxyde de titanium.

Titanium titanium *m.*

Titer titre *m.*

Titrant solution titrante

Titration dosage *m.*, titrage *m.*

Titrator appareil de titrage, dosimètre *m.*

Titre = Titer.

Titrimetry titrimétrie *f.*

TKM Tris/KCl/MgCl$_2$ (*tampon*).

TLC = Thin-layer chromatography.

TMBA triméthoxybenzaldéhyde.

TMCS triméthylchlorosilane.

TMDA tétraméthyldiamine.

TMK = TKM.

TML = tetramethyllead

TMPD tétraméthylphénylènediamine.

TMS = trimethylsilyl triméthylsilyl (*nom.*), triméthylsilyle *m.* (*groupe*).

TMTD disulfure de tétraméthylthiurame.

TMU tétraméthylurée.

TNCA (= thianaphthenecarboxylic acid) acide benzothiophènecarboxylique.

TNF (= tumor necrosis factor) facteur de nécrose tumorale.

TNP trinitrophénol.

Toad venom venin de crapaud.

TOB tobramycine *f.*

Tobacco tabac *m.*

Tocopherol tocophérol *m.*

Toggle lever jaw crusher broyeur à mâchoires à genouillère.

Toiletries produits de toilette.

Tolerable extent (to a ~) à un degré acceptable, d'une manière acceptable.

Tolu balsam baume de Tolu.

Toluic acid acide toluique.

Toluylene tolylène (*radical*) ; stilbène (1,2-diphényléthène).

Tone value coloration *f.*, tonalité *f.*

Tongue aiguille *f.* (*balance*).

Tongue-and-slot closure fermeture à languette.

Tonic stimulant *m.*, *adj.*

Tonicity adjustment régulation de la pression osmotique.

Toning virage *m.* (*reaction*).

Toning agent agent de virage.

Tony red = Cerasin red.

Tool adjuvant *m.*, auxiliaire *m.* ;
appareil *m.* ; instrument *m.* ; outil *m.*

Tooth dent *f.*

Toothed attrition mill malaxeur à disques dentés.

Toothed disc mill = Toothed attrition mill.

Toothlock mixer = Toothed attrition mill.

Tooth paste dentifrice *m.*

Tooth powder poudre dentifrice.

Top fermentation fermentation haute, fermentation superficielle.

Topical local *adj.*, topique *adj.*

Topical application application locale, usage topique.

Topical drug médicament à usage local.

Topicals produits dermatologiques, produits d'application locale, topiques *m., pl.*

Topical use usage externe.

Topped distillation distillation atmosphérique.

Topping étêtement *m.*

Topping-up remplissage à ras-bord.

Torque couple *m.* (*mathématique, physique*).

Total effect effet global (*d'une composition médicamenteuse*).

Touch pannel panneau tactile (*appareillage*).

Tough material matériau tenace.

Toughness dureté *f.* (*pâte*), ténacité *f.*

Toughtride nitruration douce

Tower tour *f.*, colonne *f.* (*distillation*).

Toxicant toxique *m.*

Toxic dose dose toxique.

Toxicity toxicité *f.*

Toxin toxine *f.*

Toxogenin toxogénine *f.*

Toxoid anatoxine *f.*

TPA = Tissue plasminogen activator.

TPA acétate-13 d'O-tétradécanoyl-12 phorbol.

TPI isomérase de phosphate de triose.

T-piece = Tee.

T-pipe = Tee.

TPL tyrosine-phénol lyase.

TPN triphosphopyridine nucléotide.

TPNH triphosphopyridine nucléotide réduit.

TPO peroxydase de tryptophane.

TPP pyrophosphate de thiamine.

TPSE [(p-tritylphényl) sulfonyl]-2 éthanol.

TPTE [(p-tritylphényl) thio]-2 éthanol.

Trace suivre (*évolution d'une réaction, p. ex.*) ; trace *f.*

Traceable dont on peut suivre la trace.

Traceable to imputable à.

Trace amount compound composé à l'état de trace.

Trace amounts traces *f., pl.*

Trace analysis analyse de traces.

Trace element élément à l'état de trace ; oligoélément *m.*

Trace metal métal à l'état de trace, oligoélément *m.*

Trace quantities traces *f., pl.*

Tracer marqueur *m.*, traceur *m.*

Tracer molecule molécule marquée, traceur *m.*

Track orbite *f.*, piste *f.*, trajectoire *f.*

Trade mark marque déposée, nom déposé.

Trade name nom commercial.

Tragacanth (gomme) adragante.

Train of events enchaînement des faits, succession des évènements.

Train of symptoms cortège de symptômes.

Train of waves train d'ondes.

Train oil huile de baleine.

Trait carrier porteur d'un trait (de caractère) (*génie génétique*).

Tranquiliser = **Tranquilizer**.

Tranquilizer tranquillisant *m.*

Transcript produit de transcription, transcript *m.*

Transcription transcription *f.*

Transdermal transdermique *adj.*

Transdermal patch emplâtre, patch (transdermique).

Transduced transduit *adj.*

Transducer capteur *m.* (*d'électrons*) ; transducteur.

Transducer head tête de lecture.

Transfer pipette pipette jaugée ; pipette volumétrique.

Trans-form forme trans.

Transformant transformant *m.* (*biotechnologie*).

Transforming growth factor facteur de croissance transformant.

Transient time période transitoire.

Translation traduction *f.* (*génétique*).

Translational complex complexe de traduction (génie génétique).

Translation inhibitory factor facteur inhibiteur de la traduction.

Translocation déplacement *m.*, transfert *m.* ; translocation (*génétique*).

Translucent translucide *adj.*

Transmission electron microscopy microscopie électronique par transmission.

Transmittance (coefficient de) transmission (*de la lumière*).

Transplant greffe *f.*

Transport value = **R$_f$ value**.

Transverse spring ressort transversal.

Trap piège *m.* ; siphon *m.* (*évier*).

Trapped emprisonné *adj.*, piégé *adj.*

Trapped electron électron captif.

Trapping of bubbles insertion (*ou* rétention) de bulles (*d'air p. ex.*).

Travel migration *f.*

Traveler curseur *m.*

Travell... = **Travel...**

Traverse entretoise *f.*

Tray plateau *m.*

Tray conveyor convoyeur à plateaux.

Trayed column colonne à plateaux.

Treacle électuaire *m.*, thériaque *f.* ; mélasse *f.*

Treatment traitement *m.*

Treatment base coat base traitante (*cosmétiques*).

Treatment needs contingences du traitement (*conditions déterminant le traitement*).

Treatment range marge de traitement.

Treble salt sel triple.

Trebly-bound triplement lié.

Tree-like arborescent *adj.*, dendritique *adj.*

TRF = **Thyrotropin releasing factor**.

TRH = **Thyrotropin releasing hormone**.

Triacetin triacétine *f.*

Trial essai *m.*

Trial design plan d'étude, protocole.

Triazoic acid acide azothydrique, acide hydrazoïque.

Tribasic acid triacide *m.*

Tribasic carboxylic acid acide tricarboxylique.

Triblock copolymer copolymère tribloc, cop. séquencé à trois blocs.

Trickle s'écouler goutte à goutte.

Trickle filter = Percolating filter.

Trickling ruissellement *m.*, écoulement goutte à goutte.

Trickling filter = Percolating filter.

Triclinic system système triclinique (*cristallographie*).

Triflic trifluorométhanesulfonique *adj.*

Trigger détente *f.*, gâchette *f.*, poussoir *m.*

Triggering démarrage *m.*, déclenchement *m.* (*réaction*).

Trigonal ternaire (*axe*).

Trihedral triédrique *adj.*

Trihedron trièdre *m.*

Trihydric alcohol trialcool *m.*, triol *m.*

Trimellitic acid acide trimellique (*ou* trimellitique).

Trimer trimère *m.*

Trinitride azoture *m.*

Trinitrin trinitrine *f.*, trinitroglycérine.

Trioxygen ozone *m.*

Triple bond triple liaison.

Triple-bound triplement lié.

Triple point point triple (*chimie physique*).

Triplet triplet *m.*

Triplet doublet triplet dédoublé.

Triplicate (in ~) en triple.

Triplicate (to ~) tripler, réaliser en triple.

Triplicate tests essais triples (essais effectués en triple).

Triply bound fixé par une triple liaison.

Tripod trépied *m.*

TRIS = Tris.

Tris tris (hydroxyméthyl) aminométhane.

TRITC tétrarhodamine isothiocyanate.

Tritiated tritié *adj.*

Tritium tritium *m.*

Tritium-labeled marqué au tritium.

Triturate (to ~) porphyriser, pulvériser, triturer.

Trivial name nom commun, nom trivial, nom vulgaire.

TRNA ARN transformant.

tRNA ARN de transfert, ARNt.

Troche pastille à sucer.

Trophic hormones stimulines *f., pl.*

Tropic hormones = Trophic hormones.

Troublesome reaction réaction laborieuse.

Trough auge *f.*, bac *m.*

Trough level taux minimum, taux plancher.

Trp tryptophane *m.*

TRU (= tandem repeated unit) unité répétée en tandem.

True pur *adj.* (*aliment*).

True toxin exotoxine *f.*

Truncation troncature *f.*

Trypanocidal trypanocide *adj.*

Trypsin trypsine *f.*

Trypsin inhibitor antitrypsine *f.*, inhibiteur de trypsine.

Trypsinogen trypsinogène *f.*

Tryptamine tryptamine *f.*

Tryptophan tryptophane *m.*

TSA (= tumor specific antigen) antigène tumoral spécifique.

Tsf (T-suppressor factor) facteur suppresseur des lymphocytes T.

TTC chlorure de triphényltétrazolium.

t test test t (*statistiques*).

TTH = Thyrotropic hormone.

TTP triphosphate de thymidine.

TTX tétrodotoxine.

Tube conduit *m.*, conduite *f.*, tube *m.*

Tube holder pince à tube.

Tube mill broyeur à tambour.

Tube mortar = Tube mill.

Tuberculin tuberculine *f.*

Tuberin tubérine *f.*

Tube tong pince à tube.

Tubing canalisation *f.*

Tub-like en bateau (*conformation*).

Tubular tubulaire *adj.*

Tubular boiler chaudière tubulaire.

Tubulated tubulé *adj.*

Tubulin tubuline *f.*

Tumble (to ~) agiter, brasser.

Tumble mixer malaxeur à chute libre, mélangeur culbuteur *m.*

Tumbler mélangeur culbuteur *m.*, tambour *m.*, trommel *m.*

Tumefacient tuméfiant *adj.*

Tumor tumeur *f.*

Tumoricidal antitumoral *adj.*

Tumor promoting cancérigène *adj.*, tumorigène *adj.*

Tumour = Tumor.

Tunable accordable *adj.*

Tungsten tungstène *m.*

Tunnel dryer séchoir tunnel, tunnel de séchage.

Turbidimeter turbidimètre *m.*

Turbidimetry turbidimétrie *f.* (*lumière transmise*).

Turbid point = Turbidity point.

Turbidity point point de trouble.

Turbocleaver turbodéliteur *m.*

Turmeric curcuma *m.*

Turmeric paper papier de curcuma.

Turmeric yellow curcumine *f.*

Turmerol curcumol.

Turn enroulement *m.*, spire *f.*, tour *m.* ; coude *m.* (*protéines*).

Turn (in ~) à son tour, en retour.

Turnable sampler distributeur rotatif d'échantillons, porte-échantillons rotatif.

Turn down operation fonctionnement au ralenti.

Turnings copeaux *m.*, *pl.*, tournures *f.*, *pl.*

Turnover cycle *m.*, renouvellement *m.*, taux de renouvellement.

Turnover rate taux de renouvellement.

Turntable plateau tournant.

Turpentine térébenthine *f.*

Turpentine oil essence de térébenthine.

Tweezers brucelles *f.*, *pl.*

Twice-distilled bidistillé *adj.*

Twin crystals cristaux jumeaux, cristaux mâclés.

Twin-roll kneader malaxeur à cylindres jumelés.

Twin-threaded à double filet (*hélice*).

Twist enroulement *m.*, torsion *f.* ; tordre.

Twisted croisé *adj.*

Twisted form conformère croisé.

Twisting torsion *f.*

Twist level degré de torsion (*en t/m*).

Twist wrapping emballage par torsion.

Two-dimensional à deux dimensions, bidimensionnel *adj.*

Two-dimensional chromatography chromatographie bidimensionnelle.

Two-dimensional density compacité bidimensionnelle (*de particules p. ex.*).

Two-necked bottle flacon à deux cols, bicol *m.*

Two out of three (mécanisme) deux sur trois (*biochimie*).

Two-phase biphasé *adj.*, diphasé *adj.*

Two-sided test = **Two-tail test**.

Two-tail (Student) test test (de Student) à deux bornes, test bilatéral.

Two-way cock robinet à deux voies.

TX thromboxane *m.*

Typical compounds composés classiques (*ou* spécifiques *ou* typiques).

Typical compounds are des exemples de composés sont.

Typical example exemple spécifique, exemple typique.

Typically classiquement *adv.*, normalement *adv.*, pratiquement *adv.*, en propre.

Tyr tyrosine *f.*

Tyramine tyramine *f.*

Tyrosine tyrosine *f.*

U

U uracile *m.* ; uridine *f.*

Ubiquinone ubiquinone *f.*

UCL = Upper confidence limit.

UDCA acide ursodésoxycholique.

UDP uridinediphosphate.

UDPG uridinediphosphoglucose, uridinediphosphate-glucose.

UDPGA uridinediphosphate-acide glucuronique.

UDPGT uridinediphosphate-glucuronosyltransférase.

UFA acide gras non estérifié.

UHF = Ultra-high frequency.

UHT = Ultra-high temperature.

UHT sterilization stérilisation UHT, stérilisation Ultra Haute température, upérisation *f.*

UHV = Ultra-high vacuum.

Ulcer-preventive antiulcéreux *m.*

Ultimate organic analysis analyse élémentaire organique.

Ultracentrifuge ultracentrifugeuse *f.*

Ultrafilter ultrafiltre *m.*

Ultra-high frequency hyperfréquence *f.*

Ultra-high temperature température très élevée.

Ultra-high vacuum vide très poussé.

Ultramicron submicron *m.*

Ultrared infrarouge *m., adj.*

Ultrasonic ultrasonique *adj.*

Ultrasonic bath bain à ultrasons.

Ultrasonography échographie *f.*

Ultrasound ultrason *m.*

Ultrastructure structure fine.

Ultratrace analysis ultramicroanalyse *f.*

Ultraviolet ultraviolet *m., adj.*

Ultraviolet range domaine de l'ultraviolet, ultraviolet *m.*

Ultravirus ultravirus *m.*, virus filtrant.

UMC = Unidimensional chromatography.

UMP monophosphate d'uridine.

Unaffected property propriété inaltérée.

Unaided eye œil nu.

Unbalance balourd *m.* ; défaut d'équilibrage, déséquilibre *m.*

Unbound libre *adj.*, non lié.

Unbranched non ramifié *adj.*, à chaîne droite.

Unbuffered non tamponné *adj..*

Uncoated tablet comprimé nu, comprimé non enrobé.

Uncoiling désenroulement *m.*

Uncounted quantity quantité non quantifiée.

Unction onguent *m.*

Undecane undécane *m.*

Undepressed non abaissé *adj.* (*point de fusion p. ex.*).

Underoooled surfondu *adj.*

Undercooling surfusion *f.*

Undersaturation sous-saturation *f.*

Undertitration titrage par défaut.

Undervaluation sous-estimation *f.*, sous-évaluation *f.*

Undesirably regrettablement *adv.*, ce qui n'est pas souhaitable

Undiluted non dilué *adj.*, concentré *adj.*

Undrugged animal animal non traité (*ou* non médicamenté).

Unduly affect affecter (*ou* altérer) excessivement.

Uneven impair *adj.* ; inégal *adj.*, irrégulier *adj.*

Unfolding déplissement *m.*

Unglazed non vernissé *adj.*

Uniaxial crystal cristal uniaxe.

Unidentate ligand groupe monocoordiné, groupe à une seule liaison coordinée.

Unidimensional chromatography chromatographie monodimensionnelle.

Uniform uniforme *adj.*, homogène *adj.*

Uniform distribution répartition homogène.

Uniform light lumière homogène.

Uniform reaction réaction homogène.

Uniform slurry suspension homogène.

Uniform viscosity viscosité constante.

Unimolecular monomoléculaire *adj.*

Unique capabilities aptitudes remarquables.

Unique discovery découverte sans précédent.

Uniquely efficient remarquablement efficace.

Unique to ne concernant que.

Unit cellule *f.*, motif *m.* ; dispositif *m.*, installation *f.*, unité *f.*

Unit area unité de surface.

Unit-area pressure pression spécifique.

Unitary unitaire *adj.*

Unit cell maille élémentaire (*cristallographie*).

Unit dose dose unitaire.

Unit package conditionnement unitaire.

Units motifs (*chimiques*).

Unit time unité de temps.

Unity unité *f.*

Univalent monovalent *adj.*

Univalent alcohol monoalcool *m.*

Univariate analysis analyse univariée.

Universality of a method caractère universel d'une méthode.

Unless otherwise stated sauf indication contraire.

Unlined sans garnissage.

Unmixing démixtion *f.*

Unpacked en vrac.

Unpacking déballage *m.*

Unpaired electron électron non apparié.

Unpairing non-appariement *m.*

Unprimed locant indice de position non primé.

Unreacted inaltéré *adj.*, non modifié, non transformé, qui n'a pas réagi.

Unreliability non-fiabilité *f.*

Unrestricted flow écoulement libre.

Unsaponifiable insaponifiable *adj.*

Unsaturated insaturé *adj.*, non saturé *adj.*

Unsaturated acid acide insaturé.

Unsaturated hydrocarbon hydrocarbure insaturé.

Unsaturated solution solution non saturée.

Unsaturation insaturation *f.*

Unshaped informe *adj.*, sans forme définie.

Unshared non partagé *adj.* (*électron p. ex.*).

Unskilled non qualifié *adj.*

Unslacked lime chaux vive.

Unslaked lime = **Unslacked lime.**

Unsubstituted non subtstitué *adj.*

Unsupported non fixé sur support.

Unsweetened non sucré *adj.*

Unsymmetrical asymétrique *adj.*, dissymétrique *adj.*

Unsystematic name nom trivial, nom vulgaire.

Untoward reaction réaction indésirable.

Untoward side effect effect secondaire fâcheux.

Untwisting détorsion *f.* (*acides nucléiques*).

Unused inaltéré *adj.*

Unusually good properties propriétés exceptionnellement bonnes.

Unwinding déroulement *m.*

UPA (= urokinase-identical plasminogen activator) activateur du plasminogène du type urokinase.

Up-blow air cooling refroidissement ascendant par l'air.

Uperisation = **Uperization.**

Uperization stérilisation à très haute température, upérisation *f.*, «ultrapasteurisation» *f.*

Upflow filter filtre à courant inverse.

Upgrading amélioration *f.*

U-pipe tube en U.

Upon heating par chauffage.

Upper confidence limit limite supérieure de confiance.

Upright ascendant *adj.*, vertical *adj.*

Upright refrigerator réfrigérant vertical.

Upset déréglement *m.*

Upstream en amont.

Uptake absorption *f.*, captage *m.*, fixation *f.*

Upward flow flux ascendant.

Upward flow chromatography chromatographie ascendante.

UQ ubiquinone *f.*

Uracil uracile *m.*

Uranium uranium *m.*

Urea urée *f.*

Urea enzyme = **Urease.**

Urea ferment = **Urease.**

Urea nitrogen azote uréique.

Urease uréase *f.*

Ureic uréique *adj.*

Ureide uréide *m.*

Urein uréine *f.*

Ureocarbonic acid acide allophanique, acide uréidoformique.

Urethane uréthane *m.*

Uric acid acide urique.

Uricosuric uricosurique *m.*, *adj.*

Urinalysis examen des urines.

Urinary urinaire *adj.*

Urinary indican acide indoxylsulfurique.

Urine urine *f.*

Urine sugar glycosurie *f.*

Urobilin urobiline *f.*

Uroenterone urogastrone *f.*

Urotropin hexaméthylènetétramine *f.*, hexamine *f.*, méthénamine *f.*, urotropine. *f.*

Used liquids liquides usés.

Useful amount quantité utilisable (*en pratique*), quantité suffisante.

Useful life durée de vie en service.

Use property propriété en service.

User-friendly convivial *adj.* (*système, méthode, etc.*).

Uterus contraction inhibitor tocolytique *m.*

Utilis... = Utiliz...

Utilities formes (*ou* sources) d'énergie.

Utilize properties (to ~) mettre à profit des propriétés.

UTP triphosphate d'uridine.

UV ultraviolet *m.*

Uviosensitive sensible aux UV.

V

V valine *f.* (*code à une lettre*).

VAB vincristine/actinomycine/bléomycine.

VAC vincristine/actinomycine/ cyclophosphamide.

Vacancy lacune *f.*

Vacant libre *adj.*, non occupé *adj.*

Vaccine vaccin *m.*

Vaccine dosage préparation vaccinale ; formulation de vaccin.

Vacuolated vacuolaire *adj.*

Vacuum vide *m.*

Vacuum bell glass cloche à vide.

Vacuum cleaner aspirateur *m.*, dépoussiéreur *m.*

Vacuum dehydration déshydratation sous vide.

Vacuum dessicator dessicateur à vide.

Vacuum distillation distillation sous vide.

Vacuum-distilled distillé sous vide.

Vacuum dryer étuve à vide.

Vacuum drying dessication sous vide.

Vacuum filter filtre sous vide.

Vacuum filtration filtration sous vide.

Vacuum flask fiole à vide.

Vacuum gauge jauge à vide.

Vacuum grease graisse à vide.

Vacuumizing production de vide.

Vacuum line canalisation à vide.

Vacuum meter vacu (o) mètre *m.*

Vacuum oven étuve à vide.

Vacuum-packed emballé sous vide, scellé sous vide.

Vacuum packing conditionnement sous vide.

Vacuum port prise pour le vide.

Vacuum pressure dépression *f.*

Vacuum seal joint d'étanchéité.

Vacuum-sealed = **Vacuum-packed**.

Vacuum sterilizing stérilisation sous vide.

Vacuum sucker ventouse *f.*

Vacuum-tight qui tient le vide.

Vaginal insert ovule *m.*

Vaginal jelly gelée vaginale.

Vaginal suppository ovule vaginal.

Vaginal tablet comprimé gynécologique.

Val valine *f.*

Valence valence *f.*

Valency = **Valence**.

Valency electron électron de valence, électron périphérique.

Valeric valérique *f.*

Valine valine *f.*

Valley creux *m.* (d'une courbe), vallée *f.*

Valuable profitable *adj.*, rentable *adj.*

Valuable yield rendement intéressant.

Value valeur *f.*

Value (to ~) estimer, évaluer.

Valve robinet *m.*, soupape *f.*, vanne *f.*

Valved drumming outlet sortie avec vanne de mise en fût.

Valve plug bonde *f.*, clapet *m.* (*de vanne*).

Valving système de purge, ensemble de vannes.

Vanadium vanadium *m.*

Vancomycin vancomycine *f.*

Vane ailette *f.*, aube *f.*, pale *f.*, palette *f.*

Vane apparatus pénétromètre à ailette.

Vanillin vanilline *f.*

Vanishing cream crème évanescente.

Vapor vapeur *f.*

Vapor deposited déposé à partir d'une phase vapeur.

Vaporiser = Vaporizer.

Vaporizer pulvérisateur *m.*, vaporisateur *m.*

Vaporous sous forme de vapeur, gazeux *adj.*

Vapour... = Vapor...

Variable variable *f.*, *adj.*

Variable surface glycoprotein glycoprotéine variable de surface.

Variance variance *f.*

Varied degree of différents degrés de.

Variety of (a ~) divers *adj.*

Varnish vernis *m.*

Vascular vasculaire *adj.*

Vascular stimulant vasotonique *m.*

Vasoactive vasomoteur *adj.*

Vasoconstricting agent = Vasoconstrictor.

Vasoconstrictive = Vasoconstricting.

Vasoconstrictor vasoconstricteur *m.*

Vasodilating agent = Vasodilator.

Vasodilative = Vasodilating.

Vasodilator vasodilatateur *m.*

Vasopressin vasopressine *f.*, hormone antidiurétique.

Vasopressor vasopresseur *m.*

Vasotocin vasotocine *f.*

Vat cuve *f.*

VBAP vincristine/BCNU/adriamycine/ prednisone.

VCAP vincristine/cyclophosphamide/ adriamycine/prednisone.

VCMP vincristine/cyclophosphamide/ melphalan/prednisone.

VCP vincristine/cyclophosphamide/ prednisone.

Vector vecteur *m.*

Vector DNA ADN vecteur.

Vectorial vectoriel *adj.*

Veegum aluminosilicate de magnésium (« veegum »).

Vegetable végétal *adj.*

Vegetable extract extrait végétal.

Vegetable fat graisse végétale.

Vegetable jelly pectine *f.*

Vegetable matter matière végétale.

Vegetable oil huile végétale.

Vehicle excipient *m.* ; support *m.*, véhicule *m.*, vecteur *m.*

Vein veine *f.*

Velocity vitesse *f.*

Venom venin *m.* ;

Venomous toxique *adj.*, vénéneux *adj.* (*plante*) ; venimeux *adj.* (*animal*).

Vent orifice *m.* de purge *f.* (*ou* purge *f.*), purgeur *m.* d'air (*ou* de gaz) ; ventilation *f.*

Vented dégazé *adj.*, chassé (*gaz*) *adj.*

Vented from (is ~) s'échappe de.

Vented to atmosphere ouvert à (*ou* communiquant avec) l'atmosphère.

Venting évent *m.*, prise d'air, purge *f.* ; désaération *f.*, dégazage *m.*

Venturi scrubber épurateur à Venturi.

Veratrine vératrine *f.*

Veratroidine vératroïdine *f.*

Verbena oil essence de verveine.

Vermicidal vermifuge *adj.*

Versatile polyvalent *adj.*, souple *adj.* universel *adj.* (*machine, méthode*).

Versatility polyvalence *f.*, universalité *f.*

Vertex sommet *m.*

Vertical vertical *adj.*

Vervain oil essence de verveine.

Vervein oil = Vervain oil.

Vesicant vésicant *m.*

Vesicating gas ypérite *f.*, gaz moutar de *m.* ; gaz vésicant.

Vesicle vésicule *f.*

Vesicular vésiculaire *adj.*

Vessel récipient *m.*, vase *m.*

VFA (= volatile fatty acid) acide gras volatil.

VHOC = volatile halogenated organic compound.

Vial ampoule *f.,* fiole *f.*, flacon *m.*

Vibrating screen tamis vibrant.

Vibrating sieve = Vibrating screen.

Vibration mill broyeur à secousses.

Vicinal voisin *adj.*

Vicinity (in the ~ of) à proximité de, dans le voisinage de.

Vidarabine vidarabine *f.*, arabinoside d'adénine *m.*

View (in ~ of) si on considère.

Viewing angle angle de visée.

Vinblastine vinblastine *f.*

Vinca alkaloids alcaloïdes de la pervenche, alcaloïdes de Vinca rosea.

Vincamine vincamine *f.*

Vincristine vincristine *f.*

Vinegar vinaigre *m.*

Vinyl vinyl (*nom.*), vinyle *m.* (*groupe*).

Vinyl cyanide acrylonitrile *m.*

Vinylogous vinylogue *adj.*

Viocid = Crystal violet.

Violaquercitrin rutine *f.*, vitamine P.

Violuric violurique *adj.*

Viomycin viomycine *f.*

Viosterol calciférol *m.*

VIP (= vasoactive intestinal polypeptide) polypeptide intestinal vasoactif.

Viral viral *adj.*

Viral uncoating enzyme décapsidase *f.*

Virgin distillate distillat brut.

Virgin material matériau neuf, matériau vierge.

Virgin oil huile vierge.

Virion virion *f.*, particule virale.

Virtually water-free pratiquement anhydre.

Virucidal antiviral *adj.*, virulicide *adj.*

Virucide antiviral *m.*, virulicide *m.*

Virustatic virostatique *adj.*

Viscometer viscosimètre *m.*

Viscosifier agent de viscosité.

Viscosimeter = Viscometer.

Viscosimetry viscosimétrie *f.*

Viscosity viscosité *f.*

Viscous visqueux *adj.*

Viscous flow écoulement visqueux.

Visible range domaine du visible, visible *m.*

Visible region doamine du visible, le visible.

Visible spectrum spectre dans le visible.

Visual examination examen visuel, examen à l'œil nu.

Visual inspection = Visual examination.

Visual observation = Visual examination.

Visual purple rhodopsine *f.*

Visual red porphyropsine *f.*

Vitamin vitamine *f.*

Vitamin deficiency avitaminose *f.*, carence en vitamines, déficit vitaminique.

Vitamin A_1 vitamine A_1, rétinol *m.*

Vitamin A_2 vitamine A_2, déhydrorétinol *m.*

Vitamin A acid acide rétinoïque.

Vitamin A alcohol rétinol *m.*

Vitamin B complex complexe vitaminique B.

Vitamin B_1 vitamine B1, thiamine *f.*

Vitamin B_2 vitamin B_2, lactoflavine *f.*, riboflavine *f.*

Vitamin B_3 = **Vitamin PP**.

Vitamin B_4 vitamine B_4, adénine *f.*

Vitamin B_5 vitamine B_5, acide pantothénique.

Vitamin B_6 vitamine B_6 (pyridoxine/pyridoxal/pyridoxamine).

Vitamin B_9 vitamine B_9, vitamine B_c, acide folique.

Vitamin B_{12} vitamine B_{12}, cobamine *f.*, cyanocobalamine *f.*

Vitamin B_c = vitamine B_9.

Vitamin B_c conjugate vitamine B_c conjuguée, acide ptéroyl-hexaglutamyl-gutamique.

Vitamin C vitamine C, acide L-ascorbique.

Vitamin D vitamine D, vitamine antirachitique.

Vitamin D_2 vitamine D_2, ergocalciférol *m.*

Vitamin D_3 vitamine D_3, cholécalciférol *m.*

Vitamin E vitamine E.

Vitamin F vitamine F.

Vitamin G = **vitamin B_2**.

Vitamin H vitamine H, biotine *f.*

Vitamin K vitamine K.

Vitamin K_1 vitamine K_1, phylloquinone *f.*

Vitamin K_3 vitamine K_3, ménadione *f.*

Vitamin M = vitamine B_9.

Vitamin P vitamine P, rutine *f.*

Vitamin PP vitamine PP, niacinamide *m.*, nicotinamide *m.*

Vitamin therapy vitaminothérapie *f.*

Vitellin vitelline *f.*

Vitreous vitreux *adj.*

Vitriol acide sulfurique concentré.

VLDL (= very low-density lipoprotein) lipoprotéine très basse densité.

VLP vincristine/L-asparaginase/prednisone.

VMA acide vanillylmandélique.

VMCP = VCMP.

Void creux *adj.*, vide *m.*, *adj.* ; caduc (*brevet*).

Void fraction fraction évacuée (*chromatographie*).

Voidness caducité *f.*, expiration *f.* (*brevet*).

Void volume volume mort (*chromatographie*).

Volatile volatil *adj.*

Volatility volatilité *f.*

Volume corrected for volume ramené à (*p. ex. : aux conditions normales*).

Volume diameter diamètre volumique.

Volume flowmeter compteur volumétrique.

Volume metering element élément de dosage volumétrique.

Volumenometer voluménomètre *m.*

Volume percent pourcentage en volume, pourcentage volumique.

Volumetric analysis analyse volumétrique.

Volumetric flask fiole jaugée.

Volumizing spray volumateur *m.* (*cosmétiques*).

Volute spring ressort conique.

Vomiting gas chloropicrine *f.*

Vomitive émétique *m.*, vomitif *m.*

Vomitory émétique *adj.*, vomitif *adj.*

Vortex tourbillon *m.*, turbulence *f.*, vortex *m.*

Vortexer agitateur à vortex.

Vortex mixer mélangeur à turbulence.

Vortices tourbillons (*pluriel de* **Vortex**).

VPCMF vincristine/prednisone/cyclophosphamide/méthotrexate/fluoro-5 uracile.

vRNA ARN viral.

VSG = **Variable surface glycoprotein.**

VTCS vinyltrichlorosilane.

Vulcanis... = **Vulcaniz...**

Vulcanizing vulcanisation *f.*

VVm volume/volume/min.

W

W tryptophane *m.* (*code à une lettre*).

Wad tampon *m.*

Wafer cachet *m.*, gaufre *f.*, pastille *f.*

Waffle = Wafer.

Wagging oscillation *f.*

Wall paroi *f.*

Wall effect effet de paroi.

Walnut oil huile de noix.

Wandering migration *f.*

Warfare guerre *f.* (*cf.* Chemical warfare).

Warfarin warfarine *f.*

War gas gaz de combat.

Warming chauffage *m.*

Warming up échauffement *m.*

Warning device dispositif avertisseur.

Warping distorsion *f.*, gauchissement *m.*

Washable base base hydrophile.

Wash away éliminer par lavage.

Wash bottle flacon laveur, barboteur *m.*

Washer laveur *m.*

Washings eaux de lavage.

Wash off (to ~) éliminer par lavage, rincer.

Wash out = Wash off.

Waste déchets *m., pl.*, résidus *m., pl.*

Waste catalyst catalyseur résiduaire, catalyseur usé.

Waste disposal élimination des déchets, traitement des déchets.

Waste effluent effluent résiduaire.

Waste gas gaz de combustion, gaz usés.

Waste heat chaleur perdue.

Waste material = Waste.

Waste water eau résiduaire, eau usée.

Watch glass verre de montre.

Water eau.

Water-added additionné d'eau.

Water balance bilan hydrique.

Water bath bain-marie *m.*

Water-binding hydrophile *adj.*

Water blue bleu d'aniline.

Water-containing contenant de l'eau, hydraté *adj.*

Water content teneur en eau.

Water content of the air degré d'humidité de l'air, teneur de l'air en vapeur d'eau.

Water equivalent équivalent en eau.

Water excess hyperhydratation *f.* ; surcharge hydrique.

Water fastness solidité à l'eau.

Water filter filtre d'eau.

Waterfree anhydre *adj.*

Water ga(u)ge jauge à eau, colonne d'eau.

Water glass silicate de sodium.

Water hardness (degree) dureté de l'eau, degré hydrotimétrique.

Water hydroabsorptivity capacité hydroabsorbante.

Watering arrosage *m.*

Water-in-oil emulsion émulsion eau dans huile, émulsion eau/huile.

Water insoluble solvent solvant non miscible à l'eau.

Water jacket chemise d'eau.

Water jet vacuum vide de la trompe à eau.

Waterleaf papier brouillard.

Waterless anhydre *adj.*

Water main conduite d'eau.

Water pressure pression hydraulique, pression hydrostatique.

Waterproof imperméable (à l'eau), résistant à l'eau.

Water-proof = **Waterproof.**

Water protective hydrophobe *adj.*

Water regain indice de rétention d'eau.

Water repellency hydrophobicité *f.*, imperméabilité à l'eau.

Water-repellent hydrofuge *adj.*, hydrophobe *adj.*, imperméable à l'eau, repoussant l'eau.

Water retention rétention d'eau.

Water retentivity aptitude à fixer l'eau.

Water seal joint hydraulique.

Water softener adoucisseur d'eau.

Water-soluble hydrosoluble *adj.*

Water solution solution aqueuse.

Water still appareil pour eau distillée.

Water stopping imperméabilisation (à l'eau).

Water supply alimentation (*ou* approvisionnement) en eau, apport d'eau, réserve d'eau.

Water-thinned dilué à l'eau.

Watertight imperméable *adj.*

Water value valeur en eau.

Waterwhite transparent *adj.*

Watson-Crick helix = **Double helix.**

Wave onde *f.*

Wave length longueur d'onde.

Wave number nombre d'onde.

Waving ondulation *f.*

Wax cire *f.*

Waxy cireux *adj.*

Waxy acid acide paraffinique.

Way of example (by ~) à titre d'exemple, en guise d'exemple.

Way of illustration (by ~) à titre indicatif, à titre d'exemple.

Weak acid acide faible.

Weak point ampul ampoule autocassable.

Weak solution solution diluée.

Wear-and-tear pigments lipochromes *m.*, *pl.*, pigments d'usure.

Wear-and-tear resistance résistance à l'usure (*des comprimés p. ex.*).

Wear-resisting résistant à l'usure.

Weathering altération à l'air ; vieillissement *m.*

Weatherometer désagrégomètre.

Weather-proof résistant aux intempéries.

Web bande (continue), ruban *m.*

Wedge coin *m.*

Wedge bond liaison cunéiforme.

Weed killer désherbant *m.*, herbicide sélectif.

Weeper = **Sparge pipe.**

Weigh (to ~) peser.

Weigher appareil de pesée, instrument de pesée.

Weighing pesée *f.*

Weighing bottle flacon à pesée, flacon à tare, pèse-filtre *m.*

Weighing room salle des balances.

Weight poids *m.*

Weight (by ~) en poids.

Weight (on a ~ basis) en poids.

Weight average moyenne pondérée.

Weight average molecular weight masse moléculaire moyenne en poids.

Weight hourly space velocity vitesse spatiale horaire en poids.

Weight percent pourcentage en poids, pourcentage pondéral

Weight per unit area poids surfacique.

Weight ratio proportion pondérale, rapport pondéral.

Weir bec *m.*, déversoir *m.*, siphon *m.*, trop-plein *m.*

Weld soudure *f.*

Weld (to ~) souder.

Welding soudage *m.*

Welfare Affaires Sociales (*ministère*).

Well puits (*dans la gélose p. ex.*).

Western blot immunoempreinte *f.*, «western blot ».

Westphal's balance balance de Mohr.

Wet humide *adj.*

Wet (to ~) humidifier, mouiller.

Wet analysis analyse par voie humide.

Wet granulation granulation (*par voie*) humide.

Wetness humidité *f.*

Wet process procédé par voie humide.

Wettable mouillable *adj.*

Wetted out entièrement mouillé.

Wetting agent mouillant *m.*

Whealing agent vésicant *m.*

Wheat blé *m.*, froment *m.*

Wheel roue *f.*

Wheel barometer baromètre à cadran.

Whey lactosérum *m.*, petit-lait *m.*

Whirl tourbillon *m.*

Whisker trichite *f.*, cristal capillaire.

White arsenic anhydride arsénieux, trioxyde d'arsenic.

White carbon charbon blanc (silice colloïdale).

White oil huile blanche (*ou* claire).

White petrolatum vaseline pure.

White petrolatum jelly vaseline officinale.

White soft paraffin = White petrolatum jelly.

White vaseline = White petrolatum jelly.

White vitriol sulfate de zinc.

WHO OMS (Organisation Mondiale de la Santé).

WHSV = Weight hourly space velocity.

Wicker bottle bonbonne *f.*, dame-jeanne *f.*, tourie *f.*

Widely ranging qui se situe dans un large intervalle.

Widely spread très répandu, universellement utilisé.

Widely used largement utilisé, universellement utilisé.

Winchester bonbonne *f.*, tourie *f.*

Wind (to ~) enrouler.

Window regard *m.*

Wine vin *m.*

Wine-colored = Wine red.

Wine red lie de vin (*couleur*), rouge violacé.

Wine yeast lie de vin.

Wing burner bec papillon.

Wintergreen gaulthérie *f.*, thé *m.* du Canada.

Wintergreen oil essence de wintergreen.

Wiper came *f.*

Wire fil métallique.

Wire gauze toile métallique.

Wire screen tamis métallique.

Witch-hazel water eau d'hamamélis.

Withdrawal abstinence *f.*, privation *f.*, sevrage *m.* ; retrait *m.*

Withdrawal agent désaccoutumant *m.*

Withdrawal from service mise *f.* hors service.

Withdrawal symptoms symptômes d'abstinance, symptômes de privation.

Withdrawal treatment cure de désintoxication.

Withdrawing soutirage *m.*

Withdrawn from the market retiré du commerce (*médicament*).

Within normal limits dans les limites de la normale.

Wobble flottement *m.* (*dans l'appariement de nucléotides*).

Wobbling vacillement *m.*

Wobbling screen tamis vacillant.

W/O emulsion émulsion eau-dans-huile, émulsion eau/huile.

Wolfram tungstène *m.*

Wolframic tungstique *adj.*

Wood-free paper papier sans pâte.

Wood spirit alcool méthylique impur (« *esprit de bois* »).

Wood sugar xylose *m.*

Wood vinegar acide pyroligneux.

Wool laine *f.*

Wool fat lanoline *f.*

Wool red = **Naphthol red.**

Workability aptitude à la mise en œuvre, aptitude à l'usinage, maniabilité *f.*, usinabilité *f.*

Working efficiency productivité *f.*

Working example exemple d'exploitation, exemple d'exécution

Working fluid fluide actif

Working hypothesis hypothèse de travail

Working standard solution (diluée) de travail.

Working up mise en œuvre *f.*

Worksheet = **Manufacturing worksheet.**

Workshop atelier *m.*

Work-up bilan *m.* (*sanguin p. ex.*).

Work-up procedure mode opératoire de traitement.

Work well donner de bons résultats.

World Health Organization = **WHO.**

Worm vis sans fin, vis d'Archimède.

Worm conveyor = **Worm.**

Worm crusher broyeur à vis sans fin.

Worm mixer mélangeur à vis sans fin.

Worm spring ressort à boudin.

Wort moût *m.*

Wound dressing pansement *m.*

Wound healing cicatrisant *adj.*

Wound healing agent cicatrisant.

Wound management pansement *m.*, traitement des blessures.

W/O/W emulsion émulsion eau/huile/eau.

Wrapping emballage *m.*

Wringer essoreuse *f.*

Writhing number nombre d'enroulements (*biologie moléculaire*).

WRK réactif K de Woodward (N-éthyl-phényl-5 isoxazolium-sulfonate-3').

WSA (= water soluble adjuvant) adjuvant soluble dans l'eau.

X

X (*cf.* : **X mutation**, **X-ray**).

Xanthan gum gomme xanthane.

Xanthane hydride = **Isoperthiocyanic acid**.

Xanthanoic acid acide xanthènecarboxylique-9.

Xanthein xanthéine *f.*, xanthogène *m.*

Xanthene xanthène *m.*

Xanthine xanthine *f.*

Xanthogen xanthogène *m.*

Xanthophyll xanthophylle *f.*, lutéine *f.*

Xanthoprotein xanthoprotéine *f.*

Xanthotoxin xanthotoxine *f.*

Xanthydrol xanthydrol *m.*

XDH xanthine déshydrogénase.

XDP diphosphate de xanthosine.

Xenon xénon *m.*

Xerogel gel rigide, gel sec, xérogel *m.*

XMP monophosphate de xanthosine.

X mutation of Y fonction X mutée de Y.

X-ray diffraction diffraction des rayons X.

X-ray pattern réseau de diffraction des rayons X.

X-rays rayons X.

XTP triphosphate de xanthosine.

Xylene xylène *m.*

Xylose xylose *m.*

Xylulose xylulose *m.*

Xylyl xylyl (*nom.*), xylyle *m.*

Xylylene xylylène (*nom.*), *m.*

Y tyrosine *f. (code à une lettre).*

YADH = Yeast alcohol dehydrogenase.

Yarn fil *m.*

YE = Yellow enzyme.

Yeast levure *f.*

Yeast alcohol dehydrogenase alcool déshydrogénase de levure.

Yeast eluate factor = Eluate factor.

Yeast filtrate factor = Liver filtrate factor.

Yeast food levain *m.*

Yeast lactobacillus casei factor acide folique.

Yellow arsenic trisulfure d'arsenic.

Yellow enzyme enzyme jaune, flavoenzyme, protéoflavine *f.*

Yellow resin colophane *f.*

Yield production *f.*, rendement *m.*

Yield (to ~) donner, fournir, produire, rapporter.

Yielder donneur *m.*

Yield of a product rendement en un produit.

Yield of a reaction rendement d'une réaction.

Yield pattern planning de production.

Yohimbine yohimbine *f.*

Yolk jaune d'œuf, vitellus *m.*

Yolk sac antigen antigène de Frei.

YPA levure/peptone/sulfate d'adénine.

Ytterbia ytterbine *f.*, oxyde d'ytterbium.

Ytterbium ytterbium *m.*

Yttria yttrine *f.*, oxyde d'yttrium.

Yttrium yttrium *m.*

Z

Z (*cf.* : **Z score**).

Z acide glutamique ou glutamine (*code à une lettre*).

Z-DNA ADN en Z, ADN en zigzag.

Zeatin zéatine *f.*

Zeaxanthin zéaxanthine *f.*

Zeins zéines *f.*

Zeolite zéolit (h) e *f.*

Zero an apparatus with régler le zéro d'un appareil sur (*ou* avec).

Zero gravity apesanteur *f.*

Zeroise = **Zeroize**.

Zeroize (to ~) remettre à zéro.

Zero line ligne de base, ligne de zéro.

Zero resetting remise à zéro.

Zero setting mise à zéro, remise à zéro.

Zeroth d'ordre zéro.

Zidovudine azidothymidine *f.*, zidovudine *f.*, AZT *f.*

Zinc zinc *m.*

Zinc finger doigt à zinc (*génie génétique*).

ZIOs iodure de zinc et osmium.

Zirconia zircone *f.*, oxyde de zirconium.

Zirconium zirconium *m.*

Zoamylin glycogène *m.*

Zone chromatography chromatographie par zones.

Zone freezing congélation de zone.

Zone melting fusion de zone.

Zoochemical zoochimique *adj.*

Zoosterol zoostérol *m.*

Zootoxin zootoxine *f.*, toxine animale.

Zooxanthine zooxanthine *f.*

ZPP zinc-protoporphyrine.

Z score écart réduit (*statistiques*).

Zwitterion ion hermaphrodite.

ZyC zymosan-complément (*réactif*).

Zymogen zymogène *m.*, pro-enzyme *f.*, pro-ferment *m.*

Zymohexase aldohexase *f.*

Zymosterol zymostérol *m.*

Imprimé en France. - JOUVE, 18, rue Saint-Denis, 75001 PARIS
N° 233882G. - Dépôt légal : Avril 1996
N° 101-VR80°